Criação

Adam Rutherford

Criação
A origem da vida

Tradução:
Maria Luiza X. de A. Borges

Revisão técnica:
Denise Sasaki

Para David Rutherford, de cujas células eu vim.

Título original:
Creation
(The Origin of Life)

Tradução autorizada da primeira edição inglesa,
publicada em 2013 por Viking, um selo de Penguin Books,
de Londres, Inglaterra

Copyright © 2013, Adam Rutherford

Copyright da edição brasileira © 2014:
Jorge Zahar Editor Ltda.
rua Marquês de S. Vicente 99 – 1º | 22451-041 Rio de Janeiro, RJ
tel (21) 2529-4750 | fax (21) 2529-4787
editora@zahar.com.br | www.zahar.com.br

Todos os direitos reservados.
A reprodução não autorizada desta publicação, no todo
ou em parte, constitui violação de direitos autorais. (Lei 9.610/98)

Grafia atualizada respeitando o novo
Acordo Ortográfico da Língua Portuguesa

Preparação: Angela Ramalho Vianna | Revisão: Eduardo Monteiro, Tamara Sender
Indexação: Gabriella Russano | Capa: adaptada da arte da capa publicada por Viking,
um selo de Penguin Books | Impressão: Geográfica Editora

CIP-Brasil. Catalogação na publicação
Sindicato Nacional dos Editores de Livros, RJ

	Rutherford, Adam
R94v	Criação: a origem da vida/Adam Rutherford; tradução Maria Luiza X. de A. Borges. – 1.ed. – Rio de Janeiro: Zahar, 2014.
	Tradução de: Creation: the origin of life
	Inclui bibliografia e índice
	ISBN 978-85-378-1335-5
	1. Evolução (Biologia). 2. Seleção natural. 3. Espécies. I. Título.

CDD: 576.8

14-14928

CDU: 575.8

Sumário

Prefácio 9

Introdução 11

1. Gerado, não criado 17

2. Rumo ao uno 34

3. Inferno sobre a Terra 59

4. O que é vida? 72

5. A origem do código 84

6. Gênese 103

Notas 121

Referências bibliográficas e sugestões de leitura 130

Índice remissivo 137

A origem da vida

Prefácio

OS MELHORES LIVROS sobre evolução provavelmente já foram escritos. Isso é prova da ideia grandiosa, brilhante e correta que lhe é subjacente. Em novembro de 1859, Charles Darwin publicou *A origem das espécies*, em que esboçava seus ponderados argumentos sobre evolução pelo mecanismo da seleção natural. Embora o progresso da ciência determine que teorias e modelos estejam em constante evolução, nos 150 anos transcorridos desde essa publicação, todos os aspectos da pesquisa biológica serviram efetivamente para reforçar a ideia central exposta em *A origem das espécies*, a de que as espécies mudam ao longo do tempo com ganho ou perda de características segundo sua utilidade – ideia muitas vezes designada pelo aforismo do próprio Darwin: "descendência com modificação". Um século e meio de pesquisas mostrou de maneira indubitável quanto a ideia de seleção natural é robusta.

Este livro fala do que aconteceu antes da origem das espécies e do que acontecerá de agora em diante, à medida que arquitetamos formas de vida que escapam às restrições da seleção natural. Ele diz respeito, em suma, ao que antecedeu à vida e ao que a sucederá. As duas partes do livro se referem também à descendência modificada. Na primeira parte retraçaremos a busca da origem da vida – a ascensão da química inerte à biologia no tumulto das rochas elementares, dos mares e do redemoinho borbulhante da Terra em seus primórdios. A segunda parte examina a modificação da vida por ação humana – o projeto, a engenharia e a construção deliberada de novas formas de vida. Para explorar esses esforços, precisamos compreender 4 bilhões de anos de evolução e os dois ou três séculos de biologia que conduziram a esse ponto crítico na história humana. Esses dois campos são estreitamente interdependentes, um emaranhado matagal de ideias cujas conexões são evidência do método científico e de nossa insaciável curiosidade por descobrir coisas. À medida que alcançamos uma compreensão cada vez maior dos processos no princípio da evolução, mais aprendemos como manipular profundamente a biologia no presente, e vice-versa: à medida que desmontamos células e as remontamos sinteticamente, aprendemos mais sobre as condições em que as primeiras células surgiram.

Por essa razão, este é um livro formado de metades, e cada qual pode ser lida de maneira independente, embora ambas as histórias estejam inextricavelmente relacionadas. Há duas capas, e este Prefácio, modificado com pequenas alterações apropriadas, aparece no começo das duas. Para começar com o futuro da vida, vire o livro de cabeça para baixo.

Introdução

IMAGINE QUE VOCÊ tivesse a má sorte de se cortar com papel ao abrir este livro. Esse é um ferimento chato mas trivial, doloroso mas facilmente sanado. No entanto, a reação que essa incisão desencadeia é complexa, organizada e profunda. Ela é comparável à reação humana diante de uma catástrofe de grande escala, como uma inundação ou um terremoto. Como naqueles desastres, a primeira fase é uma reação de emergência.

Tudo que ocorre dentro de seu corte e em volta dele acontece como uma bela orquestração de células vivas individuais. No momento exato em que a borda afiada do papel penetra através da superfície externa da sua pele, células incrustadas por toda a sua carne, chamadas nociceptores, entram em ação. Através de fibras nervosas longas e filamentosas que brotam de suas superfícies, um sinal elétrico dispara da ponta de seu dedo para células no seu córtex cerebral numa fração de segundo. Ali, você percebe dor, e, à velocidade do pensamento, seu cérebro envia uma mensagem de volta para grupos de células musculares em seu braço, dizendo-lhes para se contraírem de maneira coordenada. O músculo contrai-se. Seu braço recua. Tudo isso acontece no tempo de um batimento cardíaco.

O corte terá separado as células umas das outras nas paredes de um vaso sanguíneo, com violência, fato decisivo para dar início ao processo de cura. Em consequência da abertura de um capilar, o sangue inunda o ferimento. A cor escarlate do sangue é hemoglobina, a molécula de proteína que transporta oxigênio através de todo o seu corpo, e ela está empacotada nos discos côncavos das células vermelhas do sangue, que têm a forma de pastilhas de menta parcialmente chupadas dos dois lados. As células vermelhas correspondem a pouco menos da metade dos cinco litros de sangue que uma pessoa média possui. A maior parte do resto compõe-se de plasma, que é sobretudo água. Mas nesse plasma, compreendendo menos que 1% do sangue, estão células absolutamente decisivas para o reparo de seu ferimento. Trata-se das células brancas do sangue, cuja função é encontrar, combater e conter qualquer invasor oportunista como as bactérias, que logo começam a tentar se introduzir no corpo de modo a florescer – mas, ao fazê-lo, lhe causam infecção.

Nesse meio-tempo, a extremidade da célula nervosa que desencadeou essa dor envia um sinal no sangue que atrai plaquetas. Estas são a "unidade de resposta rápida" do corpo, e se agrupam para formar um coágulo e impedir maior perda de sangue. Elas atuam também como faróis de emergência, enviando sinais que convocam dezenas de outros "trabalhadores" – células e proteínas que protegem o ferimento e dão início ao processo de reconstrução. Células musculares nas paredes das artérias contraem-se em espasmos sincronizados. Seu dedo lateja. Essa contração restringe o fluxo e a perda de sangue e ajuda a manter células imunes no local. A formação de um coágulo evita perda de sangue e hemorragia e marca a primeira fase da cura do ferimento. Agora que a barreira entre o interior de seu corpo e o resto do mundo está restabelecida, a limpeza e a restauração podem prosseguir.

Depois de uma hora, a maioria das células que participam do corte com papel são os chamados neutrófilos. Eles transportam em suas membranas detectores que captam os sinais de emergência química que pulsam a partir do marco zero e se movem na direção dos mais fortes deles. Ao chegar, os neutrófilos agem como faxineiros especializados, envolvendo bactérias e aspirando destroços e detritos antes de se matarem, quando a tarefa está completa.

Durante as 24 horas seguintes, outro regimento de células marcha para o local e cada uma delas amadurece no Pac-Man gigante do sistema imunológico, o "macrófago" (literalmente, "grande comedor" em grego). Estes mastigam as carcaças dos neutrófilos e quaisquer outros vestígios potencialmente danosos que encontrem.

É importante ressaltar que o próprio corte não é simplesmente colado de volta; se isso ocorresse, perderíamos a sensibilidade que havia ali antes

Introdução 13

do ferimento. O que ocorre não é tampouco um mero arrolhamento da fenda com novas células cutâneas, pois nesse caso ficaríamos encaroçados e malformados. Nosso corpo se esforça para tornar os reparos tão invisíveis quanto possível e para devolver ao corpo seu estado pré-ferimento. Ele precisará ser remendado com carne nova, a qual é uma complexa colaboração de células. E isso significa nascimento de tecido.

Como em qualquer reconstrução, os alicerces devem ser lançados primeiro. No corte, células básicas chamadas fibroblastos inundam o local durante os dois dias seguintes, reproduzindo-se e migrando pela superfície do ferimento a partir de todas as direções, estendendo antenas semelhantes a tentáculos chamadas pseudópodes – "falsos pés" – à medida que avançam. A marcha cessa quando eles se encontram no meio, formando uma camada de fundação para a reconstrução completa, e começam a se transformar em partes dos novos vasos sanguíneos e do novo tecido cutâneo. Bloqueados na posição correta, eles produzem e exsudam colágeno a fim de construir uma espécie de matriz ou andaime para o resto do projeto de reconstrução.

A pele é feita de células, claro, mas não de apenas um tipo. Ela desenvolve-se, camada por camada, a partir de dentro, com as células mortas soltando-se do lado de fora, num processo de contínua renovação. Dentro dessa matriz há também um grande número de outras células, inclusive folículos capilares, glândulas sudoríparas e sebáceas e os vasos sanguíneos que fornecem oxigênio e nutrientes à carne. Todos esses tipos de célula devem ser reconstruídos no tecido de reparo.

Cerca de um mês depois de você ter aberto este livro, o corte estará efetivamente curado. Meses depois, porém, talvez um ano, quando você já esqueceu tudo sobre o assunto, as células de seu corpo continuam a trabalhar na ferida, remodelando o local para restaurá-lo tão bem quanto possível e minimizar a cicatriz. A vermelhidão desaparece à medida que os vasos sanguíneos temporários, que se estenderam para alimentar o processo de reparo, se retiram e a matriz temporária de colágeno que atuou como andaime para a reconstrução é substituída por uma versão mais permanente. Um novo pedaço de tecido vivo, um novo pedaço de você, foi formado num ato de reparo bem pequeno, mas necessário.

Esse projeto de reconstrução foi efetuado em sua totalidade por milhares de células trabalhando juntas e produzindo milhares de novas células altamente especializadas que compõem o tecido: epiderme, glândulas, veias e artérias. O fato de nós, e toda forma de vida, podermos criar novo tecido vivo a partir de células é a ideia grandiosa que une não somente todas as coisas vivas, mas todas as coisas vivas que já existiram.

Há mais células vivas na Terra que estrelas no Universo conhecido. Tome como exemplo as bactérias: segundo minha estimativa grosseira, há algo em torno de 5 milhões de trilhões de trilhões (5.000,000.000.000.000.000.000.000.000.000) de células na Terra. Provavelmente você é feito de cerca de 50 trilhões de células humanas, algumas dezenas de trilhões a mais ou a menos, dependendo de seu tamanho. Como se isso não bastasse, todos nós somos placas de Petri ambulantes. Seres humanos saudáveis nascem estéreis, uma lousa limpa feita apenas de suas próprias células. Num adulto típico, porém, o número total de células humanas é excedido em dez por um pelas células não humanas que carregamos, nos intestinos, na pele e em todas as superfícies externas e internas, o mais das vezes na forma de bactérias. Mas há também as primas das bactérias, as arqueias, além de "caronas" maiores e mais complexos como células de levedura, protistas e os ocasionais vermes parasitas. Nesse instante, você deve carregar mais de mil espécies alienígenas em seu corpo; a maioria você nem nota, mas sem muitas delas você não poderia viver. Como esses passageiros têm em sua maior parte uma fração do tamanho das células humanas, em termos de massa, ainda somos na maior parte humanos. Contudo em número, num nível celular, somos feitos na maior parte de outras coisas.

Esses números são tão grandes que nos confundem. Mas eles refletem o fato de que nosso planeta está inundado de vida – e que a vida só é transportada por células. Embora o projeto de reconstrução de seu corte por papel em processo de cura seja assombrosamente complexo, ele é inteiramente banal: um corte, uma careta e, dentro de alguns dias, pele nova para remendá-lo. Processos semelhantes ocorrem bilhões de vezes a cada minuto em todo o nosso planeta. Não só cortes com papel e cura de ferimentos, mas os processos fundamentais de toda a vida acontecem por meio das células.

Introdução 15

Como iremos ver, cada uma dessas células, entre as quais as novas células cutâneas em seu dedo, nasceu quando uma célula existente dividiu-se em duas. E, em razão desse simples fato, as células em seu corte têm uma linhagem que remonta a 4 bilhões de anos, havendo uma única exceção à regra: a primeira de todas as células. Quando novas células nascem para remendar aquele corte, elas são as últimas numa cadeia que se estende, sem absolutamente nenhuma quebra, até o início da própria vida na Terra.

Mas como sabemos disso? O que é uma célula? Como elas são capazes de executar esse processo, ou qualquer processo que seja? A maneira como um corte é curado pode parecer trivial, um ato biológico, ainda que de orquestração sofisticada, levado a cabo sem pensamento. Mas, ao perguntar como um processo tão refinado surgiu, chegaremos em última análise às mesmas questões e respostas que dizem respeito à natureza – e à origem – da vida. Este livro é sobre essas questões e suas possíveis respostas: as origens de nossas vidas, a origem de toda vida e as origens de nova vida. No cerne de todas elas está nossa compreensão moderna da célula.

De onde vem a vida é uma entre um pequeno punhado das questões mais fundamentais que podemos formular. É uma pergunta que preocupou a humanidade ao longo de toda a sua existência. Todas as culturas e todas as religiões têm um mito da criação, desde os egípcios antigos, que possuíam um deus que espirrava, cuspia e se masturbava para criar o mundo, até a história comparativamente comedida do Gênesis cristão, em que a vida é criada *ex nihilo* – a partir do nada – e os seres humanos, a partir do barro.

A verdadeira história começou a se revelar num período de menos de cem anos, entre meados do século XIX e do século XX, com a emergência das três grandes ideias da biologia. Como veremos, a teoria celular, a teoria darwiniana da evolução por seleção natural e mais tarde a descoberta da estrutura do DNA combinam-se elegantemente para descrever como a vida funciona. Mas elas também nos deixam a dois passos de desvendar a grande questão propriamente dita: como a vida começou?

Elementos essenciais dessa narrativa são imprecisos, e os cientistas contemporâneos trabalham arduamente para preencher as lacunas. Com mais fervor do que nunca, está emergindo um modelo de gênese que usa o peso da biologia moderna para reconstruir o passado remoto. Só há muito pouco tempo, com nossa sólida compreensão dos genes, das proteínas e da mecânica desses processos químicos vivos, passamos a poder indagar seriamente como eles, afinal, passaram a existir. A biologia moderna revelou complexidade em vez de simplicidade, e mostrou que redes intricadas de reações químicas impelem a reprodução, a herança, a sensação, o movimento, o pensamento e todas as coisas que a vida faz. Nada disso ocorre de graça: energia é requerida para alimentar essas ações. No fim das contas, sem energia, você está morto. Para descobrir como a vida começou, teremos de desfazer todas essas redes. É aqui, no mundo microscópico e até atômico da célula, que encontraremos as pistas para compreender esses processos: aqueles que mantêm você, suas células e todas as células de seres vivos, tal como vêm fazendo há bilhões de anos.

Como na astronomia e na física contemporâneas, as grandes teorias da biologia agora são testadas com experimentação inovadora. Nossa pesquisa do Universo levou à teoria do big bang na origem de tudo, e no Grande Colisor de Hádrons do Cern (sigla em francês da Organização Europeia para a Pesquisa Nuclear), na fronteira entre a Suíça e a França, realiza-se o maior experimento já empreendido para recriar o Universo em sua forma mais embrionária, bilionésimos de segundo após a concepção. Ao realizar esse ato, físicos descobriram o bóson de Higgs, partícula extremamente elementar que teve importante papel no início do tempo e continua a ter desde então. Assim, também, a melhor maneira para os cientistas compreenderem a trajetória da vida na Terra é tentando recriá-la. Nos próximos anos, apenas pela segunda vez em 4 bilhões de anos, uma coisa viva, provavelmente algo parecido com uma célula, nascerá no laboratório sem provir de uma célula já existente. Esta é a idade de ouro na biologia, e um trabalho frenético está em curso no mundo todo para resolver algumas questões fundamentais. Nossa jornada rumo a esse ponto revolucionário na história da Terra é a história da própria biologia. E essa história também começa com as células.

1. Gerado, não criado

A VIDA É FEITA DE CÉLULAS. Por essa razão, a vasta gama dessas viscosas bolsas microscópicas é indescritível. Em uma única espécie, a nossa, por exemplo, não há um número absoluto, porém, entre os cerca de 50 trilhões de células que um adulto pode ter, há centenas de tipos, de astrócitos no cérebro às células zimogênicas do estômago. Junto com essa variedade vem um sortimento de dimensões. As células mais longas são neurônios na espinha, que se estendem até nosso dedão do pé. Se tamanho for documento, devemos nos voltar para o sexo. Entre as maiores células dos seres humanos estão os óvulos, grandes quase o bastante para serem visíveis a olho nu. As menores são seus homólogos, os espermatozoides. Mas o que lhes falta em tamanho, os homens compensam em número: o homem adulto médio pode produzir 10 bilhões de espermatozoides por mês, ao passo que as mulheres carregam um número finito de óvulos, liberados um a um, a cada mês, dos ovários, da puberdade à menopausa. As mulheres nascem já munidas de todos os seus óvulos, o que significa que nossa primeira célula começou a existir dentro de nossa avó. Afora os óvulos, quase todas as células são invisíveis a olho nu, e mesmo com microscópio a maioria não parece notável: minúsculas bolhas incolores encerradas numa membrana ligeiramente menos incolor, em geral acomodadas num caldo desbotado e pouco interessante. No laboratório, congelamos tecido e o fatiamos em lascas com menos de um centésimo de milímetro de espessura sobre lâminas de vidro, e as células aparecem comprimidas umas contra as outras em densos padrões abstratos. Ou as cultivamos num caldo, onde podem ser vistas flutuando como estrelas indistintas num céu de um branco-acinzentado. Coramos células em tons de rosa e roxo, e nos últimos anos em verdes e vermelhos fluorescentes, para melhor visualizar seu funcionamento interno. Num corpo vivo, porém, a maioria delas é opaca como uma água-viva.

Cada tipo de célula é membro altamente especializado de uma comunidade, trabalhando em uníssono com outras para construir um organismo plenamente funcional. Cada processo de nossas vidas resulta do fato de essas células executarem suas tarefas. Quando você lê esta frase, as células musculares em volta dos seus globos oculares se contraem e relaxam para controlar o movimento de seus olhos da esquerda para a direita. Agora, se você levantar os olhos acima desta página e olhar para alguma coisa à distância, um anel de células musculares muda o foco esticando as células claras nas suas lentes. Você move os olhos sem esforço, mas essa ação requer intricada coordenação inconsciente. Fótons de luz passam através de suas lentes e atingem as células fotorreceptoras, cones e bastonetes, no fundo de seu olho, em sua retina. Ali eles são colhidos e convertidos em impulsos elétricos que se movem velozmente através de neurônios, passando pelo nervo ótico até o cérebro, para processamento, percepção e, com sorte, compreensão. Cada movimento, cada batimento cardíaco, pensamento e emoção que você já teve, cada sentimento de amor ou ódio, tédio, entusiasmo, dor, frustração ou alegria, cada vez que você ficou bêbado e depois com ressaca, cada machucado, espirro, coceira ou coriza, cada coisa que você já ouviu, viu, cheirou ou provou são suas células comunicando-se umas com as outras e com o resto do Universo.

Douglas Adams sugeriu certa vez que Terra não era o nome mais apropriado para nosso planeta, uma vez que a maior parte da superfície não é solo sólido e rocha, mas água. No entanto, se quiséssemos de fato nomear o mundo que habitamos com base num traço que verdadeiramente o diferencia dos outros cerca de mil planetas que descobrimos, nós o chamaríamos de Células. A Terra, de uma maneira única, até onde sabemos, está explodindo de vida, e todos os seres vivos em nosso planeta são feitos de células. Tendo em mente que nove entre dez seres que algum dia existiram na Terra já estão extintos, o número total das células que havia em algum momento é absolutamente inconcebível.

Essa é uma compreensão muito moderna. A biologia é uma ciência jovem, no máximo com 350 anos de idade segundo qualquer cálculo sensato, e apenas 150, em termos de uma visão mais plena e madura, com regras abrangentes e universais. A física tem uma linhagem mais antiga. Em meados do século XVII, cientistas haviam mapeado áreas do cosmo com uma precisão insuperável no futuro. Isaac Newton escrevia um conjunto de regras que explicavam por que as coisas se movem como se movem e por que podemos nos manter sobre a Terra sem sair flutuando. Mas aquelas que hoje chamamos de "ciências da vida" estavam muito atrás. A razão disso é que o ponto de partida para a maior parte dos avanços científicos é olhar para as coisas e descobrir por que elas são como são. Diferentemente das estrelas e dos planetas, ninguém jamais tinha visto – ou pelo menos identificado – uma célula antes de 1673.

Nessa época, a própria ciência estava se formando. Cientistas de alta posição social como Newton e Robert Hooke haviam fundado o primeiro organismo científico do mundo, a Royal Society. Mas o homem que primeiro perscrutou o minúsculo mundo da célula no nascimento da biologia celular não foi um dos prestigiosos cavalheiros de peruca da ciência. O improvável início da história da biologia deve ser atribuído a um negociante de roupa branca chamado Antonie van Leuwenhoek.

O negócio de fazer e vender panos estava inextricavelmente associado ao desenvolvimento de lentes óticas melhores, pois os negociantes verificavam a densidade das fibras e a qualidade de seu tecido usando lentes de aumento semelhantes a uma lupa de relojoeiro. Van Leuwenhoek era um hábil e meticuloso polidor de lentes que trabalhava em Delft, a capital holandesa dos tecidos. Ele se especializou numa técnica que envolvia quebrar um bastão de vidro quente e esmagar as pontas de maneira a formar uma bola, mas mantinha segredo sobre esse processo, que fizera dele o mais destacado microscopista de seu tempo. As lentes de Van Leuwenhoek pareciam na verdade minúsculas gotas de gordura, não muito maiores que um grão de pimenta, e ele as fixava em dispositivos portáteis que em nada se pareciam com os microscópios que conhecemos hoje. Os dele eram lâminas de cobre retangulares, com cerca de 2,5 × 5cm, com um buraco numa extremidade para segurar a rotunda lente semelhante a uma conta de vidro. De um lado havia um pino de prata para segurar o espécime diante da lente, segurado por um parafuso que podia ser girado para mudar o foco. Era a forma globular que dava às lentes de Van Leuwenhoek sua qualidade superior.

Pelo menos, essa era a vantagem tecnológica do holandês. Seu outro atributo decisivo era uma insaciável curiosidade. Simplesmente, ele gostava de contemplar coisas pequenas através das lentes. Embora eu espere que o corte com papel descrito na Introdução seja inteiramente imaginário, Van Leuwenhoek evocou exatamente o mesmo processo de reparo, movido por desenfreada curiosidade. Numa carta publicada em abril de 1673 em *Philosophical Transactions*, a revista oficial da Royal Society, Van Leuwenhoek escreveu: "Diversas vezes esforcei-me para ver e saber em que partes o sangue consiste; por fim observei, extraindo um pouco de sangue de minha própria mão, que ele consiste em pequenos *glóbulos* redondos." Pensamos que ele estava vendo células vermelhas do sangue, e esta parece ter sido a primeira observação registrada de células individuais.[1]

À medida que suas habilidades na microscopia aumentaram, Van Leuwenhoek começou a observar toda sorte de amostras materiais e de fluidos. Depois raspou a substância entre seus dentes e observou as bactérias que causam a placa dentária. Nos últimos anos do século XVII, ele se tornava uma espécie de celebridade, por sua exploração de um reino microscópico escondido à vista de todos. O rei Guilherme III da Inglaterra e outros dignitários o visitaram para observar o que ele tinha visto. Uma investigação, no entanto, foi mantida em sigilo: seu próprio sêmen, embora ele tenha declarado em suas anotações que a amostra foi adquirida "não profanando pecaminosamente a mim mesmo, mas como um subproduto natural de coito conjugal". Nesse ato, no qual talvez seja melhor não nos determos, ele viu os espermatozoides pelo que são: células individuais. Descobriu também células na gota d'água de um lago local e viu o que hoje chamamos frouxamente de "protistas": criaturas unicelulares que incluem nadadores autônomos e algas.

Van Leuwenhoek foi a primeira pessoa a ver de maneira indubitável células vermelhas do sangue, espermatozoides, bactérias e organismos

Gerado, não criado

unicelulares não parasitários. A este último grupo ele deu um nome engraçado, "animálculos", e nos anos 1670 enviou desenhos de sua descoberta à Royal Society em Londres. Os membros da sociedade expressaram ceticismo, em especial porque, quando pediram a Robert Hooke, seu especialista residente em microscopia, para verificar se conseguia ver as mesmas criaturas em água tirada do Tâmisa, ele a princípio nada viu.

A expertise de Hooke na observação de coisas minúsculas era sem paralelo, tendo ele publicado, uma década antes, um volume sensacional e muito apreciado: *Micrography: or Some Physiological Descriptions of Minute Bodies made by Magnifying Glasses*. Raramente um livro ganhou subtítulo tão preciso. Ele contém, como seria de esperar, desenhos anotados de coisas muito pequenas. O microscópio de Hooke era um simples tubo de quinze centímetros com duas lentes e uma esfera de cristal do tamanho de uma bola de críquete para ampliar a chama que o iluminava. Muitas das imagens geradas por esse kit são agora muito conhecidas, entre as quais uma gigantesca página desdobrável com uma pulga e um aterrador close-up dos olhos de uma mosca-das-flores, incrivelmente parecido com fotos contemporâneas feitas com um descendente quase irreconhecível dos instrumentos de Hooke, o microscópio eletrônico. Samuel Pepys adquiriu um exemplar de *Micrographia* e anotou em seu diário ser aquele "o mais engenhoso livro que já li em minha vida".

Ele tinha toda a razão. Mas há uma significativa ironia contida nesse magnífico volume. Uma das detalhadas ilustrações de Hooke é de uma seção transversal longitudinal de um pedaço da casca de um sobreiro. Ali, no meticuloso desenho, estão unidades conjugadas que compõem a estrutura total. No texto, Hooke usa o termo "célula" para descrever essas unidades. Na realidade, elas são as paredes mortas que outrora abrigavam células de sobreiro. Ele escolheu a palavra porque ela provinha do latim *cella*, que significa cubículo, mas observou que estavam cheias de ar, o que ajudava a explicar a capacidade de flutuação da rolha. Hooke tinha visto os remanescentes de células e os chamou de células, mas nem por um instante imaginou que o objeto de suas observações eram unidades vivas universais – nem o legado permanente desse nome.

As células foram descobertas assim. Mas de onde elas vinham e como se formavam? Com curiosidade e tecnologia, Van Leuwenhoek havia descerrado as cortinas para revelar um reino ainda não descoberto. Contudo, o progresso era fundamentalmente estorvado por uma ideologia não esclarecida.

A origem das células

A origem das células que Van Leuwenhoek vislumbrava permanecia obscura. As pessoas sabiam, claro, que o intercurso sexual entre um homem e uma mulher resultava numa nova vida, mas, talvez porque o sexo em geral não fosse pesquisado, uma visão inteiramente fantasiosa da origem das células ainda persistia.

Por milhares de anos, "geração espontânea" foi o mito mais popular sobre a origem da vida. A primeira explicação importante da geração espontânea vem de Aristóteles, o não reconhecido pai da biologia. Em seu livro *Animalia* (A história dos animais), escrito em meados do século III a.C., ele descreve a gênese de certas espécies:

> Assim como com os animais, alguns surgem de animais parentais, de acordo com sua espécie, ao passo que outros crescem espontaneamente, e não a partir de ascendência aparentada; desses casos de geração espontânea, alguns vêm de terra ou matéria vegetal em putrefação, como ocorre com vários insetos, enquanto outros são espontaneamente gerados dentro de animais a partir das secreções de seus vários órgãos.

Animalia é um livro fascinante, provavelmente o primeiro compêndio notável de biologia. Ele está repleto de observações e conclusões sobre uma enorme variedade de espécies, algumas das quais são astuciosas.[2]

Com a geração espontânea, Aristóteles descrevia uma ideia que persistiu até o século XIX, tempo durante o qual dúzias de exemplos se materializaram. O escritor romano Vitrúvio referiu-se casualmente à geração espontânea ao aconselhar arquitetos no século I a.C.:

Gerado, não criado

As bibliotecas deveriam estar voltadas para o leste, pois seus objetivos exigem a luz da manhã: nas bibliotecas os livros são, nesse aspecto, preservados da deterioração; as que se voltam para o sul e o oeste são prejudicadas pelo verme e pela umidade, que os ventos úmidos geram e alimentam e que, espalhando a umidade, deixam os livros mofados.

No século XVI, Ziegler de Estrasburgo explicou a origem dos lemingues dizendo que eles descendiam, em suas hordas, de nuvens de tempestade.[3]

Na verdade, após as descobertas de Van Leuwenhoek, as mais variadas especulações sobre a origem das células e da vida foram propostas, todas envolvendo geração espontânea. Na Bruxelas do século XVII, Jean Baptiste van Helmont – que se destacou na história como um cientista respeitado, o pai da química dos gases – descreveu um experimento em que pôs uma camisa suada num recipiente com um pouco de trigo e deixou isso fermentar no úmido porão de seu castelo durante 21 dias. Sabe o que aconteceu? A preparação deu origem a camundongos.[4]

É muito fácil zombar da ignorância do passado, e deveríamos ser cautelosos em relação a isso. Embora geração espontânea fosse uma ideia persistente, ela não é um conceito científico sólido. Todos os exemplos inapropriados, em especial quando descreviam a gênese de animais maiores, eram fruto de observação incompleta ou malfeita. Poucas questões são mais essenciais que a da origem da vida, seja em termos da origem de nova vida a partir de vida já existente, seja em termos da origem absoluta mais fundamental da vida, *ex nihilo*.

Passaram-se quase duzentos anos depois que Van Leuwenhoek viu células pela primeira vez antes que essa ideia fosse derrotada. A rejeição final da geração espontânea traz a marca distintiva da boa ciência: observação rigorosa e uma hipótese preditiva, testável. Mas ela vem também com o selo do puro drama: um elenco internacional e uma generosa porção de dinheiro, fama e traição.

O nascimento da teoria celular

A qualidade dos microscópios aumentou constantemente ao longo dos séculos XVIII e XIX, e a popularidade do estudo de coisas pequenas cresceu no mesmo ritmo. Os maiores avanços não vinham da exploração do reino animal microscópico, mas da observação de plantas e algas. O fato de que as diferentes partes das plantas eram compostas de células ficou patente nas primeiras décadas do século XIX, embora não se percebesse sua onipresença em todas as coisas vivas. Grande parte desse trabalho foi levada a cabo na Alemanha, e os compêndios recebiam nomes que descreviam uma série de estruturas observadas: Körnchen, Kügelchen e Klümpchen (grânulos, vesículas e bolhas). Embora a descrição de tecidos estivesse progredindo, a raiz de sua gênese não estava. Só em 1832 o nascimento de células foi descrito pela primeira vez. Um barão belga chamado Barthélemy Dumortier observou células em algas se alongarem cada vez mais até que surgiu uma parede divisória, e uma célula transformou-se em duas. Outros logo reproduziram o trabalho e observaram o fenômeno em diferentes algas e plantas.

Mesmo sem um modelo de reprodução consistente, o interior das células começou a ser explorado. A qualidade dos microscópios aumentava, e em 1831 Robert Brown estudava células de orquídeas.[5] Nelas ele observou "uma única aréola circular, em geral um pouco mais opaca que a membrana da célula". Chamou-a de núcleo, nome que ela tem até hoje, e agora nós a conhecemos como o escritório central para o código genético em todos os organismos complexos.[6]

Assim como Dumortier no caso da observação da divisão celular, Brown supôs que o núcleo não era universal. Muitos pensavam que a divisão era uma forma excepcional de nascimento da célula, e nenhuma observação semelhante de fissão fora feita em tecido animal. Como as células vegetais são com frequência bem maiores que as animais, o estudo da carne ficou em segundo plano em relação à análise das folhas. O núcleo havia sido observado em alguns tecidos animais, particularmente células cerebrais; mais uma vez, porém, não se supôs que existisse em

Gerado, não criado

todas as células. Para complicar a questão, as células vermelhas, o tipo isolado de célula mais comum em seres humanos, não contêm núcleo: ele é expelido durante seu desenvolvimento.

Os nomes mais estreitamente associados à teoria celular em quase todos os compêndios são Schwann e Schleiden. Segundo a história contada por Theodor Schwann, o nascimento da teoria celular foi marcado por um "heureca". Schwann e Matthias Schleiden encontraram-se por acaso num jantar em 1837. Schwann era anatomista, baixote e muito aplicado, que por vezes não arredava pé de suas investigações por dias a fio quando examinava tecido corporal. Schleiden, botânico problemático e por vezes propenso ao suicídio, fora influenciado pela identificação do núcleo levada a cabo por Robert Brown. A botânica e a biologia animal eram campos separados, muito distantes da unificação que a evolução e a genética iriam finalmente permitir. Durante o jantar, os dois discutiram seu trabalho, em tecidos animais e vegetais, respectivamente. A conversa deve ter se tornado cada vez mais palpitante para os outros convidados à medida que a discussão avançava rumo ao núcleo, aquele corpo menor no meio das células. Schwann e Schleiden deram-se conta de que o núcleo era igual em células vegetais e animais. Correram sem demora ao laboratório de Schwann para comparar anotações. Desse momento em diante, a ideia de que todos os tecidos vivos eram feitos de células ganhou raízes.

Por mais convincente que seja a lenda, Schwann e Schleiden contribuíram apenas parcialmente para o desenvolvimento de um modelo da vida baseado em células, e, sob um aspecto importante, de maneira significativamente errada. Grande parte do trabalho demonstrando a existência do núcleo fora feita antes deles, e a universalidade das células fora sugerida por outros antes de 1837. Schwann provavelmente foi o primeiro a usar a expressão "teoria celular", mas, no tocante à origem de novas células, ele e Schleiden se equivocaram de maneira significativa. Ambos descreveram a formação de novas células começando com o aparecimento espontâneo de um núcleo nu nos espaços entre as células existentes. Segundo eles, esse núcleo atuava como uma semente a partir da qual a nova célula emergiria, como um cristal em crescimento.

Embora não tão implausível quanto lemingues celestes, isso ainda se assemelhava essencialmente à geração espontânea.

Nossa compreensão da origem de novas células pode ser atribuída, em grande parte, a Robert Remak – um herói esquecido da biologia e uma vítima da política e da raça. Remak era um judeu polonês que passou sua vida adulta em Berlim. Para obter o cargo universitário que desejava e merecia, teria sido obrigado a trair suas raízes judaicas ortodoxas e a batizar-se, coisa que nunca fez. Por meio de sua ciência inegavelmente boa, ele acabou ganhando um cargo de conferencista e mais tarde de professor-assistente na Universidade de Berlim, mas seu posto não lhe valia nem salário nem laboratório. Compare essa situação com a do biólogo celular Rudolf Virchow, seu contemporâneo. Nascido numa abastada família prussiana, Virchow era extravagante e bombástico. Acabaria por ser descrito como "o papa da medicina" e "o único caso de consumado médico-cientista-estadista de nosso tempo". Ele era seis anos mais moço que Remak, mas ambos foram nomeados para a Universidade de Berlim ao mesmo tempo.

Após cuidadosa observação, Remak rejeitou a geração espontânea sob todas as formas, inclusive aquela descrita por Schwann e Schleiden. Durante uma década, ele havia estudado todo tipo de tecidos animais, inclusive músculo, células vermelhas do sangue e embriões de rã e frango, e viu apenas células dividindo-se, sofrendo um estreitamento no meio, como um balão apertado por um cinto, até se transformar em duas. Virchow acompanhou o trabalho de Remak, e a cada ano mais se aproximava de sua maneira de pensar – a de que as células se formavam unicamente por divisão celular.

Depois, em 1854, Virchow declarou que "não havia vida exceto por meio de sucessão direta", e um ano mais tarde traduziu isso num moto latino: *omnis cellula e cellula* – todas as células provêm de células. Apreciado e proeminente, ele expôs essa ideia onde pôde, inclusive em seu compêndio de sucesso internacional: *Die Cellularpathologie*. Mas não houve menção a Remak em nenhum desses textos. Virchow havia feito uma parte pequena do trabalho, mas adotara os grandes esforços do colega sem lhe atribuir mérito. Encolerizado, Remak escreveu a Virchow sobre o sumário em latim:

Gerado, não criado

[Ele] aparece como seu sem nenhuma menção a meu nome. Que o senhor se torne ridículo aos olhos dos instruídos, uma vez que não possui nenhum conhecimento embriológico especializado evidente, é algo que nem eu nem ninguém podemos impedir. Entretanto, caso deseje evitar uma discussão pública da questão, eu lhe pediria para reconhecer imediatamente minha contribuição.

Por vezes esquecemos que a ciência é feita por pessoas, com todas as suas personalidades a reboque. O método científico destina-se a contrabalançar todas essas idiossincrasias, e em última análise tende a fazê-lo. Mas o devido reconhecimento é um problema perpétuo.[7]

Contudo, Remak – e Virchow, a despeito de seus pecados – havia acertado na mosca. A vida é feita de células, e as células são geradas unicamente a partir de outras células. Mas, como um zumbi, a geração espontânea continuou arrastando-se por aí, tendo sofrido mais um solavanco na França, em 1860. O homem que finalmente a matou foi Louis Pasteur. Ainda não famoso pela técnica de esterilização que leva seu nome, Pasteur, jovem e ambicioso, por duas vezes tivera negado seu ingresso na Academia Francesa de Ciências.

Um experimento realizado por um destacado proponente da geração espontânea havia injetado novo vigor à crença em sua existência. Felix Pouchet quis mostrar que mofo brotaria do feno, mesmo que o feno, o ar e a água usados fossem estéreis. O cientista havia fervido os ingredientes, resfriando-os depois com mercúrio líquido. Como que por mágica, apareceu mofo no feno. Desejando esclarecer a questão de uma vez por todas, a Academia ofereceu um prêmio de 2.500 francos à primeira pessoa que decidisse a questão da geração espontânea.

Pasteur percebeu a falha, que era o fato de haver uma camada de poeira na superfície do mercúrio, que estava produzindo o mofo. Diante disso, ele projetou o mais simples experimento imaginável. Sua versão do arranjo de Pouchet teria dois frascos contendo um caldo estéril, mas substancioso, que logo ficaria turvo se exposto à vida microbiana. Um frasco foi deixado aberto, ao passo que o outro tinha um gargalo em forma de

S projetando-se para um lado. Pasteur imaginou que micróbios alcançariam o caldo no primeiro frasco, transportados pelas partículas de poeira no ar, mas o pescoço de cisne não permitiria que esses contaminantes chegassem ao caldo no segundo frasco. Dias depois, o conteúdo do frasco aberto estava turvo, mas o do frasco com pescoço de cisne continuava perfeitamente límpido, e assim continuou indefinidamente. Como controle, Pasteur quebrou o pescoço de cisne e observou o caldo turvar-se durante os dias seguintes. Ele reivindicou o dinheiro e foi devidamente eleito membro da elite científica da França.[8]

A melhor descrição do destino final dessa ideia obstinada foi feita pelo próprio Pasteur: "Nunca mais a doutrina da geração espontânea se recobrará do golpe mortal desferido por esse experimento simples", e "os que pensam de outra maneira foram iludidos por seus experimentos mal-realizados, cheios de erros que eles não sabiam como perceber nem evitar".

Essas são palavras ásperas, mas verdadeiras. Milhares de anos de superstição biológica foram varridos por esse traço essencial da ciência: o experimento. E, com aquele frasco com gargalo em forma de pescoço de cisne, a teoria celular ficou completa. Como todas as grandes teorias, ela é uma fusão de ideias baseadas em observação e confirmadas por experimentação. É também um dos grandes pontos de interseção da biologia. O trabalho de dezenas de homens e centenas de anos de investigação sobre a matéria de que a vida é feita resume-se em duas frases:

1) Toda vida é feita de células.
2) Células só surgem por meio da divisão de outras células.

Essa teoria tem profundas implicações, como todas as grandes teorias. Ela abarca toda a vida, uma descrição simples, mas abrangente, dos inúmeros habitantes da Terra viva. Mas, como já sabemos, há trilhões de tipos diferentes de célula. No caso das células vermelhas do sangue, por exemplo, aquelas encontradas nos seres humanos são diferentes o bastante até daquelas de nossos primos primatas mais próximos para que não possam ser trocadas sem graves consequências. Quando começamos a considerar

Gerado, não criado

uma espécie tão distante da nossa como as galinhas, descobrimos, como fez Remak, que as células vermelhas de seu sangue de fato contêm um núcleo, diferentemente das nossas. A primeira grande ideia mostrou que a diversidade da vida na Terra estava engastada na magnífica variedade das células. A segunda mostrou como essa diversidade surgiu.

Mudança ao longo do tempo

Por volta da mesma época em que Schwann, Schleiden, Remak e outros observavam como as células se comportam, do outro lado do canal da Mancha um pai de família bastante jovem refletia sobre seu longuíssimo ano sabático. De maneira lenta e meticulosa, Charles Darwin reunia uma argumentação esmagadoramente convincente descrevendo como as criaturas evoluem. A evolução, a ideia de que as espécies não são imutáveis, já era aventada no século XIX. Mas o processo pelo qual as espécies mudam era desconhecido. Darwin passara cinco anos viajando milhares de milhas a bordo do HMS *Beagle*, recolhendo espécimes do outro lado do mundo. Ao voltar, casara-se com a prima Emma Wedgwood. Os dois eram netos do magnata da cerâmica Josiah Wedgwood. O casal estabeleceu-se em Down House, Kent, e, livre de pressões financeiras, Darwin começou a cinzelar uma esplêndida ideia. Em 1859, após anos de intensos esforços científicos e pessoais, ele publicou *A origem das espécies*.[9] Nessa obra, propunha a segunda teoria da grande unificação da biologia, uma teoria que descreve o processo pelo qual ocorre a evolução.[10]

Em contraste com os microscopistas na Europa, Darwin estava interessado sobretudo em animais inteiros, o mundo macroscópico. Ele observou que, quando comparamos indivíduos em qualquer população, há uma diversidade natural no tocante a qualquer característica física. Essa variação é o meio pelo qual esses indivíduos podem ter uma vantagem competitiva sobre outros. Numa população imaginária de tamanduás, um animal dotado de língua ligeiramente mais comprida que a de seus contemporâneos pode ser capaz de devorar mais cupins suculentos, ficando em consequência bem-alimentado e saudável. Isso poderia ter o efeito de fazê-lo viver mais, ou talvez ser um parceiro mais atraente para as fêmeas da espécie. Por isso esse tamanduá pode ter mais filhotes, todos potencialmente dotados de língua mais comprida. Após algumas gerações, como a língua é algo útil, os tamanduás de língua longa passariam a dominar a população, tornando-se a norma. Ao longo de sucessivas gerações, a espécie mudará. Em contraste com teorias anteriores, Darwin observou que não eram características adquiridas durante a vida que se transmitiam à prole. Anos de medidas obsessivas o levaram a estabelecer o princípio de que, para cada característica – a língua de um tamanduá, a cor de seu pelo, qualquer aspecto que você queira citar –, era sua variação em toda a população que conferia vantagem para um indivíduo. Esses traços se tornariam mais comuns numa população porque a vantagem que proporcionavam se manifestaria como maior sucesso reprodutivo.

Há outras forças seletivas importantes, como as complexidades do sexo, pelas quais machos se engrandecem para conquistar uma fêmea, ou fêmeas exercem uma escolha também caprichosa de machos. Mas a seleção natural é a força abrangente que moldou o mundo vivo em que estamos. É um sistema de erro, tentativa e revisão. A evolução é cega e não tem rumo. As espécies não são mais ou menos evoluídas, nem superiores ou inferiores, como eram descritas antigamente, e por vezes ainda são. Por meio de iteração, elas são simplesmente mais bem-adaptadas para sobreviver em seus ambientes. Num experimento que não deveria ser realizado, um orangotango não sobreviveria dois minutos nas águas submarinas ferventes de uma fonte hidrotermal, apesar de ser sofisticado o bastante para usar ferramentas nas selvas de Bornéu. Imersas no mar quente de uma dessas fontes, porém, centenas de espécies, entre as quais o verme cilíndrico gigante, de dois metros de comprimento, e dezenas de espécies de bactérias subsistem com muita satisfação. A mudança é a norma, a adaptação é o sucesso.

Nos 150 anos desde a publicação de *A origem das espécies*, milhões de cientistas cutucaram e esticaram a teoria da evolução, desmontaram-na, ajustaram-na e puxaram-na de todas as maneiras concebíveis. Eles observaram inúmeras espécies, de tamanduás a zebras, para estudar seu comportamento. Criaram simulações de miríades de populações, primeiro com modelos matemáticos, mais tarde em computadores, expandiram e pressurizaram seus ambientes artificiais para ver como eles se adaptam ao longo de sucessivas gerações. Criaram e cruzaram um sem-número de espécies para observar como a herança funciona, para ver onde reside a vantagem na geração seguinte. Deixaram tanques de bactérias reproduzirem-se durante décadas e testemunharam a descendência com as modificações em ação. Nos nossos dias, deciframos seus códigos genéticos e vimos exatamente as diferenças no DNA que refletem a transformação de uma espécie em duas, cada qual encontrando um nicho em que está mais bem-ajustada. Vimos populações de bactérias adaptarem-se à ação hostil de antibióticos e, deploravelmente, emergirem resistentes. Embora o modelo inicial traçado por Darwin tenha sido modificado e elaborado, a "grande argumentação única", como ele a descreveu, sobreviveu intacta aos necessários ataques que uma ideia dessa magnitude requer. É por isso que ela é chamada teoria da evolução por seleção natural. O sentido coloquial da palavra "teoria", como um palpite, suposição, ou simples tiro no escuro, é miseravelmente tacanho perto de seu significado científico. Quando cientistas falam sobre uma teoria, eles têm em vista o ponto mais alto da pilha das ideias: um conjunto de conceitos testáveis, todos os quais indicam e predizem uma descrição da realidade tão robusta que é indistinguível de um fato.

Darwin escreveu sua obra-prima quando o estudo das células começava a emergir da poça estagnada da geração espontânea. Mas sua descrição da evolução não diz respeito ao início de uma nova vida; ela trata, como está implícito no título, da origem de novas espécies. Estas surgem quando organismos adquiriram tantos traços mutados que não são mais capazes de se reproduzir como o que eram antes seus parentes. Quando aprendemos sobre a seleção natural, temos nossa atenção despertada para traços visíveis proeminentes – galhadas, cor do pelo e, de vez em quando, línguas de tamanduás. Mas hoje sabemos como a biologia trabalha no plano celular e podemos transpor a evolução por seleção natural para o mundo microscópico de que Darwin tinha pouco conhecimento. A língua ficcional do tamanduá é mais comprida porque, graças ao acaso da variação dentro de sua população, esse indivíduo tem mais (ou possivelmente maiores) células nessa língua, e os genes que geram essa disparidade de tecido serão transmitidos através de espermatozoide ou óvulo para a geração seguinte. De maneira semelhante, quando você se corta com o papel, suas plaquetas formam uma rolha e uma cunha para ajudar a deter a perda de sangue porque, efetivamente, criaturas que tinham em seu sangue células que não desempenhavam essa função coagulante com igual eficácia foram eliminadas pela natureza milhares de gerações (e espécies) atrás (provavelmente permitindo que tal criatura se curasse de maneira menos eficaz, ou talvez sangrasse até morrer). No que é decisivo, hoje sabemos que o que está sendo selecionado não é o indivíduo nem a célula, mas o portador da informação que confere a vantagem. Como ocorre em toda a biologia, a informação que permite a coagulação é armazenada dentro de células, no DNA, a molécula que desempenhará papel central ao longo de toda essa história.

Teoria celular e seleção natural são reflexos da mesma verdade: a vida é derivada. Ela se modifica gradativamente e, ao fim e ao cabo, de maneira espetacular, mas, em essência, a vida é a continuação adaptada do que veio antes.[11]

A aceitação pública da evolução por seleção natural teve períodos alternados de aumento e declínio, ao longo dos anos, e foi contestada por cientistas nos primeiros cinquenta anos, aproximadamente. Hoje, porém, pelo menos entre cientistas e aqueles que a compreendem de maneira geral, a seleção natural figura como a principal explicação válida para a variedade da vida na Terra. Embora a ciência por definição espere ser corrigida no decorrer do tempo, agora parece muitíssimo improvável que a ideia de Darwin virá a ser completamente substituída. Quando nós a associamos à teoria celular, ambas as ideias saem extraordinariamente fortalecidas.

Embora o conceito de evolução – simplesmente que os organismos mudam ao longo do tempo – seja anterior a Darwin, em 1859, essas eram ideias novas e verdadeiramente revolucionárias. Ambas refutavam a concepção reinante ao longo da maior parte da história humana: que cada uma das criaturas havia sido criada em separado. Sem o árduo trabalho de Darwin e

Gerado, não criado

o meticuloso trabalho de observação dos microscopistas dos séculos XVIII e XIX, a ideia de múltiplas rotas para a vida, origens separadas não apenas para plantas, animais e fungos, mas para cada diferente tipo de organismo, podia parecer plausível. Mesmo levando em conta a inumerável variedade de distintos tipos de célula, cada um com funções altamente especializadas, origens separadas ou plurais podiam parecer razoáveis.

Em vez disso, graças a Darwin e à teoria celular, podemos ligar cada organismo à linhagem maior. Como Darwin escreveu no parágrafo final de sua obra-prima: "Há uma grandiosidade nesta concepção da vida, com seus vários poderes, como originalmente soprada em algumas formas ou em uma forma." Estas são algumas das mais belas palavras já escritas, e muito citadas. Algumas coisas merecem ser repetidas. Mas ele inseriu uma dúvida naquelas últimas palavras: "em algumas formas ou em uma forma". Qual terá sido o caso? O que se situa na base da árvore da vida? Uma única forma, uma célula, ou muitas? A resposta para essa questão histórica profundamente enraizada não se situa no passado, mas nas entranhas moleculares de cada célula viva. Examinando o mecanismo pelo qual as células transmitem suas características e pelo qual essas características sofrem mutação, chegaremos a uma resposta para a questão da origem singular ou múltipla da vida – e começaremos a ver que aparência ela poderia ter tido quando emergiu.

2. Rumo ao uno

OLHE PELA JANELA mais próxima e tente contar quantas espécies você vê. Sentado aqui à minha mesa, olhando para o jardim, posso contar quarenta espécies de plantas (das quais sei o nome de pelo menos seis), uma aranha, um esquilo e um suspeitamente bem-alimentado pombo-torcaz. Sei que há milhões de outros seres aninhados no solo, alimentando-se das folhas, no concreto entre os tijolos. Sei que há minúsculos insetos parasitas pegando carona nos pelos do esquilo e nas penas da ave, e esses insetos servirão eles próprios de rico hábitat para milhares de bactérias. Sei que na Terra as bactérias excedem em número e massa todas as outras coisas vivas, e há bilhões delas em cada pá cheia de barro. Quando estávamos no curso de graduação, fizemos culturas de bactérias colhidas esfregando nossa pele adolescente e espalhando-as em placas com ágar. Você pode olhar para a ponta de seu nariz e ter certeza de que há mais vida nesse panorama que no resto do Universo extraterrestre conhecido. Classificamos cerca de 2 milhões de espécies vivas e sabemos que esse número é uma grande subestimação, pois a cada dia novas espécies são descobertas e nomeadas. A vida é perturbadoramente diversa. O que mais atordoa, porém, é sua conformidade.

Não é necessário um grande salto de fé para ver que somos estreitamente relacionados a chimpanzés ou gorilas. Só um projetista com a intenção de enganar, ou desprovido de imaginação ou empenho, iria criar coisas tão parecidas sem simular que não eram primas. É óbvio que os cães em todas as suas formas fabricadas pelo homem são estreitamente relacionados aos lobos, e a ciência o confirma. É preciso um pouco mais de análise para mostrar que os golfinhos estão muito mais estreitamente

Rumo ao uno

relacionados aos hipopótamos que ao atum, com os quais se assemelham superficialmente. Investigue com mais atenção, e torna-se óbvio que os três têm uma ancestralidade comum visível nas espinhas, nos olhos e na estrutura óssea (entre muitas outras coisas) de nadadeiras, patas e barbatanas, respectivamente. Mas sem sombra de dúvida é mais difícil ver o que há de comum entre a folha de um sicômoro e a barbatana de peixes como os ciclídeos. Ou entre uma equidna ocidental de focinho comprido e o recém-descoberto cogumelo malaio *Spongiforma squarepantsii*. Ou entre *Turdus philomelos* e *Candida albicans*: um é uma bela ave canora, o tordo, o outro, um fungo amarelado, mas em inglês a palavra *thrush* designa ambos.

Esse zoológico é feito de células de muitos tamanhos e formas diferentes. Contudo, todas elas são basicamente a mesma coisa, assim como todos os carros movidos a gasolina são a mesma coisa. Os carros têm um chassi, um motor, algumas rodas (quase sempre quatro), um volante, e assim por diante. Os detalhes do motor, o design, os pneus etc. fazem a diferença entre um Porsche 911 e um Trabant. Fundamentalmente, porém, ambos são carros, derivados por meio de muitas iterações de um ancestral comum, o qual possuía uma versão primitiva do motor de combustão interna feito de metal e movido por combustível fóssil. Com as células passa-se o mesmo. Sob o capô, há mecanismos e peças que diversificam o desempenho de uma célula, segundo ela funcione como parte de um organismo ou permaneça isolada. Em termos de estrutura global, elas são iguais, mas extremamente especializadas para construir as complexidades e adaptações de toda a vida.

O ponto de partida desses fundamentos da biologia foi resultado dos avanços efetuados pelos cientistas celulares em meados do século XIX. Essa foi uma época febril, pois Darwin estava também deduzindo a evolução, e, milhares de quilômetros a leste, um religioso austríaco plantava um jardim que iria robustecer a biologia para sempre. Joseph Gregor Mendel é sempre descrito como um monge, o que, embora sem dúvida verdadeiro, oculta o fato de que foi como gênio científico e experimentalista que transformou o mundo que ele nos deixou um legado.[1] Mais ou menos na época em que Darwin escrevia sua obra-prima, Mendel estudava ervilhas e cruzava-as às dezenas de milhares. Como qualquer cientista lhe dirá, grandes números fazem boas estatísticas. O que Mendel descobriu em números impressionantemente grandes foi que, ao cruzar variantes de ervilhas entre si, os resultados na descendência eram previsíveis. Ele mostrou, além disso, que os traços eram herdados de maneira discreta – isto é, independente das demais características da planta. Em vez de plantas com flores de cor mesclada, a progênie de uma ervilha de flores púrpura cruzada com uma de flores brancas não eram plantas com flores rosadas, mas números previsíveis de ervilhas de flores brancas e de flores púrpura. Ele cruzou planta altas com plantas baixas, e viu que as crias eram sempre altas, em vez de apresentar uma média das duas alturas. Quando ele cruzou essas crias entre si, ¾ de suas crias eram altos e ¼ era baixo. Nessas proporções, ele havia descoberto não apenas que características são transmitidas individualmente, mas também que algumas características eram dominantes sobre outras.

A história de Mendel e suas ervilhas é biologia de curso secundário. O que ele descobriu (embora o nome tenha vindo muito mais tarde) foi a existência de genes – unidades discretas de herança.[2]

Quase totalmente ignorado quando foi publicado, o artigo de Mendel foi redescoberto no início do século XX. O que se seguiu foi observação além do visível a olho nu. As novas tecnologias do século significavam que a escala da biologia reduzia-se do organismo para a célula, para o nível molecular e atômico, e com essa aproximação do foco veio o nascimento da genética moderna.

"Não escapou à nossa atenção..."

Entre a morte de Mendel, em 1884, e os anos 1950 houve avanços importantes e sucessivos no estudo dos genes. Mendel havia provado que a herança ocorria em unidades discretas. Biólogos marinhos italianos examinaram as células de ouriços-do-mar e observaram cromossomos – nítidas estruturas dentro do núcleo de todas as células, que se tornavam visíveis, parecendo

Rumo ao uno

pequenas salsichas, quando as células se dividiam. Os cromossomos estavam presentes em números específicos, dependendo do hospedeiro, e os biólogos descobriram que a alteração desse número resultava em abominações na descendência ou impedia por completo a reprodução. Na década de 1920, Thomas Hunt Morgan promoveu endocruzamentos entre drosófilas para mostrar que as unidades de herança de Mendel estavam posicionadas de maneira muito precisa nesses cromossomos. No meio-tempo, pesquisadores alemães haviam mostrado que os cromossomos eram feitos de uma molécula chamada DNA, cuja composição química era claramente diferente das proteínas que compunham grande parte dos ingredientes da célula, pois continha fosfato.

Na década de 1940, Oswald Avery, Colin MacLeod e Maclyn McCarty demonstraram que era esse DNA que conferia características e as transmitia, executando em Nova York uma interessante proeza de ressurreição, de natureza perversamente fatal. Eles estavam acompanhando o trabalho de Fred Griffith, um médico militar britânico que mais de uma década antes percebera que, no curso da pneumonia, estavam presentes bactérias virulentas e benignas, mas estas últimas podiam adquirir as características malignas das primeiras, mesmo que as virulentas estivessem mortas. Ele demonstrou isso fervendo as bactérias letais de modo a matá-las, e em seguida acrescentando o caldo resultante aos micróbios benignos, que adquiriam a capacidade de matar. Avery e sua equipe repetiram o experimento de Griffith, mas, para compreender como ele funcionava, eliminaram sistematicamente cada um dos componentes das bactérias candidatos a transmitir suas características. A transformação só deixou de ocorrer quando destruíram o DNA da bactéria mortal. Ficou patente que o DNA, e não as proteínas ou qualquer outra coisa no ambiente da célula, era o material genético essencial, a substância que conferia características e as transmitia.

O DNA era claramente um – possivelmente *o* – componente essencial da herança. Não se sabia, porém, como isso funcionava. A resposta residia em sua construção. Em 1952, um grupo de pesquisadores no King's College, incluindo Maurice Wilkins, Rosalind Franklin e Raymond Gosling, investigava o DNA usando sua expertise na produção de representações fotográficas de estruturas moleculares tridimensionais. A difração de raios X, técnica comum para o estabelecimento da forma de moléculas complexas, foi levada por Wilkins, do Projeto Manhattan, que produziu as primeiras bombas atômicas, para Londres. O princípio do processo é semelhante ao usado naqueles retratos em silhueta tão em moda nos séculos XVIII e XIX: projeta-se um raio de luz sobre um objeto e captam-se a luz e a escuridão projetadas para além dele. Nos retratos em silhueta, o sujeito humano é um sólido para a luz visível que essa técnica usa, mas, na versão molecular, os raios X penetram a molécula sob exame e criam sombras características atrás dela, espirais regulares, mas enigmáticas, projetadas na placa fotográfica. É preciso lançar mão de dedução matemática para compreender o arranjo de átomos que poderia produzir tal padrão, mas o efeito é o mesmo: um retrato único de uma molécula que de outro modo seria pequena demais para ser vista. Rosalind Franklin era particularmente habilidosa no uso dessa técnica, e uma das muitas fotografias que ela revelou com Gosling ao executar esse árduo método, a Foto 51, seria a chave para uma das grandes façanhas na história humana.

Os cientistas Francis Crick e James Watson, de Cambridge, adquiriram essa fotografia. A ciência sempre se baseia no trabalho dos outros, mas foi com sua própria perspicácia e seu gênio que eles deduziram da foto de Franklin e Gosling que o DNA assumia a forma de uma escada retorcida, a icônica dupla-hélice. Num breve artigo publicado na revista científica *Nature* em 25 de abril de 1953, eles mostraram que os degraus dessa escada retorcida continham pares de letras químicas – A para adenina, T para timina, C para citosina e G para guanina. Cada letra está ligada a um montante vertical da escada e se emparelha com uma letra correspondente no outro montante vertical, formando um degrau. É esse emparelhamento que torna dupla a hélice, e ele é muito preciso: A sempre se emparelha com T, e C sempre se emparelha com G. Crick e Watson concluíram o artigo com uma das notáveis lítotes encontradas na ciência: "Não escapou à nossa atenção que o emparelhamento específico que postulamos sugere de imediato um mecanismo de cópia para o material genético."

Essa é a primeira coisa maravilhosa sobre o DNA. Se você divide a dupla-hélice nos dois filamentos que a compõem, tem de imediato a informação para repor o filamento que falta: onde há um A, o outro filamento deve ter um T, e onde há um C, o outro filamento precisa de um G. Portanto, o DNA possui uma habilidade, inerente à sua estrutura, de fornecer as instruções para sua própria reprodução. Com o resultado de Crick, Watson e Franklin, foi-nos dada uma molécula que podia ser copiada e transmitida de geração em geração.[3]

As moléculas representadas pelas letras, conhecidas como bases, ligam-se umas às outras, mantendo juntos os dois montantes da escada. Há milhões desses pares em cada filamento de DNA, que se estende por alguns metros em toda célula humana dotada de núcleo, embora esteja enrolado e depois enrolado em si mesmo de novo, em torno de pequenos agrupamentos de proteínas, como contas num colar. E isso se enrola em si mesmo novamente para formar um cromossomo, como uma grossa corda de cabo de guerra.

O número de cromossomos e o comprimento deles variam enormemente entre todas as espécies, e essa variação não parece se relacionar com o tamanho nem com a complexidade do hospedeiro. Nós temos 23 pares de cromossomos, e as bactérias tendem a ter apenas um, num nítido anel. Mas algumas carpas têm mais de cem, e isso nem se aproxima do número de cromossomos de algumas células vegetais, que pode chegar à casa dos milhares. A coleção completa do DNA de um organismo, empacotada em cromossomos, é chamada genoma. Em seres humanos, aqueles 23 cromossomos, nosso genoma, contêm cerca de 3 bilhões dessas letrinhas, A, T, C e G, o suficiente para encher um catálogo telefônico de 200 mil páginas, caso esse tipo de comparação o atraia. Mas cada vez que uma célula se divide em duas, desde a primeira divisão do seu óvulo fertilizado até a das células cutâneas recém-nascidas num corte com papel, todo o DNA dessas células se copia. A nova célula contém todo o DNA de sua mãe.[4]

A capacidade de se reproduzir de geração em geração é uma proeza interessante. Por si só, porém, isso iria apenas encher o mundo com uma bonita molécula. O poder secreto do DNA é que essa cadeia de letras químicas, as bases, é um código que encerra informação. Essa informação é um manual de instruções para todo o processo da vida, inclusive as instruções requeridas para o próprio processo de reprodução. A compreensão de como o código do DNA funciona revelará não só como a mutação e a variação ocorrem, aproximando-nos de uma resposta para a questão proposta por Darwin, "em algumas formas ou em uma forma", mas também nos dará indícios essenciais para a questão de como a vida se formou, em primeiro lugar.

Como o DNA funciona

Toda a vida é feita por ou de proteínas. Estas formam as estruturas e os catalisadores da biologia, assim como as fábricas de osso, cabelo e todos os pedacinhos de um corpo que não são eles mesmos feitos de proteína. Claro que isso não se limita a nós, nem mesmo aos mamíferos. Cada folha, cada lasca de casca de árvore, escama de réptil, chifre, fungo, pena ou flor é constituído de ou por proteínas. Esses paus para toda obra da vida são feitos eles próprios de cadeias de unidades menores chamadas aminoácidos – nome genérico para um número potencialmente infinito de partes moleculares que se qualificam para receber essa designação.

Sabemos agora que cada gene – aquelas unidades discretas de herança – num genoma é um pedaço de código composto dos pares de bases de DNA que codificam a construção de uma proteína. No entanto, apenas algumas partes nos genomas de muitas espécies são genes. O resto – de fato, nos seres humanos, a maioria esmagadora do DNA – compreende anotações, instruções, andaimes e até inserções de vírus intrometidos. Algumas partes são vestígios de genes de nossos ancestrais, cuja função foi perdida em nós, mas cujos fantasmas permanecem em nosso genoma, livres da pressão da seleção natural para enferrujar lentamente.[5] Depois do grande salto adiante que foi o estabelecimento, por Crick e Watson, em 1953, de que o DNA era uma escada em forma de espiral, e que ele tinha o poder duplo de replicação e codificação de informação, o maior desafio na biologia passou a ser decodificar DNA, e isso representava, antes de mais nada, identificar quais fragmentos dele eram genes e quais não eram.

Rumo ao uno   41

Imagine que cada frase deste livro é um único gene: o genoma humano seria um livro quarenta vezes mais longo que este, cheio de texto incoerente, mas com minhas frases nele distribuídas aleatoriamente. Como você identificaria quais as frases relevantes? A linguagem é salpicada de pontuação para complementar as letras e acrescentar significado compósito acima das próprias palavras. Defatoémuitodifícilparanósextrairsentidodeumafraseemquenãohajanemespaçosnempontuação. Por sorte, para a ciência, e necessariamente para a célula, com o DNA não é diferente. Antes que os cientistas pudessem decifrar o que as palavras e frases de DNA significam, o primeiro desafio foi descobrir onde estavam os espaços – onde um gene começa e acaba –, e isso significou descobrir sua pontuação.

Na altura dos anos 1960, os cientistas sabiam que a vida era construída de ou por proteínas, que as proteínas eram feitas de aminoácidos e que o DNA era a matéria hereditária que codificava as proteínas. A grande lacuna estava na passagem de um para o outro, do código de DNA para as proteínas. Ao inserir experimentalmente uma molécula entre duas letras de DNA funcional, Crick e outro futuro Prêmio Nobel chamado Sydney Brenner interromperam intencionalmente o código e impediram que uma proteína fosse produzida. Essas interrupções são conhecidas como "mutações de deslocamento de quadro de leitura", como um projetor de filmes cuja velocidade de obturador está errada, de modo que vemos metade de um quadro e metade de outro. Quando se interrompia o DNA com inserções equivalentes a uma, duas ou quatro bases, o mesmo efeito era observado – uma proteína interrompida. Mas, com uma inserção de três, ainda era viável a produção de uma proteína. Eles deduziram disso que o código de DNA opera em sequências de três bases. Esse padrão é conhecido como "quadro de leitura": ele se posiciona numa porção do DNA, expondo tripletos de letras que têm significado.

A partir desse ponto, um cientista americano e um alemão decifraram a primeira mensagem codificada em DNA, em 1961, usando o processo de eliminação. Em vez de tentar descobrir como uma sequência de DNA de ocorrência natural se traduzia em proteína, Marshall Nirenberg e Heinrich Matthaei conectaram uma extensão de código genético que consistia unicamente na base timina (a letra T). Eles inseriram isso na mecânica de uma célula ativa e lhe forneceram um suprimento de aminoácidos adequado à construção de uma proteína. Sabendo que há somente vinte aminoácidos com os quais toda vida é construída, em cada um de vinte diferentes tubos de ensaio contendo todos os vinte, um único aminoácido diferente dentro da mistura foi marcado com um rótulo radioativo. Isso significava que, se uma proteína resultante de seu DNA alterado zumbisse com radiação, eles seriam capazes de identificar qual aminoácido fora codificado por um tripleto de bases de timina. Quando extraíram as proteínas de seus vários tubos de ensaio, o resultado foram dezenove fiascos e um que fez os contadores Geiger zumbir. Eles descobriram que um código genético que consistia exclusivamente na letra T resultava numa proteína que consistia exclusivamente no aminoácido fenilanina.

Assim, a natureza do incontrolável código foi conhecida. Durante os anos seguintes, variando o modelo, descobriu-se cada tripleto que codificava os outros dezenove aminoácidos, até que, no fim dos anos 1960, tínhamos um esquema completo de como DNA codifica as proteínas.

Assim, aqui está uma pequena seção de DNA, parte de um gene:

cctgggaccaacttcgcgaagcgggaagcccggcgg

Aqui está a mesma sequência quebrada no quadro de leitura de tripletos, tal como a célula a lê:

cct ggg acc aac ttc gcg aag cgg gaa gcc cgg cgg

E aqui está ela novamente, com cada aminoácido (escritos aqui em sua forma abreviada) ao lado de cada códon:

cct	ggg	acc	aac	ttc	gcg	aag	cgg	gaa	gcc	cgg	cgg
Pro	Gly	Thr	Asn	Phe	Ala	Lys	Pro	Glu	Ala	Arg	Arg

Essa cadeia de aminoácidos faz parte de uma proteína.

Como então os cientistas podem distinguir onde um gene começa e onde termina? Há também pontuação na língua do DNA. Na série contínua de As, Ts, Gs e Cs, a célula sabe onde um gene começa porque todos eles, sem exceção, começam com as letras ATG, o chamado códon de iniciação, equivalente a uma letra maiúscula no início de uma frase. De maneira semelhante, todos os genes terminam com um ponto-final, um de três códons de parada: TGA, TAG e TAA. Um quadro de leitura para um gene inteiro sempre começa com ATG e termina com um desses três códons de parada.

As proteínas são, portanto, longas cadeias de aminoácidos tal como decretadas pelo DNA que as codifica. Elas executam suas funções dobrando-se em formas tridimensionais, e os sulcos, buracos, grampos e bolsos em suas formas dobradas lhes dão toda sorte de habilidades.[6] Proteínas também se agrupam para ganhar novas finalidades. Por exemplo, a hemoglobina que transporta oxigênio por todo o nosso corpo nos glóbulos vermelhos do sangue é composta de quatro proteínas, que carregam juntas um único átomo de ferro. As assombrosas propriedades dos fios de seda produzidos pela aranha são resultado do sofisticado complexo de diferentes proteínas de que eles são feitos, algumas das quais cuidadosamente dobradas, outras se sobrepondo para criar uma elevada força tensora comparável à do aço. Algumas proteínas são enzimas, que catalisam reações biológicas, o metabolismo nas células que nos mantém vivos. Outras são sensoriais, como aquelas encontradas nos bastonetes e cones de nossa retina, tão especializadas que podem detectar um único fóton de luz e desencadear o processo da visão. Todas essas propriedades resultam do fato de as proteínas dobrarem-se, conectarem-se e interagirem umas com as outras de maneiras extremamente precisas. Por mais diversas que as ações das proteínas possam ser, o código subjacente a todas elas é o mesmo.

Esse é o alicerce da biologia: a tradução de código em ação. Mas qual é o processo pelo qual essa tradução ocorre? Se o genoma é uma espécie de escritório central que contém os projetos para a fábrica, os projetos nunca saem realmente do escritório, por isso as páginas relevantes devem ser copiadas. Em outras palavras, há um intermediário entre o DNA e o local da fabricação da proteína, e esse enviado toma a forma do primo do DNA, o RNA.

O DNA é uma hélice torcida a partir de dois montantes de uma escada, os degraus ligando uma à outra. Mas o RNA é um filamento único, com os degraus expostos de um lado. Quando uma proteína particular é requerida, a hélice dupla do DNA divide-se em duas para expor o gene pertinente. Um único filamento de RNA é colocado por cima do gene exposto e cada letra desse gene é copiada no RNA de forma especular. Esse enviado, apropriadamente chamado "RNA mensageiro", leva a mensagem do genoma ao local de construção da proteína.

Mais tarde veremos que o RNA desempenha um papel muito mais central na origem da vida do que sugere seu mero status de mensageiro. No entanto, chegamos agora à primeira e maior pista para a questão proposta pelas palavras "em algumas formas ou em uma forma". O sistema descrito acima é universal. Não há nenhuma forma de vida que não o empregue e não dependa inteiramente dele: DNA – feito de quatro letras – traduz-se em proteínas – feitas de vinte aminoácidos. Isso é conhecido como o "dogma central": DNA faz RNA faz proteína. O fato de toda a vida conhecida ser completamente dependente desse sistema faz parecer quase inconcebível que ela não esteja relacionada por meio de uma origem singular, comum. Descobrir como tal sistema pode ter se estabelecido será essencial se quisermos saber como a vida tal como a conhecemos ganhou existência.[7]

A mão direita da vida

Se o código e as ferramentas compartilhadas da vida não forem suficientes para apontar uma origem única de maneira inequívoca, aqui está a estranheza da biologia que decide a questão enfaticamente. Mantenha as mãos com as palmas viradas para você. Elas são reflexos uma da outra. Se você deslizar uma sobre a outra, com as palmas ainda voltadas para você, uma não pode esconder a outra, pois os polegares sobressaem. Essa é a base da

Rumo ao uno

indústria de luvas: a luva esquerda não servirá na mão direita. O mesmo ocorre com as moléculas da vida. Assim como há formas especulares de mãos, há formas especulares de certas moléculas.

Um átomo é feito de um núcleo central, positivamente carregado, cercado por elétrons negativamente carregados. Esses elétrons formam os elos que mantêm átomos individuais unidos em moléculas e, como os polos de um ímã, eles se repelem uns aos outros. Assim, eles tentam maximizar o espaço entre si. Quando átomos se ligam a outros átomos para formar uma molécula, eles espaçam essas ligações para distâncias tão uniformes quanto possível, tendendo a adotar formas simétricas. Um átomo com três ligações disponíveis, como nitrogênio, tenderá a formar uma molécula triangular, com uma ligação em cada um dos cantos. Dióxido de carbono, por outro lado, é uma molécula reta: o átomo de carbono tem quatro ligações disponíveis, o oxigênio tem duas, e assim, o átomo de carbono é flanqueado por dois átomos de oxigênio, cada um ocupando uma ligação dupla. Mas se o átomo procura naturalmente fazer quatro ligações, como ocorre com o carbono, o maior espaçamento das ligações não se dá em duas dimensões, mas em três: uma pirâmide com base triangular. O átomo de carbono situa-se no centro dessa forma, com as quatro pontas a espaços iguais uma da outra. Tudo vai muito bem quando os átomos nos cantos são os mesmos, ou ainda quando dois ou três deles são diferentes uns dos outros. Mas, tão logo cada um dos quatro cantos é ocupado por um átomo diferente, a lateralidade torna-se uma possibilidade. Em outras palavras, exatamente os mesmos átomos na mesma conformação podem ser arranjados em formas especulares. Em química, isso se chama "quiralidade", da palavra em grego clássico para "mão".

Por vezes dizemos que a vida na Terra se baseia no carbono, querendo dizer que todo DNA e proteínas são construídos a partir de estruturas que contêm átomos de carbono. E o carbono, como vimos, pode formar moléculas quirais, imagens especulares uma da outra, de tal modo que seria razoável supor que encontraríamos uma mistura de moléculas baseadas em carbono destras e canhotas. O extraordinário é que, no que diz respeito à vida, os aminoácidos que compõem proteínas são canhotos.[8]

Foi o exterminador daquela ideia permanentemente infrutífera da geração espontânea quem primeiro identificou a quiralidade química. Uma das maneiras que nos permitem reconhecer a natureza quiral de uma molécula consiste em simplesmente lançar luz através dela.

Imagine que você prende uma mola slinky numa parede e depois a ondula em todas as direções. As ondas iriam para cima e para baixo, bem como de um lado para outro. Se em seguida você inserisse a mola numa fenda vertical e fizesse o mesmo, ela só seria atravessada por ondas verticais. Certas moléculas têm exatamente esse efeito filtrador sobre a luz. Elas podem polarizar a luz num único plano, apesar de sua tendência natural a ondular em todas as direções. Louis Pasteur observou que o lançamento de um feixe através da solução de uma molécula simples chamada ácido tartárico purificada a partir de clarificantes para vinho fazia a luz ser polarizada.[9]

Mas ele notou também que ácido tartárico fabricado no laboratório não tinha essa propriedade, apesar de quimicamente idêntico. Eis a razão: as moléculas no ácido tartárico são baseadas em carbono, e, quando sintetizadas em laboratório, as versões destras e canhotas são feitas em igual medida, com a mesma probabilidade aleatória do lançamento de uma moeda. Isso significa que qualquer efeito polarizador de uma versão é cancelado pela ação oposta da molécula espelho. Já o ácido tartárico encontrado em clarificantes era naturalmente sintetizado em células de levedura como parte do processo de fabricação do vinho. Em consequência, elas são todas canhotas. Essas moléculas partidárias só deixam passar um plano de luz.

Essa pequena digressão pelos domínios do vinho, das ligações químicas e do pensamento espacial é essencial porque, por motivos que não compreendemos bem, as proteínas só usam aminoácidos canhotos. A razão por que todos os vinte aminoácidos de que todas as proteínas são feitas são canhotos é um mistério. Cerca de 4/5 dos seres humanos são destros, de modo que o equivalente no caso das pessoas seria como se os canhotos não existissem.

A revelação de Pasteur de que a produção não biológica de moléculas quirais resultava em versões canhotas e destras em igual medida foi o presságio de uma das tragédias médicas mais pavorosas da história. A droga talidomida é um tranquilizante e analgésico suave, mas eficiente. Sua eficácia numa série de condições, de insônia a dores de cabeça, valeu-lhe o status de "droga milagrosa". Sendo também um tratamento eficaz para evitar o vômito, foi oferecida a mulheres grávidas acometidas de enjoo matinal. Entre 1957, quando foi introduzida, e 1962, quando deixou de ser indicada no mundo todo, mais de 10 mil bebês nasceram com graves defeitos congênitos, entre os quais membros atrofiados e outras anomalias, em consequência da exposição à talidomida no útero. A talidomida é uma molécula quiral, e foi determinado que, das duas versões espelhadas, apenas uma tinha o efeito de provocar mutações. Como no caso do ácido tartárico de Pasteur, sua produção em laboratórios farmacêuticos não levou em conta a questão das versões especulares, e a droga foi vendida com ambas as mãos, em igual medida. Sabemos hoje que, uma vez no organismo, as duas versões de talidomida possuem a desconcertante capacidade de se transformar em seu reflexo, por isso, mesmo na versão mais inofensiva, ela seria potencialmente prejudicial ao embrião em desenvolvimento. A droga ainda é prescrita em certos países como tratamento eficaz para a lepra e outras doenças. Mas seu uso por mulheres grávidas está proibido.

A quiralidade é um fenômeno biológico, com as proteínas situando-se quase exclusivamente à esquerda. Não se conhece a origem desse preconceito. Talvez se trate de algo tão simples quanto um evento casual, mas que "pegou". A uniformidade aponta para o desenvolvimento de um sistema com um único ponto de origem. Se a vida tivesse se desenvolvido duas vezes, é provável que víssemos proteínas canhotas e destras.

O DNA tem uma tendência inalterável, mas oposta: ele é sempre destro. Aponte o dedo indicador da mão direita e trace no ar um círculo imaginário no sentido horário. Ao mesmo tempo, afaste sua mão de seu corpo. Esse é o giro da dupla-hélice em sua forma mais comum, como um parafuso típico.[10] Ainda que a existência da dupla-hélice em imagem especular seja perfeitamente possível, ela não ocorre. A vida, revelando mais uma vez sua origem única, usa apenas DNA destro.

O fato de um mundo espelhado ser possível, embora não exista, mostra de maneira convincente que a vida tem uma origem singular. Se alguma vez houve escolha entre esquerda e direita, apenas uma delas foi escolhida e a outra descartada para nunca mais aparecer no curso natural das coisas. No início dessa mecânica biológica, ela pode ter sido tão simples quanto o lançamento de uma moeda, um evento casual que passou a ser seguido, com absoluta fidelidade, para sempre.

A singularidade

Tanto a origem das células a partir de células-mãe quanto a origem das espécies por meio de genes que mudam lentamente nessas células trazem as marcas distintivas de uma origem única. Esses três aspectos da biologia – células apenas a partir de células existentes, DNA mudando por meio de cópias imperfeitas e descendência de uma espécie modificada, em consequência – revelam logicamente uma única linha de ancestralidade que remonta, de forma inevitável, a um único ponto em nosso passado muito, muito remoto.

Em outras palavras, qualquer uma das novas células extraídas de suas celulas-mãe no processo de resposta orquestrada ao desastre representado por um corte com papel transporta uma linhagem direta e nobre. A história da vida está repleta de extinção, mas uma nova célula em sua mão é uma das magníficas sobreviventes da mais longa linhagem na história. Em uma geração, sua ancestralidade remonta ao óvulo fertilizado a partir do qual cada célula de seu corpo nasceu. O óvulo e o espermatozoide que se fundiram para formar sua combinação única de genes e DNA podem traçar um caminho semelhante até sua origem num óvulo fertilizado, e assim por diante, passando por seus pais, avós e cada ancestral em sua árvore genealógica – e, de fato, na história de nossa espécie.

Claro que isso nem de longe termina aí. Essas células, por sua vez, traçam sua ancestralidade através do tempo de vida de nossos ancestrais simiescos. Ainda não sabemos exatamente quem eram, mas eles existiram no corpo dos primeiros indivíduos que entalharam ossos para fazer ferramentas, que acenderam fogueiras com sílex e assumiram uma postura ereta que nós, entre os símios, somos os únicos a ter.[11]

Rumo ao uno

E certamente não termina aí. Antes de estar nos órgãos reprodutivos daquele símio ereto, sua linhagem celular foi transportada através de primatas há muito desaparecidos, talvez algo como *Proconsul*, que se assemelhava a alguma coisa entre um chimpanzé e um macaco do gênero *Macaca*. Antes deles, esteve entre outros macacos, e mesmo antes, através de seus ancestrais peludos, de focinho molhado, mais parecidos com os lêmures modernos. E, à medida que recuamos, células que foram outrora as predecessoras de seus macrófagos Pac-Man ou neurônios faiscantes existiram numa criatura parecida com um musaranho, dotado de pelo e mamilos. Esse bicho, seu ancestral, estava presente quando um enorme meteoro explodiu sobre o Trópico de Câncer e pôs fim ao reinado dos dinossauros, 65 milhões de anos atrás. Sua linhagem celular testemunhou toda a queda e ascensão desses animais, aninhada dentro de muitos mamíferos primitivos, como *Cynodontia*, que parecia um roedor de tamanho incomum e rosnador. Antes desses primeiros mamíferos, mais de 220 milhões de anos atrás, o ancestral de suas células foi um ovo com casca de um réptil sem pelos e de sangue frio, como *Diadectes*, enorme animal de dois metros de comprimento que parecia um crocodilo atarracado, avesso a dietas.

Para conseguir estar nesse ovo, ele sobreviveu a iterações de animais que haviam, entre muitas outras coisas, desenvolvido células que produziam uma estrutura de colágeno mais espessa em seus órgãos respiratórios; com essa novidade, os pulmões primitivos podiam se sustentar sem necessidade de água. É possível que sua linhagem celular tenha passado através de uma criatura como o peixe pulmonado, de 375 milhões de anos, o *Rhinodipterus*, que, diferentemente de outros peixes daquele tempo, tinha um pescoço musculoso, e com isso a capacidade de levantar a cabeça acima da linha da água. Essas inovações lhe permitiam respirar ar, em vez de sugar oxigênio da água do mar. Num passado ainda mais remoto, sua linhagem celular esteve contida em uma criatura com muito mais jeito de peixe, com barbatanas e guelras. Antes disso, ela esteve em um dos primeiros vertebrados, ser nadante um pouco parecido com uma enguia ou uma lampreia. E antes disso esteve numa coisa muito mais cálida, similar ao anfioxo moderno, de cinco centímetros: em uma dessas células, um grande erro de cópia em seu genoma, uma quadruplicação de todo o seu DNA, não resultou numa fatalidade, mas em toda uma nova plataforma genética em que os vertebrados começaram a evoluir. Antes disso ela era uma coisa esponjosa. E antes, ainda, apenas um amontoado de células flutuando ou alojado numa rocha. E assim ela recua mais, mais e mais, incessantemente, no passado. A linhagem de suas células sobreviveu a cada desastre, catástrofe, meteorito, a cada extinção, era do gelo e predador voraz, a cada evento neste sistema solar durante quase 4 bilhões de anos.

A vasta maioria das suas células, inclusive todas as células novas no corte de sua mão, são ramos terminais nessa linhagem absoluta, pois sua história terminará com sua vida. As únicas que sobrevivem para dar origem a células na próxima geração são o espermatozoide ou o óvulo. E, dos trilhões de células que trabalharam para você durante sua vida, só um punhado prosseguirá, as poucas afortunadas que encontrarão um espermatozoide ou um óvulo e farão um filho. Mas a informação contida em todas elas será levada adiante. Através dessa linhagem foi transmitido o DNA que integra todas essas células para forjar a maneira mais eficiente de assegurar a perpétua existência de seus genes: um organismo. A vida é um sistema espantosamente conservador. O DNA é a mesma coisa em todas as espécies; as letras do código são todas as mesmas; a criptografia no código é a mesma; até a orientação das moléculas é a mesma. O que é verdade numa bactéria é verdade numa baleia-azul. Somente um sistema com uma única raiz poderia exibir tal conservação.

Esse caminho, retraçando nossos passos à medida que eles se tornam mais e mais apagados ao longo do tempo geológico, pode ser aplicado a qualquer criatura viva hoje, ou em qualquer momento. As lacunas tornam-se maiores, e o caminho quase sempre é apenas hipotético. Embora tenhamos uma boa compreensão global da origem das espécies, afirmar que uma espécie foi o ancestral direto de outra é uma extrapolação exagerada do que sabemos. Mas o curso geral da evolução está bem-compreendido, e qualquer passo atrás pelo passado a partir de qualquer criatura nos conduz a um único alvo conceitual. A árvore ramificada da vida torna-se, por fim, cada vez mais estreita à medida que recuamos no tempo até alcançarmos um só tronco. Poderíamos traçar uma rota equivalente para trás, rumo a uma célula retirada da lama fervente de uma fonte hidrotermal na Islândia, da flor de uma ervilha-de-cheiro, ou de um champignon do supermercado, e terminaríamos todas as vezes no mesmo lugar. Em cada célula há uma perfeita cadeia ininterrupta que se estende até a origem da vida. Essa linhagem conduz irresistivelmente a uma entidade singular, que chamamos o "Último Ancestral Comum Universal" (Luca, na sigla de "Last Universal Common Ancestor"). Em algum lugar nos primórdios da Terra, Luca dividiu-se em dois. Desde então, a coisa que nos esforçamos para definir como vida passou, sem interrupção, dele até você, por meio de uma série colossal de iterações. A existência é assombrosamente tenaz.

Entidades que talvez descrevêssemos como vivas podem ter emergido várias vezes, mas a vida só sobreviveu de maneira duradoura uma vez, e depois continuou. Temos certeza disso porque essas outras formas simplesmente não existem. Pelo menos não foram descobertas. Há um ramo de especulação que propõe algo batizado com um nome um tanto futurístico: "biosfera das sombras." Trata-se da ideia de que há na Terra uma segunda árvore da vida (ou mais) não detectada, com características diferentes da única que conhecemos. Mas o fato é que todas as formas de vida examinadas até agora são baseadas em células, DNA e Darwin. A descoberta de uma segunda árvore da vida aqui na Terra daria uma credibilidade muito necessária à procura de vida em outros planetas, pois duplicaria o número de origens bem-sucedidas de eventos da vida que conhecemos. Mostraria que não somos um extraordinário golpe de sorte. No entanto, uma vez que a ciência é baseada em evidências observáveis, a biosfera das sombras, por mais sensacional que pareça, é definitivamente ficção científica.

A poda da árvore da vida

As próximas questões parecem de ofuscante obviedade. O que foi Luca e de onde veio? Podemos supor que ele tinha DNA como seu código genético, a exemplo de todas as criaturas que o sucederam, pois seria pouco provável que elas tivessem desenvolvido esse mecanismo de maneira independente.

Essas ideias baseiam-se em grande parte no que compartilhamos com outras vidas, quer seja a orientação das moléculas ou grandes características físicas como membros com cinco dígitos, ou mesmo coisas mais simples, como ter a cabeça numa extremidade e a cauda na outra. Desde o início da era do DNA, e mais ainda depois que a tecnologia para a leitura de genomas tornou-se muito mais acessível, nos anos 1990, o estudo da evolução foi fortalecido pela busca de similaridades e diferenças entre as letras precisas de DNA. Em razão de termos uma ancestralidade compartilhada, milhares de nossos genes são muito semelhantes em espécies relacionadas à nossa, de maneira estreita ou mesmo remota.[12]

O DNA adquire erros de cópia numa taxa bastante constante, o que significa que podemos comparar os DNAs de quaisquer espécies vivas e estimar quando eles se separaram. Podemos comparar genes e sequências de proteínas de quaisquer dois organismos e calcular há quanto tempo eles vêm divergindo. Dessa maneira, podemos reconstruir a história, tal como fazem os paleontólogos com ossos fósseis, considerando semelhanças e diferenças e reunindo todas essas comparações para mostrar não apenas a existência de relação entre duas espécies, mas quando o cisma ocorreu. Esse estudo, chamado "filogenética", confirmou inteiramente as ideias de Darwin sobre a árvore ramificada da vida. No entanto, a biologia está repleta de exceções de diferentes tamanhos, e, no caso da árvore da vida, há uma enorme exceção. Usando a filogenética, muitos cientistas sustentam hoje, de maneira convincente, que durante o primeiro bilhão de anos, aproximadamente, a vida assemelhou-se menos a uma árvore ramificada que a um arbusto emaranhado.

As primeiras formas de vida, durante os dois primeiros bilhões de anos que se seguiram à sua cisão a partir de Luca, foram células individuais. Elas se desenvolviam, mas não se transformavam de maneira radical. De fato, embora o tempo geracional fosse ordens de magnitude mais rápido que o da maioria dos animais, durante os dois primeiros bilhões de anos a vida não passou do estágio dos micróbios. Esses dois domínios da vida

Rumo ao uno

são arqueias e bactérias – superficialmente, coisas similares, ambas entidades unicelulares e mais ou menos do mesmo tamanho. Por um longo tempo, as arqueias foram similares o suficiente para não ser reconhecidas. No entanto, elas são diferentes o bastante para serem classificadas agora como muito distintas das bactérias, e, de fato, de todas as outras coisas (e descobriremos que essas diferenças são cruciais na teoria da vida). Como um domínio, elas são uma categoria à parte no nível mais elevado da classificação dos seres vivos. O grande salto adiante ocorreu com a chegada de vida complexa. Esse ramo da árvore, o terceiro domínio, é o dos chamados eucariotos, e inclui tudo que não está nos dois primeiros, inclusive você e eu, levedura e cobras, algas e fungos, flores, árvores e nabos. Em algum ponto, talvez cerca de 2 bilhões de anos atrás, a vida complexa emergiu quando uma junção extremamente improvável ocorreu: uma arqueia engoliu uma bactéria. Em vez da morte de uma ou outra, o resultado foi benefício mútuo. O consumido deixou de ser uma entidade viva livre e ficou permanentemente anexado às entranhas do que cresceria para se tornar o terceiro domínio da vida, aquele em que você está.

Essa ideia foi proposta pela primeira vez pela bióloga americana Lynn Margulis, em 1966. Ela provocou uma empolgante controvérsia, que foi em grande parte rejeitada, e Lynn foi considerada herética. Com tempo, experimentos e evidências, suas concepções se justificaram, e hoje são a ortodoxia. As evidências apresentam-se sob várias formas, a mais simples delas sendo que as células complexas, das quais nós e todos os animais somos feitos, contêm pequenas unidades de energia internas chamadas mitocôndrias. Os processos que têm lugar dentro dessas estações de energia são de importância fundamental para a origem da vida, mas chegaremos a isso no devido tempo. As mitocôndrias funcionam como motores químicos que fornecem energia para a célula e, por extensão, ao organismo. Em termos simples, elas se parecem com as bactérias. Têm aproximadamente o mesmo tamanho delas e também possuem cadeias circulares de DNA como seu próprio genoma, as quais são independentes de grande parte da informação genética de uma célula, guardada em segurança no núcleo.

Quando a arqueia engoliu a bactéria, isso não foi uma refeição, mas uma tomada hostil de poder. O engolido nunca mais voltaria a ser livre, mas permitiu um desenvolvimento anteriormente impossível em seu novo hospedeiro. Ele chegou com seu próprio genoma, com milhares de genes. Com o tempo, a maior parte foi perdida para a seleção natural ou migrou para o centro de controle do núcleo do hospedeiro. Mas as mitocôndrias conservam até hoje um conjunto independente de genes, a maioria dos quais se dedica a manter a geração de energia para células. Quando isso aconteceu, carregados com novo vigor energético, genomas puderam se desenvolver e formar padrões maiores para a evolução, além de células individuais. Células puderam desenvolver estruturas internas e compartimentos que aumentaram sua especialização. A partir daí, a aquisição de comunicação coordenada entre células significou que um organismo não estava restrito a uma única célula. Seguiu-se a multicelularidade, permitindo, por fim, a evolução de planos corporais para plantas e animais, redes complexas de células comunicantes que interagem umas com as outras e com o ambiente em harmonia.

Quando queremos retroceder através da árvore da vida no intuito de desbravar nosso caminho até Luca, esses eventos geram um problema. A complicação em estimar momentos e fazer uma descrição na base da vida decorre do fato de que tanto bactérias quanto arqueias fazem algo mais que os cientistas não esperavam. Entre nós, os eucariotos, os genes só se transmitem de célula para célula-filha. Já as bactérias e arqueias podem trocar genes, e portanto características, umas com as outras. Por vezes elas não precisam nem ser da mesma espécie. Isso se chama "transferência horizontal de genes" (em contraposição a descendência "vertical"), e é decisivo para confundir nossas tentativas de compreender a origem da vida. A razão disso é que não é sempre por meio do processo típico de descendência por divisão celular que essas células ganham funções evoluídas.[13]

A evolução da língua é uma metáfora que vem a calhar aqui. As palavras bigamia, bicicleta e biscoito têm uma raiz comum. "Bis", em latim, significa "duas vezes". Assim, você se casa duas vezes, anda sobre duas rodas e come gostosas bolachinhas cozidas duas vezes. Mas há algumas palavras ou expressões que são mais bem expressas em outras línguas, ou até estão ausentes na língua receptora, e então são simplesmente furtadas. *Cul de sac* tem um sentido ligeiramente diferente e mais específico em inglês que *dead end* ("beco sem saída"), por isso a adotamos. A palavra alemã *Schadenfreude* não tem equivalente em inglês, mas agora é uma ótima palavra para designar o prazer ignóbil que o infortúnio do nosso inimigo nos proporciona. Em sueco, a palavra é *skadeglädje,* derivada e adaptada diretamente de *Schadenfreude,* mas passando ao largo de qualquer raiz comum. Ela passou horizontalmente, e em seguida desenvolveu-se de forma independente.

O que essa troca horizontal de genes significa é que nossas técnicas para retroceder através da história da vida usando DNA como nosso guia só pode funcionar de maneira convincente a partir do ponto em que a descendência se tornou vertical. A árvore da vida só começa a parecer algo ramificado, digno do nome "árvore", *depois* da emergência de vida complexa. Dessa espécie em diante, depois que uma arqueia engoliu uma bactéria, a maioria esmagadora da herança se deu de mãe para cria: descendência com modificação. Nick Lane, bioquímico do University College London, chama isso de "horizonte de evento genético": a comparação de genes nos permite recuar por todo o caminho enquanto ele continua se assemelhando a uma bela árvore ramificada, mas antes desse ponto nossa visão fica embaçada. Torna-se simplesmente complicado demais deslindar o passado mais profundo.

Assim, embora faça sentido usarmos DNA para inferir que seres humanos e chimpanzés tiveram um ancestral comum 6 ou 7 milhões de anos atrás, e que seres humanos e o esguio verme marinho chamado anfioxo tiveram um ancestral comum por volta de 500 milhões de anos atrás, não podemos usá-lo confiavelmente para datar Luca. Os ramos da árvore tornam-se emaranhados e misturados antes da emergência da vida complexa, e é impossível pesquisar os padrões cambiantes de DNA à medida que uma espécie evolui. Somos deixados, portanto, com muito poucas evidências genéticas do que Luca realmente era.

A criação de Luca

Apesar disso, podemos inferir algumas coisas sobre Luca. Cálculos e lógica predizem que o último ancestral comum universal tinha características que são compartilhadas por arqueias e bactérias, e isso significa que seus genes, proteínas e mecânica celular eram muito similares ao que vemos hoje. Graças a isso, podemos usar comparações entre essas moléculas para compreender algumas coisas sobre Luca, mesmo que não possamos aplicar uma data precisa. Um estudo feito por Douglas Theobald na Brandeis University, Massachusetts, em 2010, aplicou análise estatística rigorosa aos domínios de bactérias, arqueias e vida complexa. Ele examinou cuidadosamente a construção de 23 proteínas que estão presentes em todos esses três domínios com proveniência aparentemente comum, como palavras que têm sons parecidos e significam coisas similares em línguas diferentes. Baseado nas similaridades da sequência dos aminoácidos que compõem essas proteínas, Theobald calculou que a probabilidade de que tivessem surgido de maneira independente era uma em $10^{\wedge}2.860$ (isto é, 1 seguido por 2.860 zeros).[14]

Outra pista para a origem singular de Luca diz respeito à mais fundamental máquina celular – o ribossomo. Ele existe numa célula como uma usina de processamento organizada em minúsculos blocos de moléculas. Seu papel é universal, e como tal reforça mais uma vez a ideia da origem única. O ribossomo lê o código genético e o traduz em proteína. As complexidades dessa primorosa máquina serão exploradas adiante (em particular no Posfácio à outra parte, p.101), mas, em essência, sua função é ler o código genético (já transcrito numa versão RNA) e traduzir cada seção de três letras em um aminoácido. O ribossomo encadeia os aminoácidos de acordo com o RNA mensageiro, e uma proteína é expelida como uma fita de teletipo.

Consideramos o ribossomo um útil indicador de parentesco porque ele é fundamental – sem sua fábrica não temos nenhuma proteína, e nada da vida que conhecemos pode existir. É possível determinar que as mitocôndrias em células complexas são derivadas de bactérias anexas porque as mitocôndrias têm seus próprios ribossomos, separados dos da célula hospedeira, e esses

Rumo ao uno

ribossomos se parecem muito mais com os bacterianos do que com os animais. Podemos comparar as sequências de genes que codificam partes do ribossomo em todas as espécies e rastrear a origem das mudanças ocorridas ao longo do tempo para prever que aparência tinha o ribossomo de Luca.

Esse é um esforço frutífero, mas os resultados são contestados. Por exemplo, examinando a sequência específica de partes do ribossomo de muitas espécies, é possível inferir razoavelmente a temperatura em que esse organismo hospedeiro prospera. Várias partes do ribossomo são construídas com moléculas de RNA ordenadamente dobradas, feitas elas próprias de letras de código genético A, C, G e U. Como na dupla-hélice do DNA, C emparelha-se com G e A com U. Mas C e G formam uma ligação mais estável em temperaturas elevadas. Assim, podemos inferir da quantidade relativa de ligações CG em ribossomos uma preferência por condições mais quentes. Isso se confirma através de muitas espécies, e os ribossomos em que vemos o maior conteúdo de CG são de extremófilos de temperaturas elevadas – em outras palavras, organismos que prosperam no calor. Onde encontramos tais criaturas? Em muitos lugares, mas seu hábitat mais impressionante é em torno de fontes hidrotermais submarinas. Ali, aquecidos por uma fenda na superfície da Terra, ascendem fumarolas de substâncias químicas nocivas que podem ferver a água do mar. Mas a vida ainda abunda. Dezenas de espécies prosperam nesse ambiente: bactérias, arqueias e até criaturas grandes e complexas como o verme-de-pompeia, capaz de suportar temperaturas de até 80° (em especial porque usa um "casaco" isolante de bactérias resistentes).

Alguns modelos dos ribossomos de Luca sugerem que a quantidade de Cs e Gs era desproporcionalmente elevada em suas partes componentes. Isso pode sugerir um lar quente para a base da vida. Decerto a descoberta de arqueias e bactérias amantes de calor extremo, ou hipertermofílicas, em ambientes como as fontes quentes em Yellowstone Park, ou em fontes termais submarinas, reforça essa ideia, pois a maior parte desses organismos ocupa espaços na base de árvores evolucionárias, tanto quanto podemos reconstruí-las.

Mas a simples verdade é que não sabemos, e talvez não possamos saber. Reconstruir o passado usando filogenética é uma arte complicada, com muitos fatores desconcertantes. Usando a sequência sempre cambiante de DNA, não podemos ver o que ocorreu até Luca, por causa da capacidade das bactérias e arqueias de deslocar genes para os lados, e não apenas de célula-mãe para filha. Isso não quer dizer que Luca não tenha características específicas que podemos investigar e comparar com as das coisas vivas. Ocorre apenas que a ideia de uma única célula, um equivalente biológico do Adão do Gênesis bíblico, talvez seja ingênua. Se Luca foi uma célula, mesmo em sua forma mais básica, ainda teria dentro de si sistemas semelhantes aos de suas homólogas modernas: DNA, RNA, proteínas, ribossomos para fazer proteínas, uma membrana celular e, decididamente, uma maneira muito desenvolvida de captar energia – um metabolismo; caso contrário, esperaríamos ver mecanismos diferentes e divergentes em bactérias e arqueias. Não queremos com isso denegrir essa útil espécie. A utilidade real de Luca para a ciência é como a de um procurador: se Luca está na raiz da vida celular, ele representa uma "coagulação dominante" do que veio antes. Segundo Bill Martin, brilhante e pugnaz bioquímico da origem da vida que iremos conhecer adiante, o problema de Luca é que, "como o amor, ele significa diferentes coisas para diferentes pessoas".

Faz quase três séculos e meio que as células foram sangradas, ejaculadas e pescadas de seu ambiente natural e vistas sob um microscópio primitivo. Desde então, nós as desmembramos a tal ponto que adquirimos um domínio quase completo sobre suas propriedades, adquiridas ao longo de 4 bilhões de anos. Vemos seus atributos comuns tão claramente, uma bela nitidez, em que tudo que descobrimos em biologia serve para refinar e reforçar a verdade da evolução. Esse é um estado de coisas maravilhoso e reflete a maturação de uma ciência. As qualidades essenciais da vida são conhecidas e se condensam numa visão grandiosa: a vida compartilha suas ferramentas, seus processos e sua linguagem. A segurança de uma robusta teoria unificadora da vida tal como a conhecemos nos permite formular um enigma muito mais difícil: de onde veio Luca? De fato, a melhor maneira de começar a compreender a emergência da vida na Terra é examinar com atenção onde e quando isso aconteceu. Devemos iniciar, portanto, bem no princípio. Ele é um ótimo lugar para se começar.

3. Inferno sobre a Terra

"Longo e árduo é o caminho que do inferno leva até a luz."

JOHN MILTON, *Paraíso perdido*

SE VOCÊ QUISER traçar um quadro da Terra em que a vida emergiu pela primeira vez, pense nos nomes que lhe demos. Quatro éons geológicos abarcam a existência de 4.540 milhões de anos da Terra. Os três nomes mais recentes, referindo-se a estágios da vida, refletem a propensão do nosso planeta para coisas vivas. O segundo é chamado "Arqueano", o que se traduz um tanto confusamente por "origens". O terceiro é o Proterozoico, que se traduz aproximadamente, do grego, como "vida anterior"; e o atual, o Fanerozoico, iniciado cerca de 542 milhões de anos atrás, significando "vida visível".

Mas o primeiro, o período que se estendeu da formação da Terra até 3,8 bilhões de anos atrás, é chamado "Hadeano", palavra derivada de Hades, a antiga versão grega do inferno.

A vida não habita este planeta apenas, ela o moldou e é parte dele. Não só na era atual de mudança climática produzida pelo homem, mas ao longo de toda a história da Terra, ela afetou as rochas sob nossos pés e o céu acima de nós. Em primeiro lugar, a origem da vida é absolutamente inseparável da fúria da formação da Terra. Uma imagem da Terra hadeana é fundamental para se compreender o turbulento laboratório natural em que a vida consegue nascer. Assim como a formação do mundo que habitamos é um evento no espaço, veremos como a emergência de vida aqui é essencialmente um evento cósmico.

Todo o estudo da geologia primitiva é uma ciência extremamente difícil, e as evidências são muitas vezes escassas. É preciso fazer um trabalho de detetive geológico, com pistas salpicadas por todo o planeta e fora dele também. A geologia nos dá indicações sobre como a Terra se formou a partir dos fragmentos de matéria que flutuavam no espaço em volta do Sol. Mas ela também começa a descrever o mundo que evolverá no hospedeiro dos únicos seres vivos de que temos conhecimento. Embora nossas vidas se baseiem na estabilidade da Terra, temos também aguda consciência de que, vez por outra, nosso planeta dá mostras de violenta atividade. A superfície sólida (inclusive o leito do mar) é composta de sete ou oito imensas placas continentais e uma coleção de outras menores. Todas elas flutuam sobre a rocha do manto, que flui lentamente, mas é sólida, a qual por sua vez encerra o núcleo fundido. As placas que formam a crosta estão em fluxo constante, sacudindo-se juntas, sem pressa. Algumas, como as placas do Pacífico e a norte-americana, raspam-se umas contra as outras, empurrando terra nova para cima, centímetro por centímetro. O subcontinente que hoje é a Índia foi outrora uma ilha que se esmagou contra a Ásia continental num processo que começou cerca de 70 milhões de anos atrás, empurrando a terra, aos centímetros, e enrugando-a na forma das montanhas do Himalaia. Essas montanhas continuarão a crescer à taxa de alguns milímetros por ano à medida que a placa indo-australiana continuar pressionando a Ásia continental. Outras placas estão esgarçando a Terra em suas fendas. A expansão colonial dos Estados Unidos prossegue rumo ao oeste dia a dia, pois a costa do Havaí ganha terra nova à taxa de alguns metros por ano à medida que rocha fundida gorgoleja acima do nível do mar e se solidifica. Terremotos sacodem a terra e o leito do mar, deslocando imensos blocos de água que se tornam tsunamis como aqueles que destroçaram a costa leste do Japão em 2011. Hoje esses eventos são anomalias, embora eles nos façam lembrar que nosso planeta vive não apenas com vida celular, mas também com rochas que fluem lentamente. Em sua maior parte, porém, nossa Terra é tranquilizadoramente estável.

Mas não foi assim no passado. O nascimento de nosso planeta é um processo de criação de ordem a partir do caos do sistema solar primitivo. O

Inferno sobre a Terra 61

resultado é violência. O Sol, a estrela no centro de nosso sistema planetário, formou-se há cerca de 4,6 bilhões de anos como uma colossal nuvem de moléculas flutuantes que desabou sob a força de sua própria gravidade e se condensou no enorme reator de fusão nuclear que continua a aquecer a Terra até hoje. Como consequência imediata, o Sol ficou no centro de uma nébula solar, um disco chato de detritos que haviam sobrado desde sua formação, mas eram mantidos ali pela gravidade. No correr dos primeiros milhões de anos seguintes, essa matéria, em sua maior parte poeira e gás, começou a se agregar. A princípio eles tinham o tamanho de auditórios de dimensões medianas, mas ao longo de centenas de séculos os pedaços colidiram e se uniram num processo chamado "acreção". Mais perto do Sol, a temperatura é mais elevada, o que dificulta a condensação e a acreção de gases. Por essa razão, os quatro planetas interiores do sistema solar – Mercúrio, Vênus, Terra e Marte – são terrestres, feitos de rocha, ao passo que os quatro exteriores – Júpiter, Saturno, Urano e Netuno – são gasosos (ou congelados).[1]

É impossível descrever todo um planeta em termos simples, pois sabemos muito bem como este que habitamos não é uma massa unificada de terra. Boa parte da superfície da Terra moderna é sólida, porém a maior parcela é oceano. Nas partes de terra, há extremos de temperatura e geografia, neve, desertos, pântano, florestas, planícies, montanhas etc. A rocha sob seus pés provavelmente é muito diferente daquela sob os pés de um leitor do outro lado do planeta. De maneira semelhante, é quase impossível descrever em termos simples que aspecto tinha a Terra no Hadeano. As evidências são de tal modo evanescentes e esparsas que esse período é chamado, de uma maneira que pouco nos ajuda, de Era Críptica. Mas podemos extrair daí modelos significativos em termos amplos. Sabemos que imediatamente após a acreção, o planeta devia estar derretido em grande parte. Mas, ao contrário do que se pensava, agora achamos que esse período de Terra derretida foi breve. Como não há rochas sobreviventes desse tempo, havíamos suposto no passado que nele não havia rochas. Mas ausência de evidências não é a mesma coisa que evidência de ausência.

Assim como examinamos rochas em busca de vestígios de vida recente – as formas fossilizadas de dinossauros, ou mesmo células, por exemplo –, a história de nosso planeta antes da vida está engastada na geologia. A matéria com datação mais antiga na Terra não provém de rochas, mas apresenta-se na forma de cristais de zircônio, mineral abundante encontrado no mundo todo, provavelmente mais conhecido como substituto barato dos diamantes na joalheria. Os zircônios têm duas características convenientes. A primeira é a capacidade de suportar metamorfose – o brutal estremecimento de rochas durante longos períodos de tempo. A segunda é que seus átomos estão naturalmente arranjados numa nítida estrutura cúbica. Essa caixa molecular pode prender átomos de urânio dentro de si, em números tão pequenos quanto dez partes por milhão. Uma pequena proporção do urânio, como muitos elementos, é radioativa, e ao longo do tempo se decomporá em chumbo. Graças à natureza precisa da estrutura de seu cristal, quando zircônios se formam eles podem incluir urânio, mas excluir átomos de chumbo. Depois de aprisionado nessa gaiola radioativa, o urânio sofre mutação para chumbo, no curso de milhões de anos, e como essa decomposição ocorre numa taxa fixa (o que chamamos de uma meia-vida), no momento em que um cristal de zircônio se forma, ele ajusta a hora de um relógio no zero. O chumbo encontrado dentro de zircônios deve ter começado sua vida como urânio aprisionado; e assim, por meio de sua quantificação, podemos datar a origem desse cristal com 99% de precisão. Em Jack Hills, no oeste da Austrália, foram encontrados cristais de zircônio que haviam aprisionado seu urânio 4,44 bilhões de anos atrás.

A datação não é a única coisa que distinguimos a partir desses constituintes de joalheria barata. Também é possível inferir, a partir desses mesmos cristais, que sua formação foi parte de um processo de solidificação, o desenvolvimento de uma crosta. Isso significa que, embora não haja rochas oriundas do Hadeano, podemos saber que havia terra naquele período. Podemos também determinar quais eram os outros ingredientes presentes. Os zircônios de Jack Hill também abrigam um tipo particular de oxigênio radioativo cuja presença parece aquela encontrada em cristais

Inferno sobre a Terra 63

modernos, formados quando a crosta da Terra era sugada para baixo, sob o leito do oceano. A presença desse oxigênio sugere que, a partir de apenas 100 milhões de anos após a moldagem inicial da Terra, a água estava presente. Na Terra, não há vida sem água, embora provavelmente essa água fosse muito ácida.[2]

Assim, nos primeiros dias crípticos na Terra, pode não ter havido o completo inferno diabólico de mares intermináveis de lava derretida. Passados meros 100 milhões de anos, a Terra tinha uma superfície sólida e oceanos. Isso soa bastante agradável, mas não pintemos um retrato tão pitoresco. As teorias anteriores de uma Terra hadeana derretida baseavam-se numa robusta observação: não podemos encontrar nenhuma rocha dessa era. Se havia uma superfície sólida, que diabo aconteceu com ela? Ocorre que estávamos procurando no lugar errado. De fato, olhávamos o corpo celeste completamente errado. Para considerar a questão do que aconteceu nos primórdios da Terra, enviamos doze homens à Lua. A própria Lua nasceu do mais destrutivo impacto já sofrido pela Terra. Em algum momento, entre 50 e 100 milhões de anos após a formação do sistema solar, a Terra teve seu pior dia. Ela foi atingida por Teia – um belo nome terrivelmente inapropriado para tal prenúncio de destruição. Teorias atuais sugerem que Teia era uma rocha do tamanho de Marte. Ela arremessou no espaço matéria suficiente da Terra embrionária para que os destroços voltassem a se aglutinar na forma do nosso vizinho celeste mais próximo, a Lua. O impacto foi devastador, o suficiente para desprender do planeta sua primeira atmosfera. O golpe de viés desferido por Teia pode ter sido o que deslocou o eixo da Terra da vertical para sua posição inclinada de 23,5°. Essa inclinação ocasiona as estações, pois a distância que separa a Terra do Sol varia segundo a inclinação axial do planeta.

Mas nos interessa o que ocorreu após a formação da Lua. Foi o característico aspecto pustulento da Lua que nos deu indícios do estado da Terra hadeana. Entre 1969 e 1972, o programa Apollo da Nasa desembarcou seis missões e doze exploradores na Lua, a começar com o famoso primeiro "pequeno passo" de Neil Armstrong. Durante essas missões, astronautas colheram cerca de meia tonelada de rochas e as trouxeram de volta para serem analisadas. Consta que o último homem a andar na Lua, o comandante Gene Cernan, na Apollo 17, teria dito: "Fomos explorar a Lua, e o que de fato descobrimos foi a Terra." Há uma grande verdade nessas palavras, pois foi na análise subsequente de rochas da Lua que descobrimos a natureza dos anos formativos da Terra. Ao contrário da Terra, a Lua não tem nenhuma atmosfera ou ventos, e nenhuma geologia cambiante, por isso as crateras formadas por impactos de meteoritos ficam inalteradas, juntamente com as pegadas dos pioneiros da Apollo. Isso significa que temos um registro da atividade de meteoritos no sistema solar local, pegadas deixadas incólumes pelos ventos, mares e atritos tectônicos da Terra.

Geólogos lunares dataram rochas que apresentavam as marcas características de choques de meteoros. Elas são chamadas "rochas derretidas por impacto", e eles descobriram que elas ocorreram todas numa janela de tempo precisa, entre 4,1 e 3,8 bilhões de anos atrás. Podemos deduzir que esse foi um período de intensa atividade meteórica local e, por inferência, que a Terra também sofreu essa diabólica pancadaria vinda do alto. O jovem sistema solar estava repleto de escombros e restos de seu nascimento, e durante um período de 300 milhões de anos, até o fim do Hadeano, recebemos o pleno impacto disso. Esse período é chamado de "bombardeio pesado tardio"; "tardio" porque foi, felizmente, a última vez que a Terra sofreu semelhante espancamento.

Quão pesado é pesado? Meteoros caem do céu o tempo todo. Quase todos, graças a Deus, são pequeninos e queimam-se, para desaparecer em seguida na atmosfera como estrelas cadentes. Ocasionalmente, um grande nos atinge e depois se transforma em meteoritos, como um que caiu na cidadezinha australiana de Murchison, em setembro de 1969, apenas algumas semanas depois que a Apollo 11 trouxe Armstrong, Buzz Aldrin e o piloto do módulo de comando Michael Collins de volta para a Terra. Esse meteorito pesava mais de cem quilos e, como veremos, carregava uma carga útil de interesse para essa história.

Se você é propenso a formular um desejo quando vê uma estrela cadente, talvez possa desejar que não tenhamos de presenciar nada que se aproxime em tamanho do meteorito mais conhecido. Há 65 milhões de

Inferno sobre a Terra 65

anos, uma rocha de 8 a 9,5 quilômetros de largura chocou-se contra uma área do que hoje chamamos Chicxulub, no México. Atualmente, a maior parte da cratera está escondida sob o mar, mas sua sombra de quase 180 quilômetros de largura subsiste, e foi reconhecida por prospectores de petróleo nos anos 1970. No solo e no leito do mar, há um círculo ectópico quebrado, mas detectável, de minúsculas contas de vidro forjadas a partir de rocha derretida sob o calor do impacto. E do espaço podemos ver o mesmo círculo em minúsculas distorções gravitacionais só mensuráveis a partir de equipamentos de precisão em órbita de satélite. Desde então, não houve em lugar algum um impacto com magnitude próxima a essa, e fique grato por isso. O meteorito de Chicxulub foi a causa imediata da extinção do reinado dos dinossauros e abriu caminho para que pequenos mamíferos evoluíssem e chegassem a nós. Um impacto dessa ordem significa que é muito provável que o meteorito tenha extirpado, num instante, muitos milhões de criaturas, com uma circunferência em expansão de megatsunamis com mais de 1,5 quilômetro de altura avançando velozmente a partir do local do impacto, nivelando a terra como uma onda que quebra numa praia. Com isso, teria havido também uma bola de fogo quente o bastante para derreter areia e rocha naquelas reveladoras contas de vidro. Mas o pleno impacto do meteorito teria perdurado por milhares de anos, uma nuvem de poeira arremessada para cima que obliterou o Sol. O impacto do Chicxulub mudou irreversivelmente o sistema terrestre, eliminando formas de vida antes dominantes. No entanto, comparado ao que havia acontecido no planeta recém-nascido, o lugar onde a vida começou, Chicxulub foi uma gota no oceano.

Cientistas estimaram que, durante o bombardeio pesado tardio, cerca de quinze rochas astronômicas com mais de 160 quilômetros de largura, vinte vezes o tamanho de Chicxulub, machucaram nosso mundo. Dessas, meia dúzia talvez tivesse algo em torno de 320 quilômetros de largura. Durante 300 milhões de anos, rochas gigantes choveram do céu, algumas tão grandes quanto ilhas de bom tamanho. O pó levantado por qualquer um das dezenas de milhares de impactos sofridos pela Terra durante esse período teria feito a mais destrutiva bomba nuclear parecer um estalinho.

Uma destruição ambiental global deve ter ocorrido pelo menos a intervalos de alguns séculos. Qualquer superfície que fosse um hábitat potencial para organismos vivos deve ter sido destruída muitas e muitas vezes. O implacável espancamento que o planeta sofreu durante o bombardeio pesado tardio foi suficiente para ferver os oceanos e vaporizar a terra.

Depois, tudo se acalmou de maneira significativa. A blitz meteorítica do Hadeano terminou há cerca de 3,8 bilhões de anos, deixando uma Terra exausta, ainda tempestuosa e encapelada, mas pelo menos não bombardeada a partir do céu. O Sol estava mais pálido que hoje, provavelmente com menos de ¾ de sua força atual. Com isso, a Terra esfriou rapidamente, e a água de vulcões e cometas condensou-se nos oceanos que cobriram a superfície.

O ponto preciso em que a vida começou é desconhecido, e quase certamente sempre o será. É possível que ela tenha começado múltiplas vezes, talvez durante o Hadeano, tendo sido repetidamente destruída, exceto uma vez, pela rajada esterilizante do bombardeio pesado tardio. Um modelo de computador construído em 2009 no Colorado sugere que, mesmo que o éon Hadeano tenha esterilizado a superfície da Terra, a vida poderia perdurar no fundo do oceano.

O consenso geral (embora não inconteste) é que as primeiras evidências de matéria viva datam de cerca de 3,8 bilhões de anos atrás, coincidindo com o fim do bombardeio pesado tardio. Esses indícios apresentam-se na forma daquele átomo vitalmente importante, o carbono. Não é possível ver células nos registros fósseis dessa idade, pois rochas com mais de 3,5 bilhões de anos devem ter sofrido a severa metamorfose geológica que chacoalha irrecuperavelmente qualquer sombra de estruturas vivas. Temos de procurar, portanto, as marcas químicas características da vida aprisionadas em rochas. Numa formação na costa oeste da Groenlândia foram encontradas rochas que contêm o mais tênue traço de uma forma de carbono radioativo que não tem nenhuma razão concebível para estar ali, a menos que tenha sido processada por um organismo vivo.

Não sabemos que forma de vida foi essa. A presença desse carbono só nos permite inferir que um organismo dotado de mecanismos fun-

Inferno sobre a Terra 67

damentais similares aos da vida moderna existiu há todo esse tempo. Dê um salto de 400 milhões de anos para a frente, e os vestígios de vida tornam-se abundantes e muito menos controversos.[3] Os melhores deles apresentam-se na forma de estromatólitos: cogumelos de pedra de trinta centímetros de largura que brotam dos mares rasos na Austrália e em outros lugares do mundo. Eles se formam quando esteiras flutuantes de bactérias energizadas pelo Sol aprisionam minúsculas partículas de areia em seu muco viscoso; depois, ao longo de milênios, essa espuma flutuante acomoda-se em torrões superpostos de pedra.

Ingredientes

Mas isso ocorreu centenas de milhões de anos de evolução após o fim do bombardeio pesado tardio. O que vemos a partir de então são peças escassas corroborando a existência de coisas vivas num colossal quebra-cabeça. Temos uma imagem da Terra, mais acomodada do que havia sido por centenas de milhões de anos, mas ainda violenta, sujeita a tempestades elétricas, com massas de terra agitando-se, vulcões expelindo gases na atmosfera e mares turbulentos. Essa é uma compreensão contemporânea da Terra primitiva, e ela nos ajudou a formular experimentos e hipóteses para as condições em que a vida emergiu. No entanto, as primeiras especulações sobre a emergência da vida foram formuladas um século antes disso.

Em 1871, Darwin escreveu uma carta a seu amigo Joseph Hooker falando da mudança da química inanimada para a vida. Na segunda página desse documento quase ilegível[4] ele considera não a origem das espécies, mas a origem da vida:

> Costuma-se dizer que todas as condições para a primeira produção de um organismo vivo que algum dia estiveram presentes ainda estão aqui agora. Mas se (e, ó, que grande se) pudéssemos conceber numa lagoazinha morna com toda sorte de sais de amoníaco e fosfóricos, luz, calor, eletricidade etc.

presentes, que um composto proteico estivesse quimicamente formado, pronto para sofrer mudanças mais complexas, hoje tal matéria seria instantaneamente devorada, ou absorvida, o que não teria sido o caso antes que criaturas vivas se formassem.

Com essa famosa "lagoazinha morna" Darwin está prefigurando o conceito de sopa primordial ("primeva", significando "original" ou do "tempo mais antigo", e "pré-biótico", significando "antes da vida", são também usados, em grande parte de maneira intercambiável). Ali, ele arrola os ingredientes da sopa, exatamente como numa receita. Embora ignorando nosso quadro moderno da Terra arqueana, Darwin havia chegado por acaso ao que se tornaria a ideia dominante da origem da vida. Ele não foi o único a dar esses passos especulativos de bebê. Um de seus grandes defensores foi o zoólogo e polímata alemão Ernst Haeckel, um dos primeiros a propor a ideia de que biologia e química eram continuidades num mesmo espectro. Em 1892 ele propôs um processo em que ocorria "a origem de um indivíduo orgânico da máxima simplicidade num fluido formativo inorgânico, isto é, num fluido que contém as substâncias fundamentais para a composição do organismo dissolvidas em combinações simples e frouxas".

Químicos já se dedicavam à alquimia biológica, não procurando obter ouro a partir de vil metal, mas fazendo moléculas da biologia aparecer a partir da química. Em 1828, um cientista alemão, Friedrich Woehlerr, sintetizou ureia, uma molécula biológica essencial e um componente da urina, observando em seus métodos que o fizera "sem o uso de rins, seja de homem ou cão". Isso contradizia o conceito então muito difundido de "vitalismo", segundo o qual a vida era de algum modo fundamentalmente diferente da não vida. Woehlerr havia mostrado que moléculas da vida podiam ser feitas sinteticamente.

Essa ideia de que o nascedouro da primeira vida foi uma rica lagoa de ingredientes formalizou-se nos anos 1920, quando um russo, Aleksander Oparin, e um britânico, J.B.S. Haldane, escreveram, de modo independente, sobre a emergência de moléculas biológicas complexas e da vida em condições alimentadas por uma atmosfera esvaziada de oxigênio, na Terra

Inferno sobre a Terra 69

primitiva. Haldane – cientista verdadeiramente grande, que se tornaria depois figura central na emergência da biologia evolucionista no século XX e talentoso divulgador da ciência – é um personagem importante nessa jornada científica, pois foi o primeiro a usar a expressão "sopa pré-biótica", e a ideia de sopa como o caldo da vida passou a fervilhar desde então.

A sopa teve seu momento alto em 1953, ano em que se produziu ciência da melhor qualidade. Crick e Watson revelaram a estrutura do DNA em abril, sem dúvida a maior façanha científica do século XX. Exatamente ao mesmo tempo, porém, um jovem estudante baseava-se nas ideias de Haldane e Oparin para montar outro experimento, igualmente icônico. Stanley Miller, estudante de química, de 22 anos, na Universidade de Chicago, implorou a seu orientador, o ganhador do Prêmio Nobel Harold Urey, que, como parte de seu doutorado, o deixasse montar um experimento meio extravagante. Ele construiu um conjunto de tubos de vidro interconectados sobre uma grade de metal eletrificada de dois metros quadrados. Esse kit encontra-se agora numa sala tenuemente iluminada, nos laboratórios de um dos alunos de Miller, Jeffrey Bada, hoje professor emérito no Scripps Institution of Oceanography em San Diego. Ele lembra, de maneira não inapropriada, um experimento de ficção científica dos anos 1950, com faíscas, gases borbulhantes e líquidos coloridos. Miller encheu os béqueres de vidro com água, metano, hidrogênio e amoníaco, numa tentativa de emular o que, segundo se acreditava na época, eram os ingredientes essenciais da Terra primitiva. Desenvolvendo as ideias tanto de Oparin quanto de Haldane, ele raciocinou que a ausência de oxigênio na atmosfera era decisiva para o turbilhão químico necessário para provocar a emergência de moléculas biológicas essenciais. Miller pôs milhares de volts equivalentes a uma faísca nessa montagem de tubos, simulando as tempestades elétricas e os raios que desabavam do turbulento céu arqueano.

Harold Urey deixou o aluno levar esse experimento adiante, de bom grado, sob a condição de que ele o encerrasse e passasse a se dedicar a alguma pesquisa menos implausível se aquela não produzisse resultados dentro de alguns meses. Não foi preciso esperar todo esse tempo. Dentro de dias, a mistura havia se tornado primeiro cor-de-rosa, depois cor de café.

Miller extraiu a rica fermentação e, ao analisá-la, encontrou o aminoácido glicina e um punhado de outros aminoácidos biológicos essenciais para a formação de proteínas. Ele publicou seus resultados na revista *Science*, observando nos métodos que as condições haviam sido planejadas para emular a Terra primitiva, não para otimizar a produção de aminoácidos. Apenas para consolidar esse extraordinário resultado, aqui está um doce desfecho para o experimento. Em 2008, um ano depois da morte de Miller, Jeffrey Bada redescobriu algumas das amostras originais que ele havia usado enfiadas numa gaveta empoeirada. Submeteu-as em seguida a análises do século XXI. Mesmo nessas amostras de cinquenta anos de idade, uma inspeção precisa revelou não apenas os poucos aminoácidos que Miller vira, mas todos os vinte aminoácidos biológicos, e de fato mais outros cinco. Parece que, sob aquelas condições, a produção espontânea de ingredientes biológicos essenciais era uma eventualidade fácil. Aquelas unidades simples, poder-se-ia pensar, se combinariam em proteínas de que toda vida depende, e, com sua função, os processos da vida começariam. Miller havia mostrado que, no tumulto da Terra arqueana, as moléculas que formam os operários universais dos sistemas vivos – proteínas – ganhavam vida graças ao simples equivalente de um raio.

O experimento era tão interessante que Miller se tornou uma celebridade internacional. A imprensa ficou boquiaberta e alvoroçada, e exagerou os resultados em seus relatos a tal ponto que alguns noticiaram que Miller havia criado vida. Claro que os aminoácidos não são vida, embora sejam essenciais para ela, e sua criação era uma grande novidade. Esse experimento foi visto como um selo de aprovação para a ideia da sopa primordial, cimentando seu lugar como parte de nossa cultura, e a ideia mais tenaz sobre a origem da vida. Em algum lugar da Terra, uma superfície molhada, ou poça, ou pedra-pomes flutuante, foi exposta aos gases da atmosfera arqueana e a um raio. Isso dá a impressão de um drama, uma centelha de vida injetada num cadáver, animado por um influxo vindo do céu, o momento da criação.

Mas poderia ter sido assim? Como vimos em capítulos anteriores, a mecânica da vida é fascinantemente complexa. Uma célula é uma colmeia

Inferno sobre a Terra

de atividade densamente comprimida, recebendo input de seu ambiente (quer este seja parte de um organismo ou uma única célula de vida independente). Dentro da célula, há um código que criptografa proteínas, e essas proteínas desempenham as funções da vida: alimentação, comunicação com outras células e reprodução do organismo para perpetuar os genes que ele carrega. Ver a emergência espontânea num tubo de ensaio das moléculas (ou componentes dessas moléculas) que desempenham esses atos vitais empresta credibilidade à ideia de que a origem da vida não é nem mística nem sobrenatural. No início do Arqueano, ingredientes químicos simples de fato fizeram a transição da química para a biologia, e o experimento icônico de Miller segue na linhagem científica direta da lagoazinha morna de Darwin. Naquela encantadora especulação, a receita incluía "sais de amoníaco e fosfóricos, luz, calor, eletricidade etc.", todos componentes plausíveis, pois se relacionam a alguns dos processos de uma célula típica. O experimento de Miller pôs essa ideia à prova, baseando os ingredientes numa melhor compreensão das condições da Terra em seus primórdios – amoníaco, metano, hidrogênio, água e raios. Nos sessenta anos transcorridos desde então, muitos experimentos refinaram a receita, ou mostraram construção espontânea similar e mais sofisticada de moléculas biológicas a partir de uma sopa de ingredientes. É uma ideia atraente, e que emplacou. Mas sob esses experimentos há algumas questões pendentes fundamentais. Pode a vida emergir do cozimento de uma sopa química? Uma centelha é o elemento necessário para conduzir de uma reação química a uma biológica? Para responder a essas questões, e chegar ao fundo da origem da vida, devemos formular uma questão muito simples, que tem uma resposta profundamente obscura.

4. O que é vida?

"Não farei hoje mais nenhuma tentativa de definir os tipos de material que me parecem estar abrangidos nessa taquigráfica descrição, e é possível que nunca consiga fazê-lo de maneira inteligível. Mas eu a conheço quando a vejo."

JUIZ POTTER STEWART, 1964

O QUE É VIDA? Uma definição de vida poderia parecer o mais fundamental alicerce sobre o qual um campo tão extensivo quanto a biologia se ergue. Mas – e talvez você fique alarmado ao descobrir – não há nenhuma definição padronizada. Na escola, ensinaram-nos variações numa lista de verificação para identificar as características das coisas vivas:

Movimento.

Respiração.

Sensibilidade.

Crescimento.

Reprodução.

Excreção.

Nutrição.

Escolas do Reino Unido por vezes resumem isso como o acrônimo formado pelas iniciais dessas palavras em inglês: MRS GREN. Como uma lista de verificação, ela funciona perfeitamente bem para todas as coisas vivas que vemos à nossa volta. É provável que você esteja checando pelo menos cinco dessas coisas agora mesmo.[1]

Os critérios acima abarcam todas as facetas da vida e são, por natureza, bioquímicos – a biologia tal como encenada pela química. O

O que é vida? 73

movimento, por exemplo, pode assumir muitas formas nas coisas vivas. Você passa os olhos por estas palavras quando uma rede de proteínas especializadas se contrai dentro das fibras musculares ligadas a seus globos oculares, mudando e empurrando o foco através da frase. Esse é um movimento de tipo muito diferente da curvatura diária de um girassol quando ele pende em direção à sua fonte de energia luminosa. Isso é controlado por uma espécie de articulação inflável na base da inflorescência, cujas células incham com água no lado oposto ao da luz mais intensa e curvam o talo em direção ao Sol à medida que ele cruza o céu. Esse movimento, por sua vez, é diferente daquele exibido por certas bactérias capazes de autopropulsão, que vêm equipadas com um rotor lindamente evolvido, o flagelo, que gira até 1.000rpm e pode deslocar uma célula a $\frac{1}{10}$ de milímetro por segundo.

Sabemos muito bem que a vida é feita de células, e não há nenhuma forma de vida que não se constitua delas. Mas não é isso que a define, da mesma maneira que uma casa não é definida pelos tijolos. Sabemos que toda vida opera por meio da reprodução de um código universal que podemos traduzir e ler, mas não seríamos capazes de compreender uma partida de críquete lendo o manual de regras. O ponto em que a Terra mudou seu status de "vitalmente inanimada" para "abriga coisas vivas" não aconteceu quando um item foi ticado numa lista de verificação. Certamente não há nada de errado naquele inventário vital. Todos aqueles exemplos na lista são por definição bioquímicos: a maneira como as proteínas são formadas em filamentos e dobradas em emaranhados tridimensionais para conferir às células habilidades específicas; a maneira como o DNA pode codificar e reproduzir informação; a forma como as células animais podem inalar oxigênio, extrair energia e exalar dióxido de carbono; o modo como células vegetais podem absorver dióxido de carbono, extrair energia e exalar oxigênio. E assim por diante. Todos esses processos são química em ação, determinada pelo comportamento dos átomos que compõem as moléculas. Qual é então a natureza da química que, na realidade, é biologia?

Em busca de uma definição

Temos uma lista de verificação das ações da vida, mas nenhuma definição singular clara. Sozinha, ou mesmo em multidões, uma proteína não está viva, não é DNA nem um caminho metabólico. As proteínas, pela total falta de um termo menos canhestro, são inanimadas. Não têm em si o sopro da vida, embora sejam claramente essenciais para ela. No entanto, não temos dúvida alguma de que a concatenação de todos esses eventos químicos num organismo como você é o que lhe permite viver, e de que o término desses processos químicos resulta em morte. Quando falamos sobre a origem da vida, tudo gira em torno da jornada da matéria inanimada para a matéria viva.[2]

A transferência de informação de célula para célula e de organismo para organismo por meio de DNA é básica para a vida tal como a conhecemos. Será então possível obter uma definição de vida sustentada na capacidade de transferir informação? O interesse da Nasa pela vida estende-se desde sua busca no espaço até sua construção sintética, aqui na Terra, como podemos ver em "O futuro da vida". A astrobiologia forma um ramo-satélite da pesquisa sobre a origem da vida, a procura de vestígios de vida em lugares distantes. Esse novo campo é uma aglutinação de vários ramos da ciência – geoquímica, bioquímica, astrofísica – para contemplar as chances de vida no Universo. A Nasa tem três grandes prioridades nessa área: como a vida começou e evoluiu; a existência de vida em algum outro lugar no Universo; qual o futuro da vida na Terra e além dela? A primeira questão – a origem da vida – é de importância central para o astrobiólogo, pois determinará como procuraremos vida e como a reconheceremos quando a encontrarmos.[3] Os objetivos da Nasa nessas explorações extraterrestres levaram-na a adotar uma definição de vida que ajudasse a especificar os parâmetros das missões: em poucas palavras, "se for darwiniano, é vivo". Isso se assemelha à posição adotada por Jerry Joyce, químico que trabalha no Scripps Research Institute, em San Diego, cujos experimentos têm precisamente o objetivo de permitir a ocorrência de evolução darwiniana no primo do DNA, o RNA. Disse-me ele:

Se há um sine qua non da vida, este é a capacidade de sofrer evolução darwiniana e ter história em moléculas. A química não tem história. Para mim, a aurora da vida é a aurora da história biológica escrita nas moléculas genéticas entalhadas através de processos darwinianos.

Essa definição está inteiramente centrada em informação. DNA e RNA são códigos, armazenando um manual digital de instruções que pode ser indefinidamente copiado. À medida que há infidelidade nessas cópias, elas passam a ter erros, que por sua vez se tornam nova informação, a ser transmitida, e selecionada, se for útil. Isso é evolução.[4] A reprodução é crucial para a vida, mas será suficiente para ser considerada uma definição? Um cristal pode crescer e replicar sua estrutura. Esse crescimento pode sofrer imperfeições, mas, segundo essa definição, não é vivo, porque essas imperfeições não são transmitidas. Ele não é darwiniano, porque não pode adquirir novas características por meio de seleção. O comportamento darwiniano é sem dúvida um traço essencial de toda vida que vemos, mas é apenas parte de um conjunto de comportamentos universais na vida.

Jack Szostak ganhou um Prêmio Nobel em 2009 por uma carreira dedicada à genética humana. Ele ajudou a desenvolver novas técnicas para explorarmos nosso próprio genoma e contribuiu para a descoberta de componentes essenciais do envelhecimento. Depois, passou do ramo humano, numa das pontas da árvore da vida, para o campo quase desvinculado da biologia na base da árvore da vida. Em Harvard, Szostak fundou a Origin of Life Initiative. Ali, um de seus muitos interesses é a formação espontânea da membrana celular, de que, como com a vida, trataremos no devido tempo. Szostak é um homem calmo e despreocupado, de fala mansa, paciente e reflexivo. Mas, quando o entrevistei, ficou claro que a busca de uma definição da vida o exaspera; mais que isso, parece-lhe estorvar a pesquisa que se faz dela. De maneira nada característica, ele *quase* foi rude comigo quando sugeri que a ausência de uma definição abrangente da vida é problemática. Atalhou-me no meio da pergunta:

Não me parece que isso seja um problema, em absoluto. Creio que isso é completamente irrelevante. O que queremos compreender é o caminho, como passamos de substâncias químicas realmente simples para substâncias químicas mais complicadas; de células realmente simples para células mais complicadas, até a biologia moderna. Queremos simplesmente compreender o processo e todos os passos. Não precisamos dizer: "Aqui está a linha divisória: deste lado há química e deste há biologia." O importante é o caminho.

J.B.S. Haldane, que antes, no século XX, havia ajudado a construir a ideia de sopa pré-biótica, adotou linha semelhante em 1949, com seu livro intitulado simplesmente *What Is Life?*. O Capítulo 14 tem o mesmo título que o próprio livro, mas começa com essa ousada ressalva, atrevida o suficiente para que ele usasse maiúsculas:

NÃO VOU RESPONDER A ESTA QUESTÃO. NA VERDADE, DUVIDO que possamos lhe dar algum dia uma resposta completa, porque sabemos como é estar vivo, tal como sabemos o que é vermelhidão, o que é dor ou esforço. Assim, não podemos descrevê-los nos termos de nenhuma outra coisa.

Em outras palavras, eu a conheço quando a vejo.

No entanto, muitas pessoas concentram-se de fato em estabelecer uma definição. Os seres humanos sem dúvida gostam de categorizar coisas, e a ciência em particular, porque com grande frequência isso ajuda a compreensão. Recentemente, Edward Trifonov, biólogo da Universidade de Haifa, em Israel, abordou o problema com tática incomum, que consistiu em examinar as palavras usadas nas inúmeras tentativas feitas pelos cientistas para definir a vida. Jogando-as num cadinho, ele chegou por fim a uma frase depurada: "Autorreplicação com variações." Isso se assemelha à definição da Nasa, e concentra-se na transferência de informação de uma geração para outra. Não duvido que a abordagem tenha sido bem-intencionada, mas é difícil ver o valor de se estabelecer uma definição de consenso com base na linguagem usada. A publicação fez a gentileza de incluir muitas respostas de um grande número de cientistas que discor-

O que é vida? 77

dam entre si e que, no caso de Szostak, resistem por completo ao desejo de limitar a vida a uma definição.

De fato, todas essas tentativas correm o risco de sofrer da "síndrome do elefante do cego". O budismo (mas também o islã, o jainismo, o hinduísmo e outras culturas) conta a história de vários cegos a quem o rei pede que lhe digam como é um elefante. Cada um apalpou uma parte diferente do animal e concluiu que um paquiderme era apenas o pedaço que podiam sentir. O sujeito que examinou a presa sugeriu que o animal parecia uma relha de arado; o que examinou a pata o comparou a uma pilastra; o homem da cauda, a um pincel; e assim por diante. Eles brigavam; o rei ria. Um elefante é todas essas coisas, não é possível capturar sua majestade isolando uma de suas características.

Quando o juiz Potter Stewart, da Suprema Corte dos Estados Unidos, disse "eu a conheço quando a vejo" (palavras citadas na abertura deste capítulo), o "a" a que se referia era pornografia. O estado de Ohio havia proibido o filme *Os amantes*, de 1958, por obscenidade, mas Stewart invalidou a proibição. Isso acabou se transformando numa expressão para descrever a subjetividade mal definida, ou coisas sem parâmetros claros. A vida é exatamente assim. Em um momento havia química na Terra e em um momento posterior havia coisas vivas. A rota do primeiro ponto para o segundo é longa, tortuosa e desordenada. O momento em que temos indiscutivelmente coisas vivas é, sem dúvida, aquele em que elas se tornaram darwinianas, mas não só (como logo veremos, há até certas moléculas que exibem a propriedade darwiniana de autorreplicação com seleção). O que importa, portanto, é que a fronteira entre química e biologia é arbitrária.

A vida é uma combinação de muitos sistemas químicos que são mais que a soma de suas partes. Separamos a ciência em categorias em debates como esse, e, de fato, quando a aprendemos: biologia, química, geologia, física, e assim por diante. Essas distinções também são um tanto arbitrárias, pois ciência é apenas uma maneira de conhecer a natureza, e ficam particularmente borradas quando consideramos o próprio começo de uma delas, a biologia.

A mosca energética na sopa

Todas as ações das células são mediadas, em última análise, pelo fluxo controlado de átomos eletricamente carregados de um lado de uma membrana para outro. Enquanto você lê, átomos portadores de carga fluem para milhões de células cerebrais únicas até que elas atinjam um limiar. Quando isso ocorre, a célula cerebral excita-se e, em associação com milhões de outras, forma um processo de pensamento, ou desencadeia uma lembrança ou compreensão, ou induz o desejo de fazer uma xícara de café. De maneira semelhante, é o fluxo controlado de prótons – átomos de hidrogênio carregados, ao serem privados de seu único elétron – através de membranas que impele a geração de energia de que a célula e o organismo dependem inteiramente. Em toda vida complexa (inclusive nós) isso acontece nas centrais elétricas da célula, as mitocôndrias; em bactérias e arqueias, através de uma membrana dentro da célula, logo em seguida ao invólucro mais externo. Esse tipo de caminho químico é parte do que chamamos metabolismo, e ele é de importância central para toda vida, pois gera energia. Essa energia alimenta todas as ações biológicas, inclusive aquelas que facilitam a reprodução de informação através de gerações, e todas as outras coisas na lista MRS GREN.

Por essa razão, ao considerar os fundamentos da química em sua relação com a biologia, temos de recorrer a uma ciência mais fundamental: a física. A maneira como as substâncias químicas se comportam é determinada pelas leis que pertencem tradicionalmente a esse campo. Segundo Ernest Rutherford,[5] o descobridor das partículas que compõem o átomo, em palavras que ficaram famosas: "A física é a única ciência de verdade. O resto não passa de coleção de selos." Embora seja claramente uma zombaria provocativa, há algum valor nessa visão reducionista, típica de físicos. O comportamento biológico é determinado pelo comportamento químico, que é determinado por forças atômicas, e estas estão no domínio dos físicos.

Haldane escreveu *What Is Life?* em 1949, mas ele não foi o primeiro a usar esse título enganosamente simples. Em 1944, Erwin Schrödinger

O que é vida?

produziu, com o mesmo nome, um tratado de biologia centrado na física, texto clássico que reunia uma série de palestras públicas.[6] Talvez seja apropriado que essa análise tenha sido produzida por um físico, vindo atenuar ainda mais as fronteiras artificiais entre as modernas disciplinas da ciência. A física, por natureza, tende para o fundamental, e as conclusões de Schrödinger derivam de uma de suas regras absolutas e mais inegociáveis: a segunda lei da termodinâmica. Esse é o princípio que dita com total autoridade que, durante um período de tempo, a energia sempre fluirá de um estado mais elevado para um mais baixo, e nunca na outra direção. Vemos a aplicação da segunda lei por toda parte à nossa volta. Depois que a chama é desligada, uma panela de sopa borbulhante só pode esfriar. Esse princípio estende-se a todos os aspectos de nossas vidas: o calor de um radiador dissipa-se ao aquecer nossos cômodos porque está tentando equilibrar os dois estados de energia desequilibrados: um está mais quente que o outro. Isso nunca acontecerá no sentido inverso. A medida da segunda lei é o que chamamos de "entropia". Numa temperatura constante, um balão cheio irá apenas esvaziar, a menos que seu nó o vede perfeitamente, caso em que permanecerá constantemente inflado. Mas, se seu meio permanecer inalterado, ele nunca se expandirá. Dentro de sua vedação perfeita, o balão alcançou o equilíbrio, e sua entropia é constante. Relativamente ao resto do mundo, porém, ele tem um estado de energia mais elevado, e por isso deseja (se é que podemos falar de desejo num balão) difundir sua energia de maneira mais justa. Essa tendência à justa distribuição de energia é representada por um aumento na entropia.

Schrödinger afirmou que sistemas vivos são a contínua manutenção de desequilíbrio de energia. Em essência, a vida é a manutenção de desequilíbrio, e a energia, tal como a vida a utiliza, provém dessa desigualdade. Isso é por vezes descrito como um processo "longe do equilíbrio". A entropia do Universo está fadada a sempre crescer, criando com isso uma existência mais equilibrada, porém menos ordenada. A temperatura em todo o Universo será por fim a mesma, em decorrência da distribuição uniforme de sua energia total, como determina a segunda lei da termodinâmica.[7]

Schrödinger reconheceu que todos os organismos vivos escapam ao declínio rumo ao equilíbrio energético durante sua existência, e continuam a fazê-lo em seus descendentes. Isso vem ocorrendo na Terra há quase 4 bilhões de anos. Consumimos alimento, e a energia é extraída dele, dentro das células. Ao fazer isso, construímos uma ordem dentro de nossos corpos, sem a qual ocorreria a decadência.

À primeira vista, essa ordem mantida em células vivas parece violar diretamente a segunda lei da termodinâmica, que dita que a entropia sempre crescerá e, portanto, a organização decrescerá. O caos é a direção final de todas as coisas, e as coisas vivas não são caóticas (pelo menos nos termos estabelecidos pela física). Mas esse aparente paradoxo não é um problema. A lei declara que o aumento indiscutível de entropia ocorre dentro de um "sistema fechado". O Universo em sua totalidade é um sistema fechado, uma vez que não há, por definição, nada além do Universo. Numa escala mais local, as coisas vivas não são um sistema fechado. Produzimos resíduos em decorrência de nosso metabolismo, que sustenta a vida, e os expelimos no resto do Universo. Embora a ordem seja aumentada e mantida ao longo de qualquer existência dentro da própria coisa viva, essa aparente contradição da segunda lei é mais que compensada por um aumento da entropia além dos limites do organismo, isto é, nossos resíduos. A entropia da quantidade de resíduos que geramos em nossa vida é esmagadoramente maior que a reduzida entropia que nossos corpos mantêm ordenados. Assim, as leis do Universo permanecem perfeitamente intactas.

A vida é o processo que impede nossas moléculas de decair em formas mais estáveis. O processo da vida é a química que repele perpetuamente a desintegração. E é por isso que o conceito da sopa primordial é falho. A noção de que os ingredientes certos no ambiente certo poderiam gerar uma forma de vida autossustentável ignora o princípio subjacente de que a vida é um processo longe do equilíbrio. A atividade química numa sopa pode apenas obedecer à segunda lei da termodinâmica: a menos que tenha uma fonte externa para manter um desequilíbrio energético, ela irá apenas se decompor. No experimento de Stanley Miller, a centelha dos raios

O que é vida?

pode ter desencadeado a formação de aminoácidos, mas não alimentou um sistema de desequilíbrio. Depois de ter reagido, aquelas substâncias químicas não voltariam a fazê-lo.

Bill Martin é um dos principais críticos da ciência da origem da vida baseada na sopa, e em breve falaremos de seu trabalho. Ele propõe um experimento fácil para contestar o conceito de sopa primordial: amasse qualquer forma de vida de sua escolha até destruir qualquer semelhança celular, mas deixando todos os ingredientes intactos. Na verdade, esse experimento ocorre cada vez que uma célula morre, mas a ressurreição espontânea a partir dessa sopa, em que todos os ingredientes certos estão presentes, continua a ser um mito. Qualquer modelo da própria origem da vida que não leve em conta a necessidade de fluxo e manipulação contínuos de energia está partindo de algo que já está morto. O experimento icônico de Stanley Miller continua a ser importante, embora aquilo que tenha a dizer sobre a origem da vida seja limitado.[8] Ele mostra, com elegância e de maneira incontestável, como biomoléculas surgirão de química básica nas condições certas. No entanto, ele reforça a ideia de que a vida nada mais é que uma reunião de substâncias químicas ajeitadas numa coisa capaz de se reproduzir. Uma sopa primordial não é uma mistura vital e energética, pois não tem nenhum meio de manter o desequilíbrio de energia, quer esteja numa lagoazinha morna, numa balsa de pedra-pomes, num vulcão lamacento ou em qualquer dos outros lugares já propostos para a origem da vida. Uma sopa primordial está condenada como um acúmulo de dejetos, um monte de lixo.

Em certo sentido, nós, as coisas vivas, estamos em descompasso com o resto do Universo. Em *A origem das espécies*, Darwin descreveu a "luta pela existência" referindo-se à luta para obter comida, ou um parceiro, ou a resistência contra os elementos. Mas ela se aplica a um plano mais básico. Estar vivo é lutar contra a entropia. A vida não viola a segunda lei da termodinâmica, em absoluto. Não podemos derrotá-la, pois essa é a força invencível das leis científicas. Na morte, todos nós nos submetemos à vontade da física, e nossos átomos aceitam seu destino universal: decompor-se e ser reciclados, finalmente, em estados menos energéticos. A entropia esforça-se para tornar o Universo ao mesmo tempo mais caótico e mais equilibrado. Ao fazê-lo, ela sempre aumenta; é como nos cassinos, a casa sempre ganha.

Estando vivos, porém, temos a oportunidade de tirar alguma coisa da casa, ou de retardar sua inevitável vitória, ao menos por algum tempo. A vida evoluiu para extrair energia de nosso ambiente e usá-la a fim de manter nossa informação vital contra o deslizamento universal rumo ao equilíbrio, trocando e bombeando prótons de um lado para outro de uma membrana dentro das entranhas de uma célula. Nossas vidas, todas as vidas, conspiram para manipular as forças fundamentais da natureza, e esforçam-se por fazê-lo continuamente e para sempre. É provável que Jack Szostak esteja certo, e arrancar nossos cabelos na tentativa de sintetizar a essência de uma vida é apenas uma distração da busca de reconstituir o caminho que sabemos que ela tomou. Mas essa incursão na física é crucial para a compreensão da origem da vida. Sabemos que não podemos voltar no tempo e observar. A maneira como ela se deu outrora está perdida para a ciência e a história, portanto, fazemos o que nos é possível para emulá-la em condições que deram origem ao duradouro desequilíbrio da vida. Em algum ponto, esse desequilíbrio adquiriu ou criou um sistema que permitiu que a captação de energia se sustentasse de maneira independente. Nessa incubadora, os começos da descendência darwiniana codificada puderam ocorrer. Mas formas de vida são, antes de mais nada, uma sofisticada coleção de comportamentos químicos assegurados pela necessidade de energia, e isso informa a maneira como levamos a cabo a sondagem experimental da origem da vida. Em outras palavras, precisamos perseguir as marcas características do metabolismo.

Está claro que Luca era uma coisa viva da qual toda vida subsequente surgiu, mas ele já carregava consigo muitos componentes essenciais da vida que se seguiu, inclusive metabolismo e genética. Em nossas células, o metabolismo envolve dois processos: o primeiro é a digestão de moléculas para liberar energia, o segundo é o uso desse combustível para fazer moléculas que sustentam a vida, inclusive DNA e proteínas. Isso propõe uma espécie

O que é vida?

de charada. De Luca em diante, as células fazem as coisas arroladas na lista de MRS GREN, e chegaremos à montagem de um sistema tão sofisticado no capítulo final. Mas cada um deles depende de um problema do ovo e da galinha. O DNA codifica as proteínas que desempenham funções celulares, inclusive metabolismo, e essas funções levam a cabo a decodificação do próprio código. Vimos como o código funciona e como foi descoberto. Vimos como ele é a espinha dorsal da evolução e o molde para a riqueza de toda a vida. Como então o DNA veio a existir?

5. A origem do código

> "Pois todas as inferências a partir da experiência supõem, como seu fundamento, que o futuro se assemelhará ao passado."
>
> DAVID HUME, *Investigação acerca do entendimento humano* (1748)

O HEBRAICO TEM 22 LETRAS. O inglês tem 26, e o sânscrito, 56. A língua chinesa usa pictogramas, e estes somam milhares, dependendo da maneira como os contamos. A vida tem apenas quatro letras em seu alfabeto: A, T, C e G. Adicione alguns glifos, e a flexibilidade desse alfabeto se eleva um pouco. Os linguistas chamam esses pequenos sinais de "diacríticos": a cedilha (ç) ou o til (~). Os diacríticos do DNA apresentam-se na forma de um pequeno apêndice molecular, metil, que consiste simplesmente em três átomos de hidrogênio ligados a um átomo de carbono e é preso como um rótulo a A ou C. Assim como nas linguagens, essas anotações são um traço essencial da genética, modificando o significado ao rotular seções do genoma para características particulares. De maneira mais significativa, essa marca do código delimita áreas do DNA a serem silenciadas, como se deixasse o texto onde ele se encontra, mas tachasse blocos inteiros para dizer: "~~Não leia esta frase~~."

Mesmo com esse tipo de marcação, o número mais generoso de letras no código da vida fica muito aquém do encontrado até mesmo no hebraico. A evolução nos deu uma descrição abrangente de como o extraordinário espectro das espécies floresceu a partir desse código simples, mas muito pouco sobre como isso se deu. Ao refletir sobre a origem da vida, como

A origem do código 85

quer que tentemos defini-la, em algum ponto bem inicial, a origem de nosso alfabeto é uma questão decisiva.

Não só o alfabeto é desconcertantemente conservador. Ele se combina num vocabulário também limitado. Como foi explicado no Capítulo 2, nos genes, aquelas quatro bases são arranjadas em tripletos, cada um dos quais representa um aminoácido. Quando encadeados, estes formam proteínas. Mas há somente vinte aminoácidos codificados nos genes para todas as formas de vida. Além disso, a maneira como os aminoácidos são criptografados no DNA é crivada de redundâncias. Há 64 maneiras de arranjar quatro letras em grupos de três. Na genética, 61 combinações são usadas para representar apenas os vinte aminoácidos (e três indicando um sinal de "ponto-final", para marcar o fim de uma proteína). Isso significa que muitos tripletos codificam o mesmo aminoácido. Por exemplo, TTA representa um aminoácido chamado leucina, mas TTG, CTC e três outras variações fazem o mesmo. Essa redundância permite que sejam adquiridas em nossos genes mudanças que não ocasionam alterações potencialmente prejudiciais nas proteínas que elas codificam. Se, durante o processo de divisão de uma célula em duas, um erro aleatório de DNA trocasse TTA para TTG, isso ainda representaria leucina, e a proteína contendo esse aminoácido não seria inalterada por esse erro espontâneo. Se ele trocasse o A final por um T, a leucina seria substituída por fenilalanina, um aminoácido com propriedades semelhantes. Assim, isso mudaria potencialmente a natureza da proteína, mas não de forma tão drástica. Vemos uma redundância semelhante na língua. Na Inglaterra, grafamos a palavra cor como *colour*. Mas 10 mil quilômetros a oeste, a mesma palavra tem a grafia alternativa *color*. Através de mutação aleatória, quase certamente um erro de cópia, em algum momento esquecido na história, o inglês dos Estados Unidos extirpou uma letra que os britânicos acreditam ser essencial. Evidentemente não é, pois a pronúncia é a mesma, e não é difícil imaginar um mundo em que meu *u* extra britânico se degrade lentamente e saia de uso por completo.

Isso não quer dizer que todas as mutações sejam igualmente benignas. Se você deixar cair o *r* de *"friend"*, terá um companheiro de caráter bastante diferente (*fiend* significa "monstro", "demônio", "peste"). Pode-se ter uma impressão diferente quando alguém tem o infortúnio de sofrer uma doença genética, categoria que inclui todas as formas de câncer, mas, diante da quantidade de replicações de DNA que ocorrem, as mutações perniciosas são relativamente raras. Quando elas de fato acontecem, porém, uma única mudança de letra pode ter consequências catastróficas. A mudança de uma única base no DNA que resulte na troca de um aminoácido por outro muito diferente sem dúvida pode causar problemas. Troque o A por um T num ponto específico no gene β-globina, e o aminoácido muda de ácido glutâmico para valina, que tem propriedades químicas muito diferentes. O resultado é uma proteína globina deformada, a qual, por sua vez, altera a forma de glóbulos vermelhos, tornando-os curvos e alongados, em vez das pastilhas arredondadas que deveriam ser. O hospedeiro desse simples erro de cópia de uma letra sofrerá de anemia falciforme, doença do sangue que com frequência causa a morte prematura. Essa é a natureza severa, mas felizmente improvável, da doença genética.

Em sua maior parte, porém, esses erros têm pouca importância. Eles são normais e acontecem toda vez que uma célula se divide. Quando um genoma inteiro é copiado durante a replicação, ocorre uma revisão de prova. As proteínas que fazem a cópia, chamadas DNA polimerases, verificam se o novo filamento que estão fazendo corresponde ao modelo, assegurando que sempre que haja um A seja colocado um T e não alguma outra coisa. Mas isso não é perfeito, e por vezes, durante a divisão celular, novas mudanças subsistem à revisão. Se isso ocorre na produção de um espermatozoide ou óvulo, pode ser o primeiro passo do telefone sem fio genético que leva a uma mudança evolutiva. Você é diferente de seus pais não apenas porque genes inteiros são permutados durante a produção do espermatozoide ou do óvulo, mas porque essas células apresentam novas mudanças isoladas no DNA deles, que serão aleatórias, e por isso unicamente suas. Por vezes, o emparelhamento dos As e Ts e dos Cs e Gs é feito de maneira incorreta, e um dos dois filamentos de DNA fica saliente, como um zíper que não se encaixa. Se não for corrigida pelas proteínas que reveem as provas, essa única mudança pode ser transmitida e alterar ligeiramente o comportamento das proteínas que ela codifica.[1]

A origem do código

Como viemos a nos decidir por quatro letras arranjadas em tripletos? Com um sistema tão ordenado e independente, desfazê-lo é difícil, e nos atrapalhamos ao tentar descobrir onde interrompê-lo. Uma abordagem, porém, é calcular a quantidade mínima de DNA necessária para codificar os vinte aminoácidos que a vida usa para fabricar todas as suas proteínas. Se o código genético fosse constituído de apenas três letras, haveria 27 combinações possíveis de tripletos, ainda mais que o suficiente para codificar os vinte aminoácidos de que precisamos. Mas, ao reduzir a redundância em mais da metade, reduz-se também o escudo contra doenças potencialmente perniciosas. As três letras nos tripletos não são todas iguais. Vemos padrões na ordenação das bases em tripletos e nos aminoácidos que elas codificam. A primeira base está relacionada ao processo da fonte do aminoácido. Os aminoácidos flutuam na célula, esperando para ser reunidos em suas proteínas codificadas.[2] Alguns são produtos dos ciclos metabólicos da célula, mas nove deles nós não podemos fabricar, e temos de ingeri-los. Comparando tripletos com as mesmas primeiras letras, podemos deduzir sua origem, isto é, se foram autoproduzidos ou comidos. A segunda letra corresponde a um tipo, as opções incluindo hidrófilos (dissolvem-se em água facilmente) e hidrófobos (não se dissolvem facilmente). As duas primeiras letras têm um objetivo claro na determinação do produto. A terceira, com toda a sua flexibilidade de coringa, amarra o acordo, definindo-o apenas como um dos vinte. Podemos, portanto, especular que a primeira forma de código de DNA teria sido não um tripleto, mas uma parelha, fixando a decifração em conjuntos essenciais de processos de manufatura. A adição de uma terceira letra permite mais combinações e mais variação na sequência, criando um código conservador, que não apenas protege contra o impacto de mudanças catastróficas, mas estimula suavemente a modificação sutil. Em suma, nosso DNA estimula a evolução.

Mas o código subjacente está congelado, inalterado provavelmente por 4 bilhões de anos. Os alfabetos estão gelados, mas não congelados. Eles mudam, mas a mudança é lentíssima. O DNA, porém, está realmente travado, pelo menos na natureza, embora isso esteja mudando no novo mundo da biologia inventada, como você pode ver em "O futuro da vida". Francis

Crick certa vez pensou que o alfabeto do DNA foi fixado em consequência de um "acidente congelado": um sistema que funcionou bastante bem, quer tenha suplantado outras versões, quer estas nunca tenham existido. Mas agora está claro que a desigualdade das letras em cada tripleto não é nenhum acidente, e ficou congelada com um delicado equilíbrio entre fidelidade e mutação, como um pai amoroso que estimula os filhos a explorar, mas ao mesmo tempo os protege de danos.

Mundo-fantasma

Podemos começar a ver como o DNA pode ter se originado numa forma simplificada e se estabelecido em sua atual existência estável. Mas o paradoxo aqui é muito mais complicado que o velho problema do ovo e da galinha.[3] A cópia de DNA depende de proteínas, e proteínas são codificadas em DNA. O DNA é o código e a proteína é o produto ativo. Mas há razões muito sólidas para pensar que o começo da vida, a origem da genética, não se deu com o DNA, mas com seu primo mais simples, o RNA.

Mais uma vez, examinando como as formas de vida moderna funcionam, podemos inferir papéis anteriores e enigmáticos para a mecânica nas células. O RNA é a parte do meio do que Francis Crick chamou inapropriadamente de "dogma central": o DNA faz o RNA fazer proteína. Para compreender como essa sequência pode ter surgido, é útil pensá-la em etapas. Não conhecemos nenhuma maneira de fazer proteína diretamente a partir de DNA sem a intermediação do RNA, por isso poderíamos supor que a primeira parte "DNA faz..." deve ter sido acrescentada depois do passo conclusivo "RNA faz proteína", sendo o RNA a transcrição codificada a partir da qual as proteínas são produzidas. O RNA, um filamento simples, é menos quimicamente estável que o DNA, com suas hélices emparelhadas, mais propenso a desintegrar-se. O DNA conserva o código para proteínas com um filamento refletindo o outro, fornecendo um serviço de backup espelhado: onde há um A o outro filamento tem um T, onde um tem um G, o outro apresenta um C. Por-

A origem do código

tanto não é absurdo imaginar que o DNA emergiu depois, como forma mais segura de armazenamento de dados.

Mais recentemente, chegou-se a sugerir um caminho para essa transição considerando que DNA e RNA estão propensos ao erro quando se copiam um no outro. Uma equipe de Harvard liderada por Irene Chen comparou o grau de fidelidade da cópia quando o RNA é feito a partir de RNA, o RNA é feito a partir de DNA, e o DNA é feito a partir de RNA. Isso é mais ou menos como testar as proezas de uma ferramenta de tradução na internet escrevendo-se uma frase, traduzindo-a e retraduzindo-a para o idioma original, e depois vendo quão desfigurada ela ficou. Inequivocamente, o DNA revelou-se o melhor modelo. Quando se copiou RNA a partir de um modelo de DNA, a transcrição foi a mais fiel. Isso sugere que uma mudança de um mundo de RNA para o que temos hoje pode ter ocorrido sem estática – a mensagem seria preservada. Mas o DNA copiado de RNA estava crivado de erros.[4] Com esse conceito em mente, parece razoável pensar que, como dispositivo de armazenamento, o DNA é mais robusto, seguro e fiel que o RNA. A transição de um mundo em que o RNA era o portador da informação para a era biológica que conhecemos é chamada *genetic takeover*, e parece que, depois que essa anexação ocorreu, nunca foi possível voltar atrás.

Aquela charada do ovo e da galinha – DNA codifica, proteína age – é pelo menos parcialmente resolvida com RNA também, pois por vezes ele pode fazer ambas as coisas. Uma segunda pista para pensarmos que houve um mundo que exibia os sinais de vida e era povoado por RNA, e não por DNA, provém da fábrica de proteína da célula, o ribossomo. Quando é hora de um gene fabricar uma proteína, o processo se efetua assim: o gene, localizado no DNA no genoma do hospedeiro, recebe uma instrução para ser localizado. Uma proteína desenrosca a dupla-hélice, como se estivesse desembaraçando um arame, e separa os dois filamentos. Outra proteína prende-se ao filamento codificador (o outro é um espelho, e desempenha funções mínimas), nas três letras ATG. Esse códon é para o aminoácido metionina, mas também marca o começo de um gene, o "códon de iniciação". Daí em diante ele avança mecanicamente, copiando o DNA numa molécula de RNA espelhada: onde vir ATG, o RNA lerá UAC.[5] Quando a transcrição do DNA está completa, a fina molécula de RNA sai flutuando, levando a mensagem do gene, e é utilmente chamada "RNA mensageiro". Em seguida o ribossomo apanha essa transcrição e a ingere, uma letra de cada vez. Ele lê o código, três letras de cada vez, cada códon especificando um aminoácido, o qual é entregue ao ribossomo a partir do ambiente da célula. À medida que cada códon é lido sucessivamente, o ribossomo apanha os aminoácidos e os amarra uns aos outros para fazer uma proteína, a qual é expelida na célula, despachada para cumprir seu objetivo.

O próprio ribossomo é feito de várias partes, tal como muitos dos componentes ativos das formas de vida.[6] Essas partes menores montam-se a si mesmas muito mais facilmente que móveis que vêm desmontados em embalagens compactas, assumindo suas posições com algumas sacudidelas. Mas o interessante para nossos objetivos é que mais da metade dessas partes não é feita de proteína, mas de RNA. Esses filamentos compridos e muito dobrados de RNA ligam-se a proteínas para fazer os ribossomos funcionais, e agem exatamente como proteínas na medida em que executam um processo. Assim, com esses tipos de moléculas de RNA, temos tanto informação quanto função. Se admitirmos que o RNA foi o antepassado do DNA na Terra primitiva, o paradoxo do DNA e da proteína – o primeiro codificando a segunda, a segunda fabricando o primeiro – desaparece. Essa ideia é denominada "hipótese do mundo de RNA". Podemos contornar o problema do ovo e da galinha não precisando nem de um nem de outro. Em algum momento remoto na estrada da mera química para a biologia, o dogma central do "DNA faz RNA faz proteína" era simplesmente "RNA faz".

As primeiras fotocopiadoras

*NNNNNN*UGCUCGAUUGGUAACAGUUUGAA
UGGGUUGAAGUAU – GAGACCG*NNNNNN*

Isso parece famíliar para você? Isto é R3C, e é o filho de Jerry Joyce e Tracey Lincoln, do Instituto Scripps na Califórnia. Se a genética evolutiva é

A origem do código 91

o processo de rastrear as mais ligeiras mudanças em nossos genes através do tempo para reconstruir os replicadores darwinianos do passado, talvez R3C seja o fim da linha.

Como o RNA é um candidato decente ao primeiro mundo de informação e replicação, este é um simples pedaço de RNA que faz ambas as coisas. As letras são RNA normal (*N* é um coringa, representando qualquer das quatro bases A, C, G e U), e ele é feito de duas partes (que aparecem separadas por um traço). Num tubo de ensaio, R3C se contorce numa forma semelhante à de um grampo de cabelo. Sua função é fazer uma versão especular de si mesmo ligando as duas partes. Essa proximidade com seu reflexo, por sua vez, faz uma nova cópia do original, e assim por diante. Isso prossegue ad infinitum, enquanto o sistema for alimentado com os ingredientes que permitam as reações químicas contínuas que impelem a replicação. Centenas de milhões de moléculas copiadoras podem ser feitas em poucas horas.

Esse é um tipo de protogene, feito de RNA, e não de DNA. Ao contrário de nossos próprios genes, que têm funções e instruções para proteínas que constroem tecido e osso, ou emitem comandos para que outros genes o façam, a instrução que R3C transmite é simplesmente "Copie-me". O DNA depende de outra mecânica para se copiar, mas R3C não precisa de nenhuma ajuda: é uma fotocopiadora que só faz outras fotocopiadoras. O fato de sua única instrução ser "Copie-me" não o torna muito útil para um organismo moderno. Mas a genética tinha de começar em algum lugar, e, hipoteticamente, talvez os primeiros genes se parecessem com isso – uma máquina copiadora. O RNA que tem uma função é chamado "ribozima".[7] É nessas simples moléculas de dupla ação que muitos cientistas veem um preceito fundamental da vida: reprodução e informação. Joyce acredita que é "aí que a química começa a se transformar em biologia. Esse é o primeiro caso, fora da biologia, de informação molecular imortalizada".

Em termos biológicos, essa é a menor unidade de informação; em termos de computação, um único bit. Mas, como as ribozimas promovem sua própria replicação, no tubo de ensaio elas desempenham uma forma de seleção darwiniana. O experimento de Joyce foi marcado a princípio pela fidelidade: as ribozimas reproduziam-se de maneira impecável. Mas a evolução requer cópias falhas, e, como Joyce me disse, "a perfeição é enfadonha". Assim, os pesquisadores introduziram imperfeições na mistura, infidelidade de sequência – isto é, erros de ortografia –, para que cada cópia fosse um pouquinho diferente. Portanto, Joyce introduziu o fundamento da seleção darwiniana, a variação. A partir de uma quantidade dessas curtas moléculas de RNA, emergem algumas que se reproduzem com maior sucesso para se tornar a forma dominante. Sem nenhuma orientação, salvo as condições certas e a matéria-prima fornecidas por Joyce, essas moléculas passaram por uma forma não viva de seleção natural.

Essa é uma abordagem engenhosa da origem do código genético. Essas ribozimas experimentais não são naturais, mas apenas parcialmente projetadas. Nos anos 1990, David Bartel e Jack Szostak criaram uma técnica que deu grande estímulo à ideia de um antigo mundo de RNA antes do DNA e das proteínas. Sua técnica permite que ribozimas funcionais criem a si mesmas, pelo menos parcialmente. Isso se assemelha à ideia lendária dos macacos providos de máquinas de escrever, segundo a qual, com um número suficientemente grande de símios batucando em teclados, um deles vai acabar datilografando um soneto de Shakespeare. Bartel e Szostak reuniram um conjunto de trilhões de cadeias de RNA idênticas num curto trecho, numa ponta, e depois cadeias aleatórias nas duzentas letras seguintes. Nos trilhões de combinações possíveis, eles procuravam encontrar uma que, por puro acaso, tivesse a capacidade de acrescentar outra molécula similar de RNA a si mesma. Em seguida pescaram nesse conjunto com um pedaço marcado de RNA, uma isca para fisgar qualquer molécula aleatória, em meio àqueles trilhões delas, que fosse capaz de prender outra molécula de RNA. Na metáfora do macaco datilógrafo, isso seria como fazer uma busca entre trilhões de arquivos de textos simiescos com a expressão "queridos rebentos de maio". Se isso parece fácil, lembre-se de que essas são sequências inteiramente aleatórias, e eles estão esperando que o significado, ou, nesse caso, a função, surja do nada. Bartel e Szostak encontraram exatamente essa capacidade a partir de seu conjunto de moléculas de RNA numa taxa de cerca de uma em 20 trilhões.

O exemplo dos macacos e das máquinas de escrever é puramente aleatório e deixa claro que, quando se trabalha com números muito grandes, alguns padrões (ou prosa) emergirão.[8] A evolução é em grande medida não aleatória. A variação no código genético pode ter surgido inteiramente por acaso, mas a seleção (seja ela natural ou produzida pela mão de um criador) é exatamente o oposto. Bartel e Szostak emularam completamente a evolução biológica com seu método, permitindo que a variação ocorresse, mas selecionando as variantes que funcionavam. Em seguida, tal como na natureza, eles repetiram, mas dessa vez usando só ribozimas que já haviam demonstrado capacidade de se ligar ao RNA (como se, esperando não levar minha analogia longe demais, dessem aos macacos o primeiro verso de um soneto como ponto de partida para sua frenética datilografia). Depois de dez rodadas de procura daquelas que poderiam ligar RNA, as ribozimas que haviam sobrevivido a essas severíssimas competições de talentos eram vários milhões de vezes melhores para juntar RNA. Há uma gota de tônico a se tomar com isso: o fato de que enzimas de ocorrência natural trabalham cerca de 10 mil vezes mais depressa que as melhores ribozimas de Bartel e Szostak, que tinham pouca probabilidade de apresentar grandes melhoras. Mas lembre-se de que estamos lidando com a introdução de função num mundo em que não havia nenhuma, e esse mundo de RNA foi transitório, destinado a ser substituído por DNA e proteínas, mais eficientes e eficazes.

Em essência, esses experimentos estão tentando criar alguma coisa mais fundamental que a vida. Não podemos realmente ter certeza de que as ribozimas foram os primeiros genes, não precisando nem de proteína nem de DNA, embora essa ideia não seja atualmente controversa. Ribozimas existem de fato na natureza, mas se RNAs autorreplicadores foram os primeiros genes, eles já estão extintos há mais de 3 bilhões de anos, e experimentamos ressuscitar uma língua morta não registrada, só conhecida por seus descendentes.

Em Cambridge, no Reino Unido, o Laboratory of Molecular Biology foi chamado de "Fábrica de Prêmios Nobel", pois dezenove dessas tão cobiçadas condecorações foram conquistadas por trabalhos realizados naquele prédio sem graça, de vidro cinzento. Ali, Philipp Holliger dirige um laboratório onde o mundo perdido do RNA está sendo explorado. A equipe dele usou uma evolução semelhante em tubo de ensaio para escolher outro candidato a gene aborígene. Eles começaram com uma escolha aleatória em meio a um conjunto menor, de meros 10 milhões de variantes, e, mediante o uso de certos truques técnicos envolvendo óleo e contas magnéticas, selecionaram uma ribozima que produz mais RNA. Este não se autorreplica, mas os pesquisadores conseguiram induzi-lo a produzir uma ribozima inteiramente diferente, muito conhecida, chamada, de maneira um tanto surpreendente, de "cabeça de martelo".[9] Até agora, a ribozima de Holliger só pode fazer novos RNAs de cerca de cem bases de comprimento, número um pouco pequeno para uma ribozima, e fica muito aquém do gene moderno médio, mas eles estão trabalhando para ampliá-los.

Temos aqui a emergência de modelos plausíveis para a origem de informação na química e, de maneira ainda mais importante, a origem da cópia de informação. Esta é a marca característica da vida. A capacidade assombrosa das ribozimas de Joyce e Holliger é sua função espontânea. A de Joyce copia a si mesma; a de Holliger copia muitas outras coisas. A grande meta é modelar a emergência de uma que faça ambas as coisas.

Criação por supressão

Mas podemos voltar ainda mais atrás. As ribozimas, como todo código genético, têm suas quatro letras com que encerram informação, A, U (em vez do T no DNA), C e G. Se supusermos que Luca dispunha desse alfabeto, e é só até aí que nossos registros históricos nos permitem chegar, não temos nenhum registro de como esse código completo surgiu. Isso é diferente da evolução da língua, em que temos registros históricos de formas anteriores, com diferentes letras e significados. Saber como se deu a aquisição da linguagem do DNA e do RNA é decisivo para a compreensão da origem da vida. A ideia de que todas as quatro letras de código foram adquiridas

A origem do código 95

simultaneamente parece mais improvável que a de que foram adquiridas sequencialmente, uma de cada vez. Podemos pô-la à prova suprimindo as letras também em sequência.

Como no jogo de tabuleiro "Palavras Cruzadas", algumas letras têm mais valor que outras. C, citosina, ligada a um G é mais estável que um pedacinho de código contendo A e T, que será o primeiro a se desintegrar no frio ou no calor. Além disso, no RNA, as letras podem se emparelhar de uma maneira ligeiramente diferente dos degraus nítidos e arrumados da escada do DNA. Isso é chamado, muito acuradamente, de "pareamento oscilante", e ajuda o RNA a se dobrar nas alças e pregas que dão às ribozimas capacidade de se autocopiar. Na ausência de C, tanto o pareamento normal quanto o oscilante ainda podem ocorrer.

Começando mais uma vez de um colossal conjunto de ribozimas com variações aleatórias em sua sequência, Jerry Joyce e seu colega Jeff Rogers conduziram a evolução procurando repetidamente aquelas que não continham nenhuma citidina,[10] usando uma isca com pouca afinidade com essa letra, mas ainda capaz de juntar duas moléculas de RNA. Efetivamente, eles estavam eliminando por seleção um traço particular de seu estoque, mas, em vez de se tratar de uma característica indesejável num animal ou planta, o estoque é uma ribozima de 140 letras, e o traço é a letra C. Mesmo na ausência de ¼ das letras disponíveis, eles criaram uma ribozima que podia conservar habilmente sua função unificadora.

Assim, depois que descartamos uma das letras e mostramos que moléculas biológicas ainda podem funcionar, qual é o experimento seguinte? A abordagem de Joyce, óbvia, mas não menos brilhante, foi desenvolver uma ribozima com apenas duas letras de código. Isso significou desenvolver ribozimas com letras similares, mas diferentes, que chamaremos de D e U, e a atividade da molécula que eles criaram foi muito reduzida em relação à de uma versão com o alfabeto completo. Mesmo assim, ela ainda funciona como uma ferramenta biológica ativa. Essa molécula de alfabeto limitado poderia até ter sido vantajosa em águas arqueanas quentes, pois as ligações dobradas que contêm C poderiam ter se autodestruído em altas temperaturas.

Embora não exibam o que realmente aconteceu na origem da genética, esses engenhosos experimentos mostram o que poderia ter acontecido. Eles demonstram que a evolução pode prosseguir com um alfabeto mais restrito que aquele usado hoje pela vida. Inserem-se num quadro que estabelece de maneira convincente uma origem para a replicação codificada, isto é, a genética. Se uma das características definidoras das formas de vida é a capacidade de armazenar e reproduzir informação, então uma das questões mais fundamentais relacionadas à origem da vida é como um sistema tão complexo pode ter se iniciado. Até que ponto isso corresponde ao que pode ter acontecido 4 bilhões de anos atrás, isso é difícil dizer. Nós temos a vantagem de dispor de ingredientes e projeto, pelo menos projeto experimental, em vez da química desordenada e imprecisa da Terra primitiva. Mas aqueles primeiros tempos duraram milhões de anos, ao passo que os cientistas fizeram esses novos replicadores em uma década. A tarefa não é replicar o que aconteceu outrora. Isso seria impossível. Mas em todos os estudos da origem da vida é importante lembrar que nós conhecemos a resposta: a vida é a resposta. A questão é encontrar uma rota plausível para chegar lá, e isso está começando a emergir nesses experimentos.

A origem do alfabeto

Podemos recuar ainda mais no passado. Quando Jerry Joyce pede a uma de suas fermentações para copiar e produzir mutação em ribozimas, ele precisa fornecer os ingredientes. A Terra arqueana não possuía um laboratório limpo, com recipientes de vidro e substâncias químicas manufaturadas e purificadas, compradas de empresas industriais. Suas ribozimas fornecem um mecanismo plausível para os primeiros genes e a base para uma linguagem que sobreviveu por bilhões de anos. As letras dessa língua são as bases do RNA, portanto, a questão seguinte é: de onde elas vieram? Elas não são moléculas triviais, por transportarem o código da vida, sem dúvida, mas também por serem complexas. Pelo menos nós as descrevemos como moléculas complexas por um par de razões. Uma é que as

A origem do código 97

letras do código genético são fabricadas num caminho biológico difícil de descobrir, envolvendo muitas proteínas diferentes. Nossas células fazem isso sem pensar, claro, pois desenvolveram processos extremamente avançados de metabolismo que sustentam sua própria existência fabricando suas próprias partes. Consideramos esses processos e os deciframos cuidadosamente e com assombro, por vezes com terror, quando os revisamos na véspera dos exames escolares. Os caminhos metabólicos que criam bases em nossas células desenvolveram-se ao longo de inúmeras iterações – o mais rigoroso e implacável processo de criação conhecido. Mas, evidentemente, se essas substâncias químicas complexas são anteriores à semente da árvore da vida, não havia nenhum metabolismo sofisticado com que pudessem ter sido construídas.

Com isso em mente, o fato é que a estrutura química das letras do código genético é complexa, antes de mais nada, porque o afirmamos. Se isso parece um raciocínio circular, a segunda razão pela qual a consideramos complexas é que também não é fácil para nós sintetizá-la quimicamente. Como o processo de síntese da célula é intricado, nós o vemos como complexo, e nossas tentativas de replicar essa síntese também são complicadas. Aquelas bases devem se alinhar exatamente da maneira certa para formar uma ribozima funcional, e durante décadas isso se mostrou obscuro, no laboratório de química. Além disso, há um grande problema de fornecimento. Para fazer uma das ribozimas autorreplicadoras de Jerry Joyce são necessárias mais de setenta bases de RNA, mas isso se soubermos exatamente o que estamos fazendo. Para que uma delas emerja de um conjunto aleatório de milhões, precisaremos de bilhões de bases. E, quando a ribozima começa a se autocopiar, o número de letras cresce exponencialmente. Para dez rodadas de replicação de uma ribozima de cem bases seria necessário um pool de mais de 10 mil bases, mas cem rodadas de cópia iriam requerer mais de 10^{30}. Acrescente a isso o fato de que cada rodada de replicação reduz a concentração do pool de letras, o que torna a replicação mais difícil. Seria como grafar palavras com letrinhas de macarrão. Após usar algumas letras, torna-se mais difícil grafar outras palavras. Assim, para continuar grafando novas palavras, precisamos de um fornecimento constante de letras, talvez uma fábrica inteira de macarrão.

Portanto, antes de chegarmos às ribozimas autocatalisadoras e auto-copiadoras, um problema anterior, mais básico, é saber de onde vêm esses ingredientes no mundo natural inanimado, embrionário. O problema é este: sem a ajuda da bioquímica, como essas letras se formaram esponta-neamente, quando isso nos parece tão difícil no laboratório? Essa é uma questão que persistiu durante toda a existência da "hipótese do mundo de RNA", que já conta quase quarenta anos.

Se o DNA é uma escada retorcida, seus dois componentes essenciais são os degraus e os montantes. O RNA, que é apenas um único filamento, é como uma escada cortada verticalmente pelo meio. Para poder se ligar numa molécula funcional, as letras individuais de código precisam ligar-se aos montantes da escada. Esse terceiro componente é um conector feito de fosfato – uma combinação de átomos de fósforo e oxigênio. Os mon-tantes, por sua vez, são feitos de tipos de moléculas de açúcar: o R em RNA representa o açúcar ribose, e o D em DNA representa desoxirribose, que é a mesma coisa, exceto por ter menos um átomo de oxigênio. Cada molécula desses açúcares está ligada a uma letra, A, C, G ou T (ou U no RNA), e quando empilhadas, essas moléculas de açúcar formam a espinha dorsal, os montantes da escada. No DNA, duas espinhas se emparelham; no RNA, cada uma permanece como um fio único. É a forma dessas moléculas que determina seu comportamento. Por exemplo, a uracila é um pequeno anel hexagonal de átomos, e ela se liga com seu açúcar, ribose, que é uma molécula pentagonal como dois pedaços de uma bola de futebol. Juntas, a uracila e a ribose compõem um único degrau de RNA, e vão ser ligadas por fosfatos com as outras bases para compor um pedaço de código genético.

Essa breve digressão por estruturas químicas possivelmente penosas ajuda a demonstrar por que recriar a vida de novo é uma questão compli-cada. Só essas formas precisas vão agir como parte de células vivas, mas essas moléculas poderiam ser rearranjadas de muitas outras maneiras. Um átomo na posição errada, um apêndice molecular no lugar diferente, e não teremos DNA ou RNA, não teremos vida.

A origem do código

O problema é que a química biológica em células simplesmente acontece, ao passo que nós temos de fazer um grande esforço para imitá-la. Embora possamos observar e desconstruir o mecanismo que as células usam para fabricar essas moléculas, para o propósito de estudar a origem da vida precisamos compreender sua síntese antes que essas fábricas existissem. Fora de nossas células, fazer com que os anéis de açúcar e uracila se liguem provou-se uma dificuldade.

A química é uma ciência antiga e tem caminhos de síntese já muito trilhados. Moléculas complexas muitas vezes são fabricadas assentando-se uma pedra de cada vez, acumulando-se até o produto final. Alguns passos são mais difíceis que outros, e é preciso induzir átomos a formar ligações onde queremos que elas estejam, e não em algum lugar mais fácil. Uma indução suave pode persuadir dois átomos relutantes a se ligar no caminho. Mas, quando estamos fazendo uracila para uso em RNA, essa síntese química gradativa provou-se infrutífera, pois ela reluta em associar seus dois anéis componentes.

John Sutherland e sua equipe estão também no Laboratory of Molecular Biology, em Cambridge. Sua abordagem ao problema é um passo ousado, pelo menos em termos dos dogmas da química. Num estudo capital feito em 2009, eles contornaram com sucesso o obstáculo tomando uma rota inteiramente diferente.[11] A abordagem tradicional consiste em manter a produção dos dois componentes – os anéis de ribose e o anel de uracila – separada, pois ambos os processos resultam num líquido viscoso de subprodutos. A mistura deles, supunha-se, resultaria numa lama química contendo muitos açúcares e grande quantidade de outras coisas, mas não muita uracila. Para contornar isso, Sutherland ignorou essa ideia preconcebida de procedimentos segregados lamacentos e decidiu começar misturando os ingredientes. Nessa técnica, chamada "química de sistemas", em vez de reunir as partes de uma molécula complexa uma após outra, e de purificar depois de cada passo, todos os ingredientes são misturados ao mesmo tempo. Isso, sob certos aspectos, lembra os experimentos realizados por Stanley Miller nos anos 1950, que produziam aminoácidos em abundância a partir de um estoque de ingredientes supostamente presentes nos primórdios da Terra. No entanto, trata-se de algo muitíssimo diferente, porque não se está apenas misturando ingredientes para ver o que emergirá. A produção de uracila dessa maneira é destinada a fazer exatamente isso, num ambiente que poderia ter estado presente. Não é comum que os cientistas usem uma palavra como "plausível" no título de um artigo, mas, no caso de Sutherland, ela é adequada a seu modelo: "Condições pré-bioticamente plausíveis." Desdenhei a ideia da sopa primordial no capítulo anterior, sob a alegação de que não é energeticamente plausível que um sistema vivo autossustentável pudesse surgir de um caldo químico. Isso de que falamos agora é diferente, porque se trata de um mecanismo para construir os elementos das coisas vivas, neste caso, a linguagem da genética.

A abordagem de Sutherland funciona – uracila se forma – e é resumida em seu comentário: "A complexidade está nos olhos de quem vê." Seu raciocínio é que isso deve ter acontecido no passado sem a assistência de um laboratório de química ou das maquinações da biologia. Esse novo caminho é ele próprio de grande importância, mas um tanto reservado para os "bitolados" da química. Ocorre que o condimento essencial que faltava era fosfato, o qual tinha o efeito de obstruir a produção de açúcar, mas promovendo a ligação dos dois anéis para formar uracila. Mas a abordagem diz algo de significativo sobre a conduta na ciência. O pensamento de Sutherland é bastante radical. Pela primeira vez, em lugar de pensar sobre as condições químicas da Terra primitiva e tentar imitá-las para fazer uracila, sua equipe imaginou uma maneira de sintetizar uracila, e depois postulou que essas condições provavelmente tinham sido o caldo químico a partir do qual o código se formara. Afinal, já sabemos o resultado na Terra primitiva: ele aconteceu, por mais difícil que nos pareça ser repeti-lo. A uracila e todos os elementos do código genético foram criados de alguma maneira e em algum lugar, e, se formos capazes de recriar isso, poderemos potencialmente saber mais do que sabíamos sobre como era a Terra primitiva.[12]

Nossas ideias preconcebidas sobre a dificuldade envolvida na criação não biológica de moléculas complexas foram contestadas também em 2008, quando uma equipe liderada por Zita Martins, no Imperial College

London, isolou uracila no meteorito Murchison. Essa rocha de cem quilos caiu em território australiano, em 1969, e foi sujeita a exame desde então, em especial por ser grande, o que significava que havia muito material com que trabalhar. Por ser também cheia de carbono, ela tinha interesse para os astrobiólogos, muitos dos quais sugerem que rochas extraterrestres podem ter trazido alguns, se não muitos, dos componentes químicos para a Terra. Sem dúvida outras bases e aminoácidos foram encontrados em meteoritos, e, dado o fluxo dessas grandes pedras vindas do espaço durante o bombardeio pesado tardio, esse pode ter sido um fornecimento. Seja como for, a presença de uracila fora da Terra mostra mais uma vez que sua síntese é perfeitamente possível, por mais que nos pareça complicado promovê-la.

É difícil superar os preconceitos das pessoas, mas não há lugar para dogma em ciência. Ao explicar seu novo caminho, Sutherland enfrentou críticas veementes por parte de químicos inflexíveis, que censuravam a formação simultânea dos ingredientes e insistiam na ideia tradicional de que a síntese deve ter sido gradativa e passo a passo, e não derivada de uma fermentação química. Hoje ele brinca dizendo que essa crítica é o modelo "Dem Dry Bones",* em que cada elemento é criado pronto para ser integrado a um todo: "'O osso do pé conectado ao osso da perna',** então, como a evolução produz um membro inferior? Conectando um pé pré-formado a uma perna, claro... 'Agora, ouça a palavra do Senhor!'"

Esses experimentos não resolvem a questão da emergência da linguagem universal da vida, mas revelam um caminho bastante plausível. A linguagem da vida é um assombroso exemplo de projeto natural. Ela não só tem a capacidade de codificar as maravilhas do mundo vivo, como incorpora uma zona de proteção natural, que estimula a evolução, mas não de maneira demasiado radical. Hoje temos uma compreensão de como

---

* Título de conhecida canção espiritual que fala da visita do profeta Ezequiel ao "Vale dos Ossos Secos" e da profecia de que os ossos voltarão a se encaixar, um a um, como está em Ezequiel 37. (N.T.)

** Trechos da letra dessa música: "The footbone connected to the leg bone" e "Now, hear the word of the Lord". (N.T.)

esse código surgiu. Há raízes críveis, a partir de substâncias químicas básicas, para as letras da língua; há moléculas simples de RNA que se comportam como genes e promovem sua própria replicação; e há razões para pensar que o DNA devia ser um dispositivo de armazenamento de dados melhor, e assim teria acabado por substituir o mundo de RNA, onde o código genético poderia plausivelmente ter se originado. A charada que está na origem do dogma central – DNA faz RNA faz proteína – é parcialmente solucionada pela capacidade heroica do RNA de fazer os serviços dos outros nessa equação, código e função. Com ribozimas, a mecânica da duplicação dos genes é levada a cabo pelo próprio RNA e não requer as proteínas que executam essa função vital (e todas as outras). Mas o problema mais vasto do ovo e da galinha permanece. A replicação em células, de Luca em diante, requer energia. Assim, de forma subjacente ao mundo de RNA, à transição para DNA e ao estabelecimento de células e da vida tal como a conhecemos, deve ter havido uma fonte de energia que poderia ser captada e manipulada para formar a base de todos os processos de sucção de energia de que as células precisam. E aqui nos encontramos em águas quentes, profundas.

6. Gênese

"Pensando bem, que coisa esquisita é a Vida! Tão diferente de tudo o mais, não é? Se é que você me entende."

P.G. WODEHOUSE, *Rallying Round Old George*

É UMA CARGA PESADA, mas você a transporta naturalmente. Você lê estas palavras com o peso acumulado das realizações da humanidade atrás de si. Apesar de toda a maravilha da genética e dos circuitos celulares que lhe permitem funcionar, acumulados ao longo de bilhões de iterações na linhagem ininterrupta das células, somos também uma espécie que é o produto de nossa cultura. Inventamos, compomos, negociamos, compartilhamos, aprendemos e criamos. Mas, o que é ainda mais importante, carregamos essas coisas conosco por meio de famílias, por meio de grupos e através de nossa espécie. A evolução cultural não está restrita à descendência de genes através de linhagens. Podemos aprender de qualquer outra pessoa e adquirir suas habilidades sem uma ligação genética. É uma prática intelectual proveitosa afimar que uma das coisas que os seres humanos fazem é o que nos define como espécie. Não foi a invenção de ferramentas que nos transformou de simples ancestral em seres humanos modernos, embora isso tenha sido parte do processo. Espécies humanas anteriores construíam ferramentas simples, cortadores de sílex ou toscas cabeças de machado. Muitos animais usam ferramentas também, desde as lontras, que utilizam pedras para quebrar mexilhões, até corvos, que manejam gravetos para remover uma gorda larva de inseto de um tronco. O importante não é fazermos coisas unicamente humanas, é o fato de continuarmos a fazê-las. Acima de tudo, os seres humanos *acumulam* cultura.

Você é a soma de suas partes e de sua espécie; genes foram transmitidos de pai para filho por gerações; cultura e ideias foram transmitidas de ser humano para ser humano em todos os sentidos. Isso deveria ser óbvio, assim como é evidente que não houve um momento que fez de você quem você é. Gostamos de fingir que há momentos decisivos, nos quais alguma coisa mudou de repente, em que um caráter ou um evento se forjou – Rosa Parks escolhe continuar sentada num ônibus, um estudante chinês anônimo desafia um tanque. Esses são momentos icônicos, mas eles não descrevem o fluxo da história. A vida – sua vida, qualquer vida – não se reduz a uma série de incidentes. Ela é o acúmulo de tudo que você experimenta.

O começo da vida também foi exatamente assim. A transição da química para a biologia foi o acúmulo das coisas que a vida faz – alimentar, copiar, reproduzir, e assim por diante. Em algum ponto na história da Terra havia apenas substâncias químicas, num momento posterior havia vida. A mais fascinante questão em ciência é como essa transição ocorreu.[1]

A reconstrução da vida de baixo para cima envolve muitos componentes, e a procura de uma resposta simples para um problema de imensa complexidade deve ser uma futilidade. A maneira como isso aconteceu da primeira vez e a maneira como acontecerá da segunda, e em vezes subsequentes, serão diferentes. Mas o desafio das iniciativas referentes à origem da vida é imitar a criação em situações plausíveis e críveis. Isso significa pensar não apenas sobre quais foram os processos que transformaram a química em biologia, mas também onde eles ocorreram.

De terras estranhas

Por que deveríamos ter um sistema tão conservador de biologia: um código, um mecanismo, um dogma central? Sabemos que provavelmente o RNA agiu como precursor para o sistema mais robusto hoje em vigor. Francis

Gênese

Crick especulou que a universalidade do DNA foi um "acidente congelado", um sistema que funcionou e ficou fixado no lugar, ao que parece para sempre, excluindo qualquer alternativa. Uma vez instalado, qualquer mudança seria letal para os portadores de um novo sistema vital, ou seria logo derrotada pela vida existente. Por que o código se fixou? A verdade é que não sabemos. Estudos suscitaram ideias de que isso não se deu por acidente, e que o código de quatro letras e o léxico de vinte aminoácidos estão otimamente equilibrados num ponto em que mutações positivas e deletérias permitem que a evolução ocorra com sucesso. Aparentemente, há uma explicação mais simples, pela qual Crick se deixou seduzir por um breve tempo. É esta: o código não evoluiu de maneira alguma. Ele foi entregue aqui, já funcional, mas congelado, vindo de algum outro lugar. Nesse caso, "outro lugar" significa o espaço.

Essa é uma das versões vagamente mais científicas de uma ideia sobre a origem da vida chamada "panspermia", segundo a qual a Terra foi semeada de coisas vivas em algum ponto remoto do passado, seguindo-se a evolução das espécies. Esqueça as imagens comuns de extraterrestres, beligerantes bípedes cinzentos de corpos compridos, finos, e cabeças bulbosas. Os extraterrestres descritos pelos defensores da panspermia seriam células simples, do tipo bacteriano, ou ainda mais simples, a mecânica da vida celular a ser utilizada pelo que quer que estivesse disponível no planeta arqueano. Transportadas em cometas ou meteoros, elas agiriam como as sementes da evolução, uma infecção a partir das estrelas. Uma vez entregues com sucesso, estavam livres para passar a evoluir por seleção natural.

Em 1973, Francis Crick publicou um artigo em coautoria com Leslie Orgel em que não apenas delineava a possibilidade de entrega extraterrestre de sementes da vida, como também afirmava que elas foram enviadas para cá deliberadamente, por seres inteligentes. Eles se sentiram atraídos por essa ideia – a panspermia dirigida – em grande parte por causa das inadequações das ideias existentes sobre a origem do código genético. Esse é um estudo estranhamente irônico, que contempla as limitações do voo espacial e especula com sábia presciência sobre a descoberta de planetas além do sistema solar. Na época, nada se sabia; no momento em que escrevo isto, já chegamos a quase mil planetas.[2]

Não é difícil ver o atrativo da panspermia, embora cientificamente ela não seja plausível nem crível. Mesmo hoje, nesta era de calma galáctica local, cerca de 30 mil escombros rochosos aportam em nosso planeta a cada ano, a maior parte sob a forma de poeira, desintegrada na atmosfera. Chuvas de meteoros podem ser vistas consumindo-se no momento certo do ano, como fazem as Perseidas, todo verão, no hemisfério norte. Temos conhecimento até de relocação interplanetária, pelo menos em minúsculas quantidades.[3]

Muito raramente um grande meteorito atinge a Terra, como ocorreu em Murchison, na Austrália, em 1969. De maneira ainda mais rara, felizmente, um meteorito de proporções colossais chega aqui, como em Chicxulub, 65 milhões de anos atrás. Essas rochas vêm do espaço, formadas quando rochas espaciais maiores batem uma na outra e lançam seus escombros numa trajetória de colisão com a Terra. Hoje eventos desse tipo são incomuns, em especial a queda de meteoros ricos em carbono, como aquele que caiu em Murchison, carregado de moléculas que sabemos serem essenciais para a vida na Terra. Mas o que conduziu às nossas melhores estimativas do momento em que Luca teria aportado na Terra foi a intensa e implacável atividade do bombardeio pesado tardio. Milhões de toneladas de rochas espaciais estavam sendo depositadas aqui durante um período de milhões de anos, numa extensão tal que uma pequena proporção do manto da Terra é feito de rochas interestelares. Potencialmente, teria sido necessária apenas a sobrevivência de uma única célula para semear tudo o que se seguiu.

Infelizmente, o poder de atração de uma ideia nada significa na ciência. São os dados que contam, e por isso é fácil lidar com a panspermia como explicação para a origem da vida na Terra. Simplesmente não há nenhuma evidência disso. Embora a hipótese seja atraente para a ficção científica, não temos nenhuma prova de que a vida tenha algum dia sobrevivido além da órbita da Lua, e isso apenas quando lá estivemos como turistas.

Isso não quer dizer que não exista vida além desse ponto azul-claro que chamamos de nosso planeta,[4] mas nunca a vimos. Nem nas afirma-

Gênese

ções de abduzidos por extraterrestres, nem nas bolinhas microscópicas presentes em rochas vindas de Marte,[5] nem na caçada digna de crédito empreendida pelo projeto Seti, o Search for Extra-Terrestrial Intelligence. A taxa em que descobrimos planetas semelhantes à Terra está crescendo vertiginosamente à medida que conseguimos vê-los melhor. Por enquanto, porém, estamos sós.

Sem dúvida vemos muitos dos ingredientes da vida no espaço. É importante lembrar que estamos no espaço, fomos formados no espaço e somos parte do sistema solar. Ignorar isso é negar o fato de que nossa existência é determinada pelo espaço em que a Terra existe. Muitas vezes, a imprensa relata uma nova descoberta relacionada à origem extraterrestre de partes constituintes do planeta. Em geral, esses estudos são jubilosamente apresentados como extraordinários. O que surpreende é que se desconheça a origem dessa parte constituinte até então, pois a chegada à Terra por meio de cometas ou meteoros nada tem de surpreendente em si mesma. Sabemos hoje que muitos ingredientes da vida, as partes componentes, estão presentes no espaço, inclusive aminoácidos e até, como foi debatido no capítulo anterior, elementos do código genético. Estas são descobertas científicas importantes, em especial para o estudo da origem da vida. Elas mostram que a química que produz moléculas biológicas ocorre fora da biologia. Isso significa que a síntese desses componentes não está limitada à Terra. E descreve um mecanismo de entrega pelo qual cometas ou meteoritos podem carregar esses componentes químicos e trazê-los potencialmente para nossa superfície.

De maneira contínua e não surpreendente (embora inconstante), a Terra foi o receptor de coisas que enchem nosso espaço local. Se traçarmos uma linha nítida entre "Terra" e "não Terra", os ingredientes que compõem nosso planeta vivo terão sido fabricados em um desses dois lugares. É uma surpresa que água, metano e outras substâncias químicas que figuram como elementos básicos em bioquímica tenham se originado fora da Terra?

A panspermia é sedutora porque parece uma explicação mais simples, que não requer a linha do tempo interrompida, incompleta, de que hoje dispomos. Na verdade, porém, ela não passa de um artifício. Se houvesse evidência da transferência de vida de outro lugar do Universo para a Terra, e não houvesse nenhuma outra explicação plausível, a panspermia poderia se justificar. Contudo, ela não resolve a questão de como a vida começou na Terra nem fornece nenhum apoio, na forma de evidências, para seu começo em qualquer outro lugar. A parcimônia impõe a noção de que essa poderia ser uma explicação mais simples que nossas bem incompletas alternativas. No entanto, ela está longe de ser a mais simples, porque não somente requer que a vida abunde, ou pelo menos exista, no Universo, como também que ela se baseie no DNA. Não possuímos nenhuma evidência que corrobore isso. De fato, há outras avenidas, melhores, que merecem ser exploradas; elas encerram seus próprios problemas, mas pelo menos são rotas científicas, passíveis de ser testadas uma e outra vez. Apelar para a vida extraterrestre como o entregador de um ovo cósmico não é necessário nem suficiente para explicar a origem da vida. Por enquanto, e ao longo do futuro previsível, a vida vinda de fora de nosso ponto azul-claro deve continuar no domínio da ficção.

Contenção

Todos os processos celulares, inclusive o modo de replicação da informação, são sustentados por um sistema que capta e usa energia – falaremos disso adiante. Antes, porém, há uma questão a ser tratada. As células são unidades discretas de vida, seja dentro de um organismo, seja vivendo independentemente, e assim sua informação e seu metabolismo devem ser mantidos separados do resto do Universo. Há, portanto, o problema da origem da membrana. A contenção das entranhas de uma célula é uma parte absoluta de sua existência, e é fácil pensar que a membrana da célula é apenas um recipiente, um mero balão em que as maquinações da vida estão contidas. Certamente, a contenção dos órgãos vitais de uma célula é essencial, pois tem o efeito de concentrar reações químicas que mantêm a vida. Mas as células existem como parte de um ambiente, e não separadas

Gênese

dele. A membrana da célula se assemelha mais a uma alfândega, uma interface que monitora e controla a importação e exportação de todos os bens e mensagens de que uma célula precisa. Essa imensa complexidade permite a uma célula individual existir em seu ambiente, ou com as outras células na criatura que é seu hospedeiro. Essa troca se dá na forma de uma rede complexíssima através da qual o tráfego flui constantemente, mesmo quando em repouso, e é regulado com cuidado por poros dotados de portões, bombas e canais que pontilham a superfície de uma célula como aquênios num morango.

As membranas celulares são feitas de moléculas gordurosas chamadas fosfolipídios. Elas se parecem com aqueles grampos fendidos usados para manter juntos maços de folhas de papel perfuradas: têm uma cabeça que atrai água e duas pernas que a repelem. Em Harvard, o trabalho de Jack Szostak está centrado no modo como a membrana celular se forma. Ele faz experimentos com moléculas simples, dotadas apenas de uma cauda, para ver como elas se comportam e como poderiam nos ajudar a compreender a formação das primeiras células por meio de comportamento auto-organizador. Quando Szostak mistura uma delicada combinação dessas moléculas gordurosas, elas fazem algo ao mesmo tempo notável e não notável: auto-organizam-se numa pequenina bolha, mais ou menos do tamanho de uma célula bacteriana, com $\frac{1}{100}$ de milímetro de largura. Isso é notável para nós porque elas se parecem um pouco com células que se formam espontaneamente a partir de substâncias químicas simples. E não é notável porque elas fazem isso porque podem.[6]

Os ácidos lipídicos têm uma cabeça bulbosa e cauda em zigue-zague, e isso lhes confere comportamento esquizofrênico. Os átomos na cabeça estão arranjados de tal modo que gostam de estar em contato com água. As caudas são exatamente o oposto, repelem água. Além disso, porém, as caudas atraem umas às outras. Assim, na solução correta, uma solução aquosa, elas se acotovelam em duas linhas organizadas, as caudas viradas para dentro, as cabeças na água. Na concentração certa, essa linha se expandirá em todas as direções e se conectará para formar uma esfera. A natureza dos ácidos lipídicos é tal que eles ficam quimicamente contentes quando organizados nesse tipo de membrana. Assim que isso acontece, passa a haver um interior e o resto das outras coisas.

As membranas celulares modernas são pontilhadas de bombas, canais, antenas e receptores para assegurar um contato saudável com o mundo extracelular. Há caixas de correspondência biológicas embutidas na membrana para receber sinais de input vindos das cercanias do corpo e do ambiente local, e âncoras robustas conectam células vizinhas para manter o tecido unido. Todas essas ferramentas das membranas mantêm uma ordem viva dentro da célula e do organismo. As membranas simples de Szostak estão a grande distância dessa interface altamente desenvolvida. Mas as primeiras células não teriam acesso a esse maquinário complexo. Parte do desafio de promover a auto-organização espontânea está em começar com moléculas simples e desenvolver comportamentos mais complexos de baixo para cima. Szostak chama suas criações de "protocélulas", e muitas das coisas que elas fazem se assemelham ao que as células fazem. Se forem alimentadas, crescem e se dividem. Elas absorvem espontaneamente moléculas genéticas, curtos fragmentos de coisas semelhantes a DNA. Quando o fazem, essa absorção desencadeia crescimento e fissão. Se forem aquecidas e esfriadas, elas não só sobrevivem intactas, mas o DNA em seu interior sofre um tipo de replicação que pode estimular crescimento e divisão do todo.

Julga-se que não devia ser difícil encontrar essas moléculas de fosfolipídio com cabeça de bolinha na Terra primitiva, não porque tenhamos vestígios delas, mas porque podem ser feitas facilmente com diferentes receitas. Uma das mais impressionantes consiste em experimentos que fulminaram fragmentos congelados semelhantes à composição de cometas com luz ultravioleta para imitar uma forja interestelar. Mas elas foram encontradas também em meteoritos, e feitas com reações muito mais limitadas à Terra. No que diz respeito aos ingredientes, há ampla suficiência, e elas constituem um bom candidato a primeira membrana. Mas, como a origem da vida está na transição da química para a biologia, essas membranas prototípicas precisam adquirir complexidade a partir de sua origem simples, auto-organizadora.

Gênese

As membranas das células modernas precisam ser sofisticadas para evitar infiltração. Um fluxo livre de imigração para uma célula pode causar toda espécie de perturbação e agitação; de maneira semelhante, deixar que seus mais valiosos segredos e bens se derramem é perigoso. Assim, os postos de pesagem alfandegários da membrana moderna presidem a uma cuidadosa coordenação que expelirá algumas moléculas (para transportar mensagens ou como dejetos) e deixará que as moléculas certas entrem. Não basta dizer que o sistema complexo que vemos agora é melhor que aquele que o precedeu. Para revelar a real transição, é preciso mostrar por que um é preferível ao outro. Na evolução, as coisas nunca estão congeladas e raramente são acidentais. Sendo assim, por que um sistema complexo suplantaria outro mais simples? Itay Budin e Jack Szostak perguntaram isso experimentalmente às suas protocélulas. A resposta parece vir daquele que é o mais darwiniano dos conceitos: a competição.

Para que a seleção natural se manifeste, é necessário haver variação. Se todos fossem iguais, não só tudo seria muito enfadonho, como também não haveria nenhuma base potencial para a vantagem. O que essa variedade lhe permite é levar a melhor sobre seus irmãos, se você tiver a sorte de exibir uma vantagem competitiva. Poderia ser a luz do Sol, ou alimento, ou um parceiro, mas sem competição não há mudança. Embora Darwin não tenha estudado a origem da vida, exceto para especular ociosamente a respeito, vemos, e não pela primeira vez, um processo darwiniano em ação em experimentos que com toda a certeza são anteriores à vida. Portanto, a variação acrescentada à mistura estável de protocélulas simples no experimento de Budin e Szostak foi a adição de minúsculas quantidades de fosfolipídios complexos mais parecidos com aqueles presentes em células modernas. Eles se aninham na membrana e se acomodam muito confortavelmente perto de seus colegas de cauda única. Mas essas protocélulas crescem até ficar ⅓ maiores que suas irmãs simples. Assim, uma célula que adquiriu a capacidade de fazer esses fosfolipídios ficaria imediatamente maior que outra que não a possuísse. Além disso, o tamanho maior estimula a divisão da protocélula.

Os experimentos de Szostak, como ele próprio admite, estão muito longe de replicar a formação espontânea de algo tão sofisticado como a membrana celular contemporânea. Há toda sorte de restrições à hipótese de que isso é a recriação do que aconteceu da primeira vez. Os fosfolipídios precisam ser feitos de alguma maneira, pois não são abundantes nem na terra nem no céu da mesma maneira que seus primos de cauda única. Isso requer ao menos a forma mais básica de metabolismo, a qual, numa bioquímica primitiva, poderia, especulativamente, ser fornecida por mecanismos até agora não descobertos. Além disso, as células vencedoras, com suas modernas membranas de fosfolipídios, perdem a capacidade de deixar moléculas entrarem e saírem à vontade. De modo que isso exige a emergência dos canais e poros que fazem da membrana celular moderna uma alfândega, e não um simples porto. As protocélulas são espectros de células e fazem coisas semelhantes às feitas pelas células. A simplicidade de sua formação é um grande alívio para aqueles que acham muito problemática a emergência espontânea de todas as facetas da vida celular. A contenção de processos vivos é necessária, mas não suficiente para permitir a vida tal como a conhecemos, embora esses experimentos sugiram um caminho. Apesar disso, a formação espontânea de protocélulas numa placa é um passo simples, embora significativo, na recriação da gênese.

As protocélulas também imitam a divisão celular. Nos seres humanos, o processo de divisão de uma célula é uma manobra extremamente organizada e ativa, que requer energia metabólica. Além de ter de ser copiado, o DNA deve ser arranjado para a divisão física, e a membrana precisa crescer o suficiente para fazer duas células a partir de uma. As células modernas têm uma rede de hastes internas e um andaime que ajudam a pôr tudo no lugar certo a fim de que a divisão ocorra de maneira uniforme. No início da vida celular, presumivelmente, não havia nenhuma arquitetura como essa. O trabalho de Szostak também demonstra que propriedades físicas forçam a divisão celular, algo tão simples quanto espremer as protocélulas através de um filtro. Assim, mais uma vez, como no caso dos experimentos mostrando como as ribozimas poderiam ter sido o código original, a formação da membrana celular tornou-se muito menos misteriosa graças a esses experimentos, que provam que algo sofisticado pode ter emergido espontaneamente de algo mais simples.

Águas quentes, profundas

Em células vivas, DNA e membranas – a informação e o invólucro que sustentam a grande descendência da vida –, tudo isso requer energia. A emergência de membranas e do código pode ocorrer numa variedade de locais, caso haja as condições e os ingredientes corretos, mas, se aceitarmos que, por sob essas químicas, a vida é um processo de captação de energia do ambiente, exige-se um mundo real muito diferente como seu cenário.

Numa bancada cinzenta no primeiro andar de um prédio em que Charles Darwin viveu outrora, vê-se um frasco de vidro. Ele tem mais ou menos o tamanho necessário para conter uma cabeça humana. Está empoleirado sobre um tripé de pernas muito abertas, e há um tubo de borracha isolado com uma folha de estanho conectado à sua base. Aqui, água quase fervente entra rapidamente. Do outro lado do frasco, água fria entra através de dois bicos de vidro. A pesada tampa de vidro é mantida no lugar com pinos e uma grossa vedação de borracha.

Isso é um biorreator. A palavra pode soar impressionante, mas ele é mesmo muito antiquado, como algo desenhado por Heath Robinson.* O próprio laboratório, no apropriadamente chamado Darwin Building, em Gower Street, no centro de Londres, tem uma legião de biólogos evolutivos do University College London e é uma típica e ativa colmeia de biologia molecular, com centrífugas de bancada, misturadores, máquinas e incontáveis tubos minúsculos de líquidos incolores. O frasco do biorreator fica sobre seu tripé, com fios, tubos e folha de estanho, o que o faz parecer um tanto deslocado em meio ao elegante ambiente hi-tech.

O toque mágico é o que está dentro do frasco. Algo mais ou menos do tamanho de um queijo azul Stilton inteiro, um bloco que parece pedra cinzenta. Na verdade, trata-se de uma cerâmica cuidadosamente projetada para espelhar os crescimentos minerais que se projetam fora de um tipo recém-descoberto de fonte hidrotermal submarina. Ela parece

---

* Artista inglês que desenhava máquinas estranhas e complicadas que faziam coisas simples. (N.T.)

algo entre uma esponja e uma pedra-pomes. Na verdade, Nick Lane, do University College London, que projetou esse equipamento, experimentou ambas, ao tentar gerar o fluxo certo em torno do material. Ao cozer esse bloco de sofisticada espuma de cerâmica, as bolhas e os poros foram delicadamente controlados para criar exatamente as condições certas que imitassem as borbulhantes fontes submarinas que, segundo Lane acredita, são os melhores candidatos para o local de surgimento da vida.

O nome *"vent"*, dado aos crescimentos minerais que se projetam sobre essas fontes, sugere as chaminés verticais vistas nas arrebatadoras imagens das torres instáveis da Cidade Perdida nas profundezas do maciço Atlantis, a meio caminho entre as ilhas Canárias e as Bermudas. Imagens e descrições dessa metrópole submarina foram publicadas pela primeira vez no início do século XXI, um novo tipo de campo hidrotermal no leito do mar, fervilhando com a energia de reações entre as rochas do manto e a água do mar. E, apesar do calor de até 90° e de águas extremamente alcalinas, essas torres são cheias de vida, a tal ponto que a eminente cientista Deborah Kelly, da Universidade de Washington, em Seattle, disse à revista *Nature*, em 2001: "Não se consegue nem ver as rochas, tal a quantidade de bactérias."

São esses *vents*, ou chaminés, sempre cambiantes, por força da contínua efervescência da Terra ativa sob elas, que a cerâmica de Nick Lane está modelando. As chaminés emergem do solo do mar quando as placas da Terra se deslocam e se fendem, revelando nova rocha virgem quente puxada do manto. Uma vez expostas, elas reagem com a água do mar, separando-a em oxigênio e hidrogênio, e grande número de outros gases igualmente repletos de potencial energético, ávidos por reagir. Ao fazê-lo, esses gases infiltram-se através das rochas, perfurando nelas uma estrutura alveolar, à medida que elas se resfriam na água do mar circundante, num processo chamado serpentinização. É nessas pequeninas incubadoras que Nick Lane, Bill Martin, Mike Russell (no Jet Propulsion Laboratory da Nasa no California Institute of Technology, Caltech) e meia dezena de outros cientistas acham que os primeiros processos vitais ocorreram, antes do RNA, do DNA e das membranas celulares. No laboratório, o fluxo de água e gases em torno da cerâmica porosa não se dá apenas de baixo para cima, mas

Gênese

circulando continuamente para dentro e para fora de minúsculos poros, exatamente como na Cidade Perdida.

A "moeda energética" de uma célula moderna apresenta-se sob a forma de uma molécula chamada ATP, que está constantemente sendo feita e reciclada, pois contém em suas ligações químicas a energia que as células podem utilizar, a tal ponto que a cada dia você fará e usará seu próprio peso corporal em ATP. O processo pelo qual isso acontece é um complexo ciclo metabólico que se baseia na existência de um gradiente de átomos de hidrogênio eletricamente carregados (prótons) através de uma membrana, mantendo-se um desequilíbrio. Em nossas células, essa geração de energia ocorre nas mitocôndrias – as casas de força da vida complexa – e em bactérias e arqueias, em membranas dentro de suas paredes celulares. Proteínas especiais nessas membranas agem como turbinas, e o fluxo de prótons através dessas turbinas resulta na geração de energia, a qual é armazenada na ATP, que é usada para energizar todos os processos da célula. Esse ciclo é tão fundamental para tantos processos vitais que parece um bom candidato a metabolismo mais elementar da vida, e portanto a um sistema subjacente a toda vida. Ele depende simplesmente de haver mais prótons de um lado da membrana que de outro – um gradiente.

Foi por isso que Mike Russell propôs a ideia de que as fontes hidrotermais da Cidade Perdida oferecem um modelo para a incubadora da primeira vida. Em razão das qualidades precisas das substâncias químicas que borbulham das reações entre as rochas e o mar, elas formam gradientes naturais de prótons nos redemoinhos em volta das rochas alveolares. Em nossas células, esse gradiente de prótons é mantido por nossa bioquímica, e é a manutenção desse desequilíbrio que nos impede de resvalar rumo à deterioração.

O importante não é o calor dos *vents*: não usamos calor para gerar nossa energia, nem um raio de luz, como no experimento de Stanley Miller. Então, por que a primeira vida o faria? As células captam energia química sob muitas formas, com caminhos metabólicos quase inescrutáveis, mas tendo em seu cerne ATP produzida pelo fluxo de um gradiente de prótons.

Esses sistemas estão longe do equilíbrio, e, tal como a vida, são uma contínua restrição ao crescimento de entropia.

Em certo sentido, as fontes borbulhantes são uma mistura dos ingredientes certos, de tal maneira que a biologia pode emergir da química. Mas isso está longe da geração espontânea numa sopa primordial. Nas fontes, são os gases em circulação que mantêm o desequilíbrio termodinâmico. Especificamente, prótons fluem em torno dos bolsos nas rochas para ser concentrados no interior alcalino, longe do mar ácido. Assim, lá no fundo do oceano Atlântico, há um biorreator borbulhante com um desequilíbrio termodinâmico de prótons em fluxo, impedindo o equilíbrio. As pepitas de metal que pontilham as rochas catalisam todo o processo, e as células vazias da rocha porosa concentram os ingredientes nessa mistura que nunca repousa.

As fontes quentes são bem adequadas para ser o local da origem da vida, e o biorreator de Nick Lane é um dos pouquíssimos experimentos a testar essa ideia. Ele está em curso, e no momento em que escrevo os resultados são desconhecidos. Se for bem-sucedido, Lane espera ver emergir reações e substâncias químicas semelhantes ou iguais às que vemos em biologia. Isso poderia sugerir um lugar para o nascimento de Luca.

Bill Martin leva o modelo ainda mais longe. Para ele, Luca não era de maneira alguma uma célula de vida independente.[7] Mesmo com uma rede densa entre as células isoladas que povoaram a Terra por 2 bilhões de anos, Luca ainda figura como um ancestral comum tanto de arqueias quanto de bactérias. Na versão de Martin, Luca foi um caldo de atividade, mas não uma célula independente, como poderíamos supor. As origens da vida não ocorreram dentro de uma célula limitada por uma membrana. Na verdade, o último ancestral comum dos dois mais antigos domínios da vida estava trancado dentro da casca rochosa das chaminés subaquáticas alcalinas. Ali, concentrada e protegida, mas alimentada e com um constante suprimento de átomos carregados, reside a transição da química para a bioquímica, e depois para a vida. A cisão evolutiva que arranca arqueias das bactérias ocorre depois que o mundo do RNA deu lugar ao DNA, mas antes que as moléculas gordurosas se arranjassem de modo a formar a membrana da célula. Elas têm o mesmo código genético e ambas dependem de ribossomos como fábricas de proteínas. Nesses dois aspectos, elas são mais parecidas entre si do que com nossas células. Contudo, nas arqueias, as ferramentas para escrever e copiar RNA – uma proteína chamada RNA polimerase – são mais parecidas com as nossas do que com as das bactérias. A casca mais externa das arqueias, a parede da célula, é diferente da parede celular bacteriana típica, e a membrana é radicalmente diversa de qualquer outra coisa. Essas diferenças estão presentes em espécies contemporâneas, mas são fundamentais o bastante para ter raízes que vão abaixo da base do nódulo da árvore da vida. Segundo Martin, a primeira vida não foi abrigada em membranas, mas em rocha.

O modelo de Martin começa com hidrogênio, amoníaco e sulfeto de hidrogênio borbulhantes, espumando em volta dos poros numa rocha serpentinizada. Esses bolsos mais parecem as câmaras de cortiça vazias que Robert Hooke viu com seu microscópio bem no início desta jornada – não células tal como as conhecemos, mas células como as cavidades alveolares de uma colmeia. O mar ácido e o interior alcalino fornecem um gradiente de prótons natural para o fluxo de energia que dá início a uma forma básica de metabolismo, e ele é contínuo enquanto a chaminé estiver ativa. Reações bioquímicas simples que observamos em células modernas passam a ocorrer nessa mistura energética, e começamos a ver aminoácidos forjados nesse tumulto. Em seguida vêm outras biomoléculas fundamentais, como açúcares, purina e anéis de pirimidina, e outras que vemos em ciclos metabólicos. A purina e a pirimidina passam a se fundir, tornando-se bases – letras de código genético, talvez como nas sínteses de John Sutherland. Quando essas letras se associam, o mundo do RNA pode ter início, só para afinal ser substituído pelo DNA, com seu processo superior de armazenamento de dados. Mas tudo isso ainda está aprisionado nos labirintos tortuosos da rocha, os poros que concentram a ação bioquímica, e não na diluição da poça morna de um caldo. Esse reator fechado é o último ancestral comum de todos os seres vivos, restrito à rocha, por enquanto, mas logo adquirindo a pele que lhe permitirá se libertar.

É aqui que ocorre o primeiro grande cisma da vida. Dois conjuntos de moléculas desenvolvem-se para forrar o interior de câmaras rochosas separadas que contêm essa bioquímica transbordante. Um conduzirá às bactérias; o outro, a todos os demais seres vivos. A bioquímica que se desenvolveu nessas células é compartilhada, mas de agora em diante, à medida que desenvolvem novos poderes, eles constroem diferentes tipos de membrana onde se abrigar, e novas maneiras de manter a diferença energética entre exterior e interior. Ali, colada ao lado de uma rocha cheia de gás, no fundo do mar antigo, a vida celular tem início.

Essa é uma ideia. É a plausível descrição que Bill Martin propõe para o modo como teria ocorrido a gênese, com base no que sabemos sobre a vida simples, a química e a geologia das chaminés em fontes hidrotermais. É impossível impor uma escala de tempo a essa transição. Grosso modo, temos uma janela de várias centenas de milhões de anos, algum momento entre o bombardeio pesado tardio que socou a Terra e as células fósseis que podemos ver atualmente, com cerca de 3,6 bilhões de anos de idade. Chaminés modernas alcalinas são bastante estáveis, mas raras. É possível que tenham abundado nos solos marinhos da caprichosa Terra jovem. Reações químicas não tendem a ser muito lentas. Conceder 1 milhão de anos para que duas coisas reajam lhes dá ampla oportunidade para não o fazer, para elas serem destruídas. Mas essa escala de tempo fornece a oportunidade para que o experimento ocorra bilhões de vezes, repetindo-se muitas e muitas vezes em bilhões de poros, com infinitas variáveis testadas reiteradamente. Essa é uma conspiração do acaso possibilitada pelos simples números em oferta. Isso só precisa ter funcionado uma vez, o grande prêmio da loteria química.

Não podemos repetir a escala de tempo nem podemos experimentar nas próprias chaminés. Mas podemos modelá-las. É por isso que o humilde biorreator de Nick Lane é um experimento tão importante. Trata-se, também, de um experimento no mais puro sentido da palavra, pois Lane não sabe mesmo o que vai resultar dele. Os poros foram semeados com sulfeto de ferro, pirita, um catalisador que está presente nas chaminés e pode acelerar a transdução de energia que é o início do metabolismo. Assim como nas chaminés, prótons brotam da base e circulam através dos poros labirínticos. Cada um dos muitos processos biológicos diferentes está sendo testado indi-

Gênese

vidualmente, e os produtos são examinados. Lane está procurando os traços característicos das moléculas biológicas – as bases de RNA e suas partes componentes, aminoácidos que compõem proteínas e moléculas que provêm de metabolismo consumidor de energia. O objetivo disso é encontrar indícios de biologia construída sem enzimas. No momento em que escrevo, essa simulação está apenas no começo. A chave para o experimento é ele estar todo longe do equilíbrio, tal como a vida e tal como as chaminés. Ele não produzirá células, mas talvez venha a gerar, espontaneamente, traços característicos da química subjacente a todos os processos vivos.

Ainda que seja difícil defini-la, certamente sabemos o que é vida quando a vemos. Vida é física, química e biologia. Isso torna as tentativas de recriar suas origens uma ciência do renascimento. E também a torna contenciosa, porque diferentes especialistas se aproximarão do ângulo que mais faz sentido para eles. A busca de reconstruir a vida consiste em compreender todas as coisas que ela faz e recriá-las individualmente, a princípio, depois alinhá-las aos poucos e fundi-las. Muitas das peças estão sendo forjadas, todas com características diferentes, mas vitais: energia, informação, reprodução, metabolismo, evolução.

A jornada de química simples para química mais complexa e para bioquímica, da informação simples para a genética profunda e incompreensivelmente sofisticada, de simples bolhas de sabão para alfândegas dinâmicas de membranas, pode parecer improvável. Certa vez, o astrônomo e escritor Fred Hoyle descreveu assim a improbabilidade de animação na química: "A chance de que formas de vida mais elevadas poderiam ter emergido dessa maneira é comparável à probabilidade de que um tornado que varresse um ferro-velho pudesse montar um Boeing 747 a partir dos materiais ali atirados." Ele continua, em termos tipicamente bombásticos, dizendo que isso é "um completo absurdo". Ao escrever seu livro *Evolution from Space*, ele calculou a probabilidade do surgimento espontâneo das proteínas de uma célula viva extremamente básica e chegou ao número zero seguido por 40 mil zeros.[8] Hoyle, que acreditava na panspermia, usou esse cálculo para contestar a ideia de que a origem da vida tenha sido a transição da química para a biologia nos limites da Terra. Esse é um argumento falacioso e que foi refutado muitas vezes. Os erros de Hoyle incluem a suposição de que as proteínas modernas foram as primeiras a existir. Ele dá por certo que a tentativa de construir uma célula funcional foi sequencial, e não simultânea. Talvez ele estivesse contemplando os vinte aminoácidos que emergiram da borra da famosa fermentação de Stanley Miller, todos presentes e corretos, prontos para se encaixar numa entidade funcional, viva.

Mas, nos trabalhos de Jerry Joyce, Jack Szostak, John Sutherland, Nick Lane, Mike Russell, Bill Martin e outros, vemos agora que propriedades emergentes nada têm de improváveis, e são muito menos misteriosas do que pensamos outrora. As condições da Terra-bebê, testadas em laboratório, tornam a autocriação inevitável.

Vemos RNA cuja origem é sequência aleatória desempenhando os papéis de enzimas e genes primordiais. Vemos bolsas semelhantes a células sendo geradas por nada mais que forças atômicas. Realizamos experimentos para observar as marcas características do metabolismo emergirem da efervescência da química inanimada. À medida que avançamos para um modelo cada vez mais robusto de gênese, os mistérios da criação, outrora preenchidos por divindades, inevitavelmente dão lugar à ciência. Pelo menos no laboratório, vemos um prenúncio do processo que impeliu a difusão da vida durante 4 bilhões de anos. As ribozimas passam por uma forma de seleção darwiniana, assim como a transição de membranas simples para complexas. Isso não quer dizer que Darwin tivesse um miraculoso e presciente conhecimento da química de cem anos após sua morte. Mas acontece que o processo de seleção natural que descreveu pela primeira vez é mais poderoso do que ele mesmo teria imaginado. E "enquanto este planeta vem girando segundo a lei fixa da gravidade", como ele escreveu, aconteceu uma transição, impelida pelo poder de um processo que iria um dia conduzir diretamente a você. Enquanto continuamos a explorar o mundo da célula, estamos a ponto de ver o início dessa grande jornada da vida na Terra, o único planeta vivo de que temos conhecimento. E como foram humildes esses começos. Cada contração muscular, cada respiração, cada pensamento, emoção e sensação que você já teve algum dia, até o sobressalto de dor ao sofrer um corte insignificante, começou sua jornada numa câmara microscópica no fundo do mar, 4 milhões de milênios atrás.

Notas

1. Gerado, não criado (p.17-33)

1. Digo "pensamos" porque ele também descreve ter visto *glóbulos* no leite, e estes provavelmente eram gotas de gordura suspensas.
2. Por exemplo, Aristóteles declara que alguns peixes não são nem machos nem fêmeas, e estes são propensos à geração espontânea, diferentemente de seus confrades sexuados. Hoje sabemos que todos os peixes são animais sexuados, a tal ponto que muitos, como os peixes-palhaços e os labros, podem trocar de sexo quando seu ambiente o exige.
3. A noção de que os lemingues são suicidas é igualmente fantástica, um mito derivado de imagens de migração em massa, provavelmente arranjadas de maneira artificial, no filme *O inferno branco*, produzido pela Disney em 1958.
4. Como todo biólogo que trabalhou com eles sabe, a gestação do camundongo doméstico comum dura de fato em torno de três semanas. Mais importante aqui, porém, é o simples fato de os camundongos serem sorrateiros, pequenos e famintos: onde houver cereal, você os encontrará.
5. Robert Brown é mais famoso pelo movimento browniano, que descreve a trajetória microscópica aleatória que partículas em gás ou solução fazem quando bombardeadas por átomos de moléculas.
6. Embora Brown certamente o tenha batizado, o prêmio pela primeira observação do núcleo vai, mais uma vez, para nosso amigo holandês Antonie van Leuwenhoek. Numa carta a Robert Hooke datada de 1862, ele descreve corpos menores dentro das células vermelhas do sangue de um peixe. Trata-se, sem dúvida, de uma descrição incompleta, que nada sugere da importância subsequente do núcleo, mas um editor anônimo moderno na Royal Society, onde essas cartas estão guardadas, rabiscou na margem: "Descoberta do núcleo celular."
7. Observe-se que Virchow não era um mau sujeito, ainda que esta pareça a ação de um rato traiçoeiro. Ao longo de sua carreira, ele exerceu intensa atividade política, combateu a injustiça social e lutou pela reforma cívica na Alemanha e na Prússia com grande sucesso. Segundo uma história, suas ideias liberais irritaram a tal ponto o primeiro-ministro Otto von Bismarck que ele desafiou Virchow para um duelo. Na condição de desafiado, Virchow teve o direito de escolher as armas. Ele escolheu salsichas, uma cozida e a outra cheia de lombrigas. Bismarck, o Chanceler de Ferro, que tinha medo de salsichas, recuou.
8. Para provar de maneira mais taxativa sua ideia de que os contaminantes estavam no ar, ele repetiu isso em diferentes lugares, algumas vezes em salas empoeiradas,

outras na relativa esterilidade de oitocentos metros de altitude em Mont Blanc. Os resultados foram invariáveis: ar limpo, nenhuma proliferação.

9. Darwin foi finalmente instigado a publicar por outro biólogo explorador, Alfred Russell Wallace, que chegou efetivamente à mesma ideia, e escreveu um livro descrevendo-a. Darwin, um verdadeiro cavalheiro, sugeriu que ambos divulgassem sua ideia ao mesmo tempo.

10. Graças ao fato de que Darwin era um anotador escrupuloso, tendo registrado praticamente tudo o que viu e fez, sua importante vida foi documentada em meticulosos detalhes. Está em curso um gigantesco projeto para digitar tudo que ele escreveu, garatujou, anotou e rabiscou, e publicá-lo eletronicamente em The Complete Work of Charles Darwin Online. Ali você pode ler sobre tudo, de seu experimento, no qual tocava fagote para as minhocas, passando pelo escorregador de madeira que ele construiu para a escada central em Down House para divertir seus muitos filhos. Em decorrência do fato que ele propôs o que talvez tenha sido uma das melhores ideias que alguém já teve, o corpus da literatura sobre a evolução é merecidamente imenso e maravilhoso.

11. Ao longo dos anos, a ideia de Darwin realmente perturbou muita gente, apesar de ser, por todas as razões, e de maneira vigorosa, evidente, demonstrável e experimentalmente verdadeira. A oposição a essa argumentação radical, mas completa, foi imediata e franca, mas assim também foi o apoio. "Que enorme estupidez não ter pensado nisso", disse Thomas Huxley, o mais pugnaz dos defensores contemporâneos de Darwin. É um sentimento lisonjeiro, mas ele mascara o meticuloso detalhe e o volume de trabalho que Darwin pôs em sua obra. Inversamente, a teoria celular parece não ter perturbado absolutamente ninguém. Ela foi observada, refinada e depois simplesmente permaneceu verdadeira. As leis da seleção natural, as leis da genética e o funcionamento do DNA (que serão abordados em breve) são ensinados, apropriadamente, como pedras angulares absolutas da biologia. Mas os princípios da teoria celular são apenas admitidos e considerados corretos. É um lapso estranho, mas do qual suponho que não deveríamos nos queixar.

2. Rumo ao uno (p.34-58)

1. Inversamente, embora Mendel mais tarde tenha se tornado abade, a história não registra quanto ele foi bom como monge.

2. Mendel realizou seus experimentos fundamentais num período de sete anos, entre 1856 e 1863, e em 1866 publicou-os numa revista paroquial de pouca importância, *Proceedings of the Natural History Society in Brünn*. Estudiosos mendelianos descobriram que 115 cópias do artigo foram distribuídas, e muitos escritores descreveram como uma delas chegou às mãos do próprio Darwin, tendo sido encontrada em sua biblioteca após sua morte, em 1882. Mas, ó, a grande decepção em meio a tudo isso! As páginas desse manuscrito não haviam sido cortadas. Darwin nunca

Notas

sequer o abriu. Imagine a fusão dessas grandes ideias, os dois grandes gênios biológicos finalmente unindo seus trabalhos numa única lei abrangente, o modo e o mecanismo da herança... Lamentavelmente, toda essa história é um mito do tipo "e se...?". Não havia nenhuma cópia do artigo de Mendel na biblioteca de Darwin, aberta ou não. De fato, segundo os guardiões de sua biblioteca, Darwin não tinha absolutamente nenhuma obra publicada da autoria de Mendel em sua vasta coleção. Não se sabe de onde veio essa encantadora ficção.

3. Embora tendamos a pensar no DNA como a elegante dupla-hélice em ação dentro das células, ele é muito dinâmico, constantemente mudando de posição, torcendo-se, dividindo-se, dobrando-se e remodelando-se à medida que executa sua miríade de tarefas. Quando extraído em laboratórios para experimento, o DNA parece um muco pálido, fibroso.

4. A biologia está cheia de restrições e exceções, e nesse caso a exceção é bem importante. Durante o processo de produção de espermatozoides ou óvulos, ocorre uma forma ligeiramente diferente de divisão celular, chamada meiose. Esta resulta em células com metade do material genético total. Há um retorno ao complemento completo quando espermatozoide e óvulo se encontram na concepção.

5. Quando isso foi descoberto, nos anos 1960, a expressão "junk DNA", ou "DNA lixo", foi introduzida para indicar sua redundância. Hoje, porém, está claro que grande parte dele está longe de ser lixo; trata-se apenas de pedaços de DNA que não são genes, e atualmente continuam inexplorados.

6. Aquela sequência, do gene retinal Chx10, dobra-se na forma de um cabo que se fixa em curtas extensões únicas de DNA e instrui a célula a ativar outro gene, mais ou menos como se usa uma palavra num índice para encontrar uma frase em particular.

7. Num mundo que começou a rejeitar o dogma durante o Iluminismo, talvez seja uma pena que esse processo crucial para todas as coisas vivas seja chamado assim. Foi Francis Crick quem denominou isso "dogma", e anos mais tarde lamentou que o sentido que quisera emprestar a essa palavra talvez não fosse o mesmo que todos os demais lhe conferiam. Ao longo dos anos, como ocorre com todas as regras e leis na ciência, ele foi refinado e modificado, de modo que, embora permaneça absolutamente verdadeiro, não é tão dogmático quanto seu apelido sugere. Seja como for, é assim que é chamado.

8. As convenções de nomenclatura que determinam se uma molécula quiral é esquerda ou direita são obscuras e não muito úteis. Em geral, os aminoácidos que ocorrem naturalmente são chamados L-aminoácidos, e eles fazem proteínas canhotas.

9. Pasteur era francês e, portanto, imagino, muito interessado em vinho. Na verdade, ele desenvolveu a técnica que leva seu nome – pasteurização – para esterilizar não apenas leite, mas vinho também.

10. Há um website dedicado a denunciar ilustrações de DNA cuja espiral está no sentido errado, o "Left-Handed DNA Hall of Shame", no qual lamento dizer que sou

citado, juntamente com a maioria das principais revistas e websites de ciência, para não mencionar jornais e muitos, muitos anúncios e filmes. Há uma organização cujo logotipo estampa o parafuso esquerdo alienígena: a Astrobiology Society of Britain. Ela reúne os pesquisadores cujo trabalho diz respeito à existência de vida no resto do Universo. Não se sabe se esse foi um erro de desenho ou um jogo deliberado com o fato de que eles estão fundamentalmente interessados em biologia sobrenatural. A meu ver, isso é bastante engenhoso.

11. Não são apenas os ossos fossilizados que nos contam o nosso passado. Os rastros fósseis são também decisivos. As pegadas indicativas de postura ereta impressas em cinzas macias 3,4 milhões de anos atrás em Laetoli, na Tanzânia, pelo *Australopithecus afarensis*, são evidências assombrosas de nosso singular modo de andar, mas a verdade é que não sabemos, de fato, se esses povos simiescos foram nossos ancestrais diretos. O registro fóssil para a evolução humana é terrivelmente irregular.

12. Um gene chamado Pax6, com o qual já trabalhei, é um belo exemplo. Em seres humanos, esse gene codifica uma proteína que tem o papel de ditar que uma área do cérebro em desenvolvimento irá amadurecer como olhos. Ele desempenha a mesma tarefa em camundongos e peixes-zebras, cujas versões de Pax6 diferem por apenas quatro, entre cem aminoácidos, apesar de só terem um ancestral comum por volta de 400 milhões de anos atrás. A conservação é tal que, na amada drosófila dos pesquisadores genéticos, Pax6 também especifica onde um olho se desenvolverá, muito embora se trate de um olho de mosca, não de mamífero

13. Foi precisamente esse comportamento que permitiu aos chamados supermicróbios tornarem-se um problema tão infeccioso em hospitais. Alguns anos depois da introdução da penicilina, na década de 1940, foi descrita uma cepa não detectada anteriormente da bactéria *Staphylococcus aureus* que era resistente ao antibiótico. Isso significa que, na presença da droga de outro modo letal, apareceu uma mutação aleatória numa bactéria que tornou a penicilina ineficaz. Como bactérias reproduzem-se com alarmante rapidez, logo esse micróbio imune à penicilina havia se disseminado. Diante disso, inventamos a meticilina, outro antibiótico que ainda se provaria letal para os micróbios resistentes à penicilina. Sabe o que aconteceu? Alguns anos depois foram encontrados *Staphylococcus aureus* resistentes à metacilina (Sarm). A evolução proporcionou o mecanismo para a sobrevivência, e bactérias o utilizam com tenaz vigor. Depois de desenvolver aleatoriamente resistência a um antibiótico, uma bactéria fica muito contente em compartilhá-la não só com suas descendentes, mas com suas vizinhas. Elas estendem uma tênue ponte, um *pilus*, que reúne duas bactérias, e, através de um minúsculo poro, seções de DNA podem ser transferidas de doadora para receptora. Isso acelera enormemente a difusão de um traço vantajoso. Significa que uma população não precisa esperar necessariamente que uma mutação resistente aleatória surja e seja transmitida de mãe para cria. É possível que a resistência já esteja disponível, não utilizada, e é distribuída por toda a população assim que ela

Notas   125

é exposta ao antibiótico. Essa é uma história conhecida: tentamos controlar um organismo, ele evolve para sobreviver. Para seres humanos, fazer guerra contra bactérias é uma empreitada audaciosa. Aqui, como em outros lugares, ressoam as palavras do grande químico Leslie Orgel: segundo sua chamada segunda lei, "a evolução é mais esperta do que nós".

14. E não pense que isso decidiu a questão. Uma equipe japonesa publicou uma resposta segundo a qual essa análise não é suficiente para nos fazer rejeitar a ideia de múltiplas origens. Isso não quer dizer que eles ou outros críticos estejam defendendo uma hipótese de múltiplas origens, apenas que, a seu ver, esse estudo particular não prova suas próprias conclusões. Cientistas podem ser muito brigões.

3. Inferno sobre a Terra (p.59-71)

1. Plutão, outrora o nono, não é mais considerado planeta na plena acepção da palavra, pois é um de vários corpos de tamanho similar naquela área do sistema solar.
2. A fonte da água da Terra permanece controversa. A ausência de uma atmosfera e sua posição no espaço, tão perto do Sol, podem ter feito muita água na Terra evaporar. Mas é possível que as primeiras rochas que contribuíram para formar este planeta contivessem água nas fissuras. Outra ideia que alguns cientistas defendem é que a maior parte da água na Terra foi trazida em um ou vários cometas congelados cuja carga útil derreteu ao ser entregue.
3. Digo "menos controversos" porque alguns cientistas alegam que estromatólitos poderiam se formar a partir de um processo não biológico – abiogênese. Apesar disso, o consenso inclina-se pesadamente a ver nessas rochas uma forte evidência em favor de um mundo arqueano apinhado de vida microbiana.
4. A letra de Darwin era extraordinariamente desmazelada, para dizer o mínimo, e a carta original mal é legível.

4. O que é vida? (p.72-83)

1. Para um repertório ainda mais reduzido de comportamentos animais, uma lista mais fácil de lembrar, mas menos específica, é por vezes designada como os "Quatro Fs": Feeding, Fighting, Fleeing e… Reproduction. (Comer, Lutar, Fugir e… Reproduzir-se, havendo, claro, um sinônimo muito conhecido, embora chulo, para esta última função iniciado também com a letra F.)
2. A palavra "inanimado" é insatisfatória porque implica inação, quando certamente a química não é inativa. O oposto de vivo – morto – também não ajuda, pelas mesmas razões. "Não morto" parece uma maneira adequada de descrever o que é mais corretamente chamado química "pré-biótica": efervescência, reações ativas que formam o caminho para a vida.

3. Eles já vêm fazendo isso há algum tempo. Nos anos 1970, a Nasa enviou a Marte as missões Viking, dois insetoides que colheram amostras da superfície marciana em busca de traços característicos da vida, e não encontraram nenhum. Em agosto de 2012, Curiosity, um *rover* do tamanho de um Fusca, pousou graciosamente sobre a superfície, tendo como um dos itens de sua missão, até hoje em curso, arranhar as rochas vermelhas aqui e ali à procura de traços do que poderia ter sido outrora vida em Marte. É o mais esquisito dos espetáculos.

4. A pesquisa de Joyce nessa área é absolutamente decisiva porque ele lida com as próprias origens desse processo de descendência com modificação. Trataremos dela no próximo capítulo.

5. Nenhum parentesco comigo.

6. Schrödinger é mais conhecido por meter um gato imaginário numa caixa e depois levá-lo à morte por envenenamento. Ou talvez não. Seu famoso experimento mental foi uma maneira de explicar o efeito da observação sobre o mundo quântico e como ela poderia afetar o mundo físico clássico. O gato, invisível à nossa observação, seria morto pelo gás venenoso que tem uma chance aleatória de ser liberado. Mas não há nenhum meio de saber se ele morreu ou não até abrirmos a caixa. Segundo a física quântica, até esse momento o gato ocupa paradoxalmente dois estados simultâneos: vivo e morto, o que só poderá ser decidido por observação. Talvez menos abstrusa tenha sido a tentativa de Schrödinger se concentrar no primeiro desses estados.

7. Nesse ponto, a entropia universal estará em seu máximo, e o Universo terá alcançado a "morte pelo calor". Mas por enquanto você pode relaxar: isso levará muitos trilhões de anos para acontecer.

8. Os gases do experimento de Miller provavelmente não eram aqueles presentes nos primórdios da Terra: pensa-se agora que dióxido de carbono inundava o céu, e nitrogênio também estava presente. Esta é uma questão secundária aqui; nunca saberemos qual era a composição exata da Terra primitiva.

5. A origem do código (p.84-102)

1. A estatística muitas vezes citada de que geneticamente todos os seres humanos são 99,9% similares é relevante aqui. Isso significa que, se compararmos o DNA de dois indivíduos, eles diferem apenas por uma letra em mil. Mas, se você levar em conta que há 3 bilhões de letras de código num genoma humano, isso faz 3 milhões de letras individuais diferentes (e não inclui todas as formas de variações diferentes, maiores, dentro de nossos códigos). Esse é um grande número de variáveis com que jogar e contribui muito para explicar por que somos todos únicos, até os gêmeos idênticos. A sequência precisa de seu genoma nunca existiu antes e nunca existirá em outra pessoa. A humanidade está nos 99,9%, mas você está criptografado na opulência do restante.

Notas

2. Uma descrição mais detalhada desse processo essencial é feita na p.107 em "O futuro da vida", pois os cientistas começam a subverter e reprojetar esse processo para criar proteínas novas, artificiais.

3. Obviamente, répteis ovíparos surgiram centenas de milhões de anos antes da evolução de qualquer ave, para não falar de *Gallus domesticus*, as humildes galinhas.

4. Por exemplo, a frase "Mas DNA copiado de RNA estava crivado de erros" é traduzida em islandês pelo Google Translate como *"En DNA afrita frá RNA var riddled meo villa"*, e de volta para o inglês como "Mas cópia DNA de RNA estava crivada de erros", o que é deselegante mas de sentido muito aproximado. A repetição desse experimento com tcheco resulta em *"Ale DNA zkopírován z RNA byla prospikovaná chybami"* e depois "Mas RNA copiado de DNA estava crivado de erros", o que é exatamente o oposto do sentido original.

5. O RNA usa uracila como um substituto para timidina, que difere apenas pela presença de um pequeno grupo de átomos chamado grupo metil, também usado como o diacrítico na metilação de DNA.

6. Por exemplo, o que transporta oxigênio por nossos corpos inteiros, e de fato o que torna o sangue vermelho, é a chamada hemoglobina, e ela é composta a partir de quatro unidades de proteína chamadas globina, em torno de um átomo de ferro.

7. Palavra-valise que combina ribo- para RNA e -*zima* de enzima, proteínas que catalisam reações biológicas. Ela é incomodamente parecida com a palavra *ribossomo*, que tem propriedades semelhantes às das ribozimas, isto é, RNA com função.

8. Em 2003, pesquisadores na Universidade de Plymouth testaram essa ideia num experimento de escala muito pequena. Deixaram máquinas de escrever com seis macacas durante um mês e elas produziram cinco páginas consistindo principalmente na letra S. Mas, além disso, elas destruíram as máquinas urinando e enfiando fezes no teclado.

9. A ribozima cabeça de martelo é encontrada em vários vírus e organismos unicelulares. Seu nome é derivado do fato de que, quando a sequência de RNA se dobra numa estrutura 3D, ela tem uma cabeça de forma quase igual à de um martelo.

10. Citidina é o nome para citosina ligada ao açúcar ribose, isto é, o degrau ligado ao montante.

11. Este trabalho foi realizado quando Sutherland estava na Universidade de Manchester, ela própria uma fábrica de Prêmios Nobel, ostentando mais de vinte premiados.

12. A síntese de Sutherland teve um desfecho. Eles descobriram que a projeção de luz ultravioleta sobre a mistura tinha o duplo efeito de melhorar a produção de uracila e de dividir alguns dos subprodutos. Na Terra, a luz UV provém do Sol, mais forte hoje do que quando o sistema solar era jovem. Esta, claro, é uma adição possível à reação arqueana, pois essas condições estavam presentes na Terra jovem, mas torna a ideia mais centrada, pelo menos numa localização. Se isso realmente aconteceu, foi na superfície da Terra.

6. Gênese (p.103-20)

1. Mesmo a morte é de difícil definição, pela mesma razão que a vida. Podemos apontar, para eventos essenciais para a morte, aqueles que estão em oposição à vida – perda de respiração, parada dos batimentos cardíacos, cessação da atividade neural, o fim da consciência. Nenhum deles, porém, é útil para maior parte das formas de vida, que não tem cérebros, corações ou consciência. Os médicos usam uma lista de verificação para declarar a morte, mas ela própria é um processo, não um sinal de pontuação no fim de uma vida.

2. O artigo de Crick e Orgel é escrito em parte na linguagem formal dos artigos científicos, mas também divaga, especulando se o destino dos bioengenheiros extraterrestres era eles serem "fritos" por sua estrela. Este não é um termo que apareça com frequência em revistas científicas. É incomum ver cientistas tão respeitados pontificar em público no que parece ser a formalização de uma adorável conversa de bar: "A psicologia das sociedades extraterrestres", observam com sobrancelhas presumivelmente arqueadas, "não está mais bem-compreendida que a psicologia terrestre."

3. Muito ocasionalmente, um pedaço de Marte pousa na Terra. A última vez foi em 2011, quando um meteorito de sete quilos chamado Tissint pousou em Marrocos.

4. Como Carl Sagan o descreveu a partir de uma fotografia feita pela Voyager em 1990, de uma distância de 6 bilhões de quilômetros. Hoje muitos pensam que a vida em outro lugar no Universo é estatisticamente inevitável. De fato, o florescente campo da astrobiologia existe para formalizar o estudo de se, como e onde a vida poderia existir fora da Terra.

5. Um artigo publicado na *Science* em 1996 sugeriu que as formas de depósitos minerais microscópicos no meteorito Alan Hills (ALH 84001 nos anos 1990) eram de origem biológica. Supõe-se que a rocha em questão tem cerca de 4 bilhões de anos e foi arremessada da superfície de Marte num impacto. Alguns pesquisadores sustentam que as bolinhas vistas na superfície do meteorito são produto de formas microscópicas de vida, mas o consenso científico é que eles são de origem geológica. A análise química da rocha mostra que os aminoácidos que ela contém são idênticos em natureza àqueles presentes no gelo antártico em que foi encontrada, sugerindo que essa foi a verdadeira fonte terrestre de moléculas biológicas. A pesquisa prossegue.

6. Auto-organização espontânea não é algo tão mágico quanto poderia parecer. Se você comeu Cheerios como seu cereal hoje no café da manhã, terá visto forças universais básicas conspirando para evocar organização espontânea na sua tigela. Os anéis de trigo querem flutuar, porque sua densidade é menor que a do leite. A gravidade os puxa para baixo, mas a pressão da coluna de líquido leitoso sob eles os empurra para cima. Se após as primeiras colheradas houver espaço suficiente na superfície, eles vão gingar automaticamente, adotando um padrão hexagonal, porque essa é a formação que permite à força ascendente distribuir-se de maneira uniforme.

Notas

7. Esta é uma ideia heterodoxa de um homem que gosta de uma dose saudável de agitação ou propaganda (ou agitprop, no jargão marxista). Ele começa suas palestras sobre a origem da vida derrubando a tigela de sopa. Observa que Haldane e Oparin, os fundadores independentes do modelo sopista, eram ambos comunistas. Vindo de um texano (que hoje vive na Alemanha), isso soa instantaneamente como argumento político. De fato, como ele se apressa a ressaltar, significa que ambos eram materialistas dialéticos, para os quais "tinha de haver uma explicação racional para tudo, desde o funcionamento da sociedade até as necessidades do indivíduo, passando pela origem da vida. E a teoria de [Haldane e] Oparin tornou-se a doutrina do Partido".

8. Hoyle foi um brilhante cientista e autor, mas tinha também algo de iconoclasta, tendendo a rejeitar com veemência ideias convencionais. Ele contestou que a origem do Universo estivesse no big bang, concepção científica esmagadoramente consensual.

Referências bibliográficas e sugestões de leitura

Desfrutamos o luxo de viver num tempo em que os mecanismos básicos da vida são amplamente compreendidos, e já se escreveram muitos livros excelentes sobre a evolução e a genética. Entre os recentes, meus favoritos incluem *Life Ascending*, de Nick Lane (Profile Books, 2010), *Why Evolution is True*, de Jerry Coyne (Oxford University Press, 2010), *Your Inner Fish*, de Neil Shubin (Penguin, 2009), muitos dos livros de Matt Ridley e quase tudo que Steve Jones escreveu, em particular *The Language of the Genes* (HarperCollins, 1993, que, apesar de escrito vinte anos atrás, e, ressalte-se, dez anos antes que o Projeto Genoma Humano fosse publicado pela primeira vez, encerra perspicácia e histórias tão boas quanto qualquer livro contemporâneo sobre a natureza do DNA) e *Almost Like a Whale* (Black Swan, 2000), que consegue atualizar *A origem das espécies* com biologia evolucionista contemporânea. E, claro, ler qualquer coisa escrita por Charles Darwin fará de você uma pessoa mais inteligente. Suas obras são mais importantes para nossa cultura que qualquer coisa escrita por qualquer outro escritor.

1. Gerado, não criado (p.17-33)

Como ocorre em toda a ciência, os caminhos que levam a grandes descobertas são complexos, tortuosos e sinuosos, e quase sempre desprovidos de grandes revelações súbitas. A estrada que levou de Van Leuwenhoek à teoria celular não é diferente, com dezenas de homens fazendo pequenos e gradativos avanços experimentais e conceituais. Resumi a narrativa de apenas alguns dos principais atores. Para uma história completa e acadêmica dos primeiros microscopistas, o livro de sir Henry Harris, *The Birth of the Cell* (Yale University Press, 2000), é o guia definitivo, em que baseei muitas seções da história da teoria celular.

Animalia, obra escrita por Aristóteles em 350 a.C. e traduzida para o inglês por D'Arcy Wentworth Thompson em 1910, é absolutamente clara e está gratuitamente disponível on-line em: http://classics.mit.edu/Aristotle/history_anim.html.

2. Rumo ao uno (p.34-58)

Muito se escreveu sobre Gregor Mendel, como condiz com um grande cientista, e aqui está o artigo original em que ele delineia o que se tornariam as leis da herança: G. Mendel, "Versuche über Pflanzen-hybriden", *Verhandlungen des Naturforschenden*

Referências bibliográficas e sugestões de leitura

Vereines, n.4, Abh. Brünn, 1866, p.3-47, ou em tradução para o inglês: "Experiments in plant hybridization", *Journal of the Royal Horticultural Society*, n.26 1901, p.1-32.

O fato de ter havido 115 cópias desse artigo, nenhuma das quais chegou à biblioteca de Darwin, está documentado aqui: R.C. Olby, "Mendels Vorlaüfer: Kölreuter, Wichura, und Gärtner", *Folia Mendeliana*, n.21, 1986, p.49-67.

Um ponto de interesse mendeliano reside na nova análise de seus dados por Ronald Fisher, um dos fundadores da biologia evolucionista moderna (juntamente com J.B.S. Haldane, com quem, segundo me contaram, ele não suportava ficar na mesma sala, e Sewall Wright). Fisher concluiu que a significação estatística dos resultados de Mendel evidenciava que os experimentos deviam ter sido "falsificados de modo a concordar estritamente com as expectativas de Mendel". Ele não estava alegando que as leis eram incorretas, apenas que os resultados eram precisos o bastante para sugerir maquiagem. Desde então, isso foi repetido muitas vezes, mas o seguinte artigo de autoria dos geneticistas Daniel Hartl e Daniel Fairbanks conclui que essa alegação pode ser contestada, "porque, a uma análise mais atenta, ela provou não se sustentar em evidências convincentes": Daniel L. Hartl e Daniel J. Fairbanks, "Mud sticks: on the alleged falsification of Mendel's data", *Genetics*, v.175, n.3, mar 2007, p.975-9.

A história da biologia do século XX e de fato da ciência orbita em torno do que é provavelmente o avanço científico mais importante do século – a publicação sobre a dupla-hélice, por Crick e Watson. Para mais sobre a história do DNA, há muitos livros disponíveis. O relato do próprio James Watson, *A dupla hélice*, é uma leitura absorvente (editado no Brasil pela Zahar, 2014), embora seja claramente um relato pessoal da autoria de um fabuloso contador de histórias, que exibe, a meu ver, as marcas características da fabricação do mito. O tratamento que ele dá a Rosalind Franklin nesse livro é horrível. O papel de Rosalind na história do DNA é frequentemente debatido, muitas vezes com a questão: "Deveria ela ter recebido o Prêmio Nobel juntamente com Crick e Watson?" Há uma resposta simples e absoluta para isso, que é "não": segundo as regras dos Prêmios Nobel, eles não devem ser conferidos postumamente, e Rosalind Franklin estava prematuramente morta quando o DNA foi reconhecido pelo comitê premiador em 1962. A biografia escrita por Brenda Maddox, *Rosalind Franklin: The Dark Lady of DNA* (HarperCollins, 2003), é emocionante, abrangente e honesta, retratando Rosalind sob uma luz crível e nem sempre lisonjeira. É um livro maravilhoso.

Francis Crick, como convém a um gênio, aparece em várias diferentes seções deste livro, pois ele continuou a explorar a natureza da vida depois de Watson e sua grande descoberta de 1953. Não há descrição melhor de sua vida e suas obras que o livro de Matt Ridley, *Francis Crick: Discoverer of the Genetic Code* (HarperCollins, 2011).

A dramatização pela BBC da história do DNA é chamada *Life Story* (1987), e pode ser assistida com muito agrado. Ela é estrelada pelo ator favorito de Hollywood para encarnar um cientista visionário e excêntrico, Jeff Goldblum, no papel do cientista visionário e excêntrico Jim Watson. Goldblum, diga-se de passagem, fez também papel de neurocirurgião (*As aventuras de Buckaroo Banzai*, 1984), físico das partículas (*A mosca*, 1986), matemático (*O parque dos dinossauros*, 1993), cientista computacional e ambientalista (*Independence Day*, 1996), biólogo marinho (*A vida marinha com Steve Zissou*, 2004) e imunologista canino (*Como cães e gatos*, 2001). Algum outro ator pode exibir semelhante rosário de cientistas?

"Queremos sugerir uma estrutura para o sal de ácido desoxirribonucleico [DNA, na sigla em inglês]. Essa estrutura tem traços originais de considerável interesse biológico." Assim começa o provavelmente mais famoso e importante artigo de pesquisa do século XX: J.D. Watson e F.H.C. Crick, "A structure for deoxyribose nucleic acid", *Nature*, n.171, 25 abr 1953, p.737-8; disponível em: www.nature.com/nature/dna50/archive.html, juntamente com vários outros artigos capitais da autoria de titãs da biologia dessa idade do ouro, entre os quais: O.T. Avery, C.M. MacLeod e M. McCarty, "Studies on the chemical nature of the substance inducing transformation of pneumococcal types", *Journal of Experimental Medicine*, n.79, 1944, p.137-59.

A língua é a metáfora mais útil e mais frequentemente usada para compreender e explicar o funcionamento do DNA. A língua também compartilha com ele muitas características evolutivas, como é explicado na revisão escrita pelo biólogo Mark Pagel: "Human language as a culturally transmitted replicator", *Nature Reviews Genetics*, n.10, 2009, p.405-15 (doi: 10.1038/nrg2560). E, para um delicioso passeio não científico através da evolução das palavras e da língua, sugiro o livro de Guy Deutscher, *The Unfolding of Language: The Evolution of Mankind's Greatest Invention* (Arrow, 2006).

Para a análise estatística da existência de Luca por Douglas Theobald, ver: Douglas L. Theobald, "A formal test of the theory of universal common ancestry", *Nature*, n.465, 13 mai 2010, p.219-22 (doi:10.1038/nature09014); e para uma refutação: Takahiro Yonezawa e Masami Hasegawa, "Was the universal common ancestry proved?", *Nature*, n.468, E9, 16 dez 2010, p.219-22 (doi:10.1038/nature09482).

Laurence D. Hurst e Alexa R. Merchant, "High guanine-cytosine content is not an adaptation to high temperature: a comparative analysis amongst prokaryotes", *Proceedings of the Royal Society B* n.268, 2001, p.493-7 (doi:10.1098/rspb.2000.1397).

Sobre alguns dos mais antigos fósseis de células, David Wacey et al., "Microfossils of sulphur-metabolizing cells in 3.4-billion-year-old rocks of Western Australia", *Nature Geoscience*, n.4, 2011, p.698-702 (doi:10.1038/ngeo1238).

Há muitos artigos sobre bactérias e arqueias trocando genes em vez de herdá-los de seus pais celulares. Um dos mais bem-delineados é: V. Kunin et al., "The net of life: reconstructing the microbial phylogenetic network", *Genome Research*, n.15, 2005, p.954-9, que apresenta um diagrama necessariamente desconcertante da emaranhada ribanceira da base da árvore da vida. *New Scientist*, revista que pode se orgulhar de sua história, decidiu focalizar a atenção exatamente nesse assunto por ocasião do aniversário de duzentos anos do nascimento de Darwin, em 2009. A atrevida chamada de capa foi "Darwin estava errado", embora os artigos dentro da revista fossem mais nuançados em relação ao assunto da transferência de genes lateral ou horizontal. Eles explicaram num editorial que os acompanhou:

Referências bibliográficas e sugestões de leitura

Quando celebramos o 200º aniversário de nascimento de Darwin, aguardamos uma terceira revolução que virá transformar e fortalecer a biologia. Nada disso deverá ser útil para criacionistas, cujo limitado universo já deve estar alvoroçado com a notícia de que "a *New Scientist* anunciou que Darwin estava errado". Espere encontrar excertos tirados do contexto e apresentados como prova de que os biólogos estão desertando em massa da teoria da evolução. Eles não estão.

Em sete ocasiões diferentes, essa capa me foi mostrada (ou alguém a mencionou) em reuniões como parte de ataques movidos por grupos religiosos específicos que optam por ignorar as evidências e afirmar a doutrina criacionista.

3. Inferno sobre a Terra (p.59-71)

Veja o livro-texto clássico de Euan Nisbet sobre os dois primeiros bilhões de anos em nosso planeta: E.G. Nisbet, *The Young Earth: An Introduction to Archean Geology* (Allen and Unwin, 1987).

Um estudo que sugere que cometas trouxeram água para a Terra e a Lua é: James P. Greenwood et al., "Hydrogen isotope ratios in lunar rocks indicate delivery of cometary water to the Moon", *Nature Geoscience*, n.4, 2011, p.79-82 (doi:10.1038/ngeo1050).

Um interessante modelo sugerindo que vida microbiana poderia ter sobrevivido sob as águas à intensa artilharia do bombardeio pesado tardio pode ser encontrado em: Oleg Abramov e Stephen J. Mojzsis, "Microbial habitability of the hadean Earth during the Late Heavy Bombardment", *Nature*, n.459, 21 mai 2009, p.419-22 (doi:10.1038/nature08015); Lynn J. Rothschild, "Earth science: life battered but unbowed", *Nature*, n.459, 21 mar 2009, p.335-6 (doi:10.1038/459335a).

Simon A. Wilde et al., "Evidence from detrital zircons for the existence of continental crust and oceans on the Earth 4.4 Gyr Ago", *Nature*, n.409, 11 jan 2001, p.175-8 (doi:10.1038/35051550).

Um dos estudos essenciais que mostraram que a Lua foi violentamente arrancada da Terra muito jovem pelo impacto de outro grande corpo celeste, Teia, o titã do mito grego antigo que deu origem à deusa da Lua, Selene, é: U. Wiechert et al., "Oxygen isotopes and the Moon-forming giant impact", *Science*, n.294, 12 out 2001, p.345-8 (doi:10.1126/science.1063037).

Sobre a letra de Darwin: como parte da filmagem de *The Cell* pela BBC4, tive o grande privilégio de segurar em minhas mãos a carta enviada por Darwin a Joseph Hooker em 1871, na qual ele pondera sobre sua hoje famosa "lagoazinha morna". De pé numa sala de leitura da Biblioteca da Universidade de Cambridge, li um extrato desse inestimável pedaço de história. Mas, depois de várias tomadas arruinadas porque eu não conseguia decifrar suas garatujas, acabamos introduzindo uma transcrição impressa sobre a carta verdadeira. Evidentemente, é de todo irrelevante que sua letra fosse tão horrorosa, mas isso me parece muito divertido.

J.B.S. (Jack) Haldane é uma das figuras dominantes da biologia do século XX, em muitas de suas formas, e um sujeito verdadeiramente fascinante. Não só ele refletiu sobre a origem e a natureza da vida e das espécies, como foi também uma figura central na fusão da genética com a biologia evolutiva e em muitos outros aspectos fundamentais do mundo vivo, e foi provavelmente a primeira pessoa a sugerir o hidrogênio como base para energia renovável (em 1923). Marxista, ele criticou com veemência o papel do governo britânico na crise de Suez em 1956. Seu ensaio clássico "On being the right size" está gratuitamente disponível on-line, assim como um filme muito curioso apresentado por ele (produzido pela Agência Soviética de Cinema, 1940), intitulado *Experiments in the Revival of Organisms*, que exibe as reações físicas póstumas da cabeça cortada de um cão. Sua biografia definitiva, escrita por Ronald Clark, *The Life and Works of J.B.S. Haldane* (1968), infelizmente está fora do prelo hoje.

Esse é o experimento icônico feito por Stanley Miller em 1953: "A production of amino acids under possible primitive Earth conditions", *Science*, n.117, 15 mai 1953, p.528-9 (doi:10.1126/science.117.3046.528).

E a análise feita por Jeffrey Bada, em 2008, de alguns dos experimentos de Miller: Adam P. Johnson et al., "The Miller volcanic spark discharge experiment", *Science*, n.322, 17 out 2008, p.404 (doi:10.1126/science.1161527).

4. O que é vida? (p.72-83)

Uma boa leitura sobre a acumulação e o armazenamento de informação e herança em moléculas é: G.F. Joyce, "Bit by bit: the darwinian basis of life", *PLoS Biology*, n.10, 2012 (e1001323.doi:10.1371/).

Sobre várias definições de vida: Pier Luigi Luisi, *Origins of Life and Evolution of the Biosphere*, n.28, 1998, p.613-22.

A metadefinição de Edward Trifonov baseada nas palavras usadas por cientistas. Dezenove réplicas podem ser encontradas na edição de fevereiro de 2012 da mesma revista: Edward N. Trifonov, "Vocabulary of definitions of life suggests a definition", *Journal of Biomolecular Structure and Dynamics*, n.29, 2011, p.259-66.

Os folhetos de Erwin Schrödinger e de J.B.S. Haldane, intitulados "What is life?" (1944 e 1949, respectivamente), estão disponíveis on-line gratuitamente, e ambos constituem leitura essencial.

5. A origem do código (p.84-102)

Kevin Leu et al., "On the prebiotic evolutionary advantage of transfering genetic information from RNA to DNA", *Nucleic Acids Research*, n.39, 2011, p.8135-47 (doi:10.1093/nar/gkr525).

Sobre as moléculas curtas de RNA de Jerry Joyce e Tracey Lincoln que têm o efeito de se reproduzir interminavelmente: Tracey A. Lincoln e Gerald F. Joyce, "Self-sustained replication of an RNA enzyme", *Science*, n.32, 27 fev 2009, p.1229-32 (doi:10.1126/science.1167856).

Sobre o experimento clássico sobre o ribozima de Jack Szostak e David Bartel: D.P. Bartel e J.W. Szostak, "Isolation of new ribozymes from a large pool of random sequences", *Science*, n.261, 10 set 1993, p.1411-8.

David Adam, "Give six monkeys a computer, and what do you get? Certainly not the bard", *Guardian*, 9 mai 2003.

Sobre a ideia de uma ribozima ser o ancestral mais distante, inspirada pelo blog Tales from the Nobel Factory, escrito por Alex Taylor: embora eu tenha escolhido uma ribozima diferente como ancestral aborígene conceitual, estou muito grato a ele por esse e outros auxílios que me prestou, embora não sua incapacidade de compreender o que é um substantivo coletivo: http://talesfromthenobelfactory. posterous.com/; Aniela Wochner et al., "Ribozyme-catalyzed transcription of an active ribozyme", *Science*, n.332, 8 abr 2011, p.209-12 (doi:10.1126/science.1200752).

Três artigos sobre a origem do código genético com menos que as quatro bases que a vida moderna apresenta: Jeff Rogers e Gerald F. Joyce, "A ribozyme that lacks cytidine", *Nature*, n.402, 18 nov 1999, p.323-5 (doi:10.1038/46335); John S. Reader e Gerald F. Joyce, "A ribozyme composed of only two different nucleotides", *Nature*, n.420, 19 dez 2002, p.841-4 (doi:10.1038/nature01185); Julia Derr et al., "Prebiotically plausible mechanisms increase compositional diversity of nucleic acid sequences", *Nucleic Acids Research*, 2012 (doi:10.1093/nar/gks065).

A clássica síntese de uracila por John Sutherland: Matthew W. Powner, Béatrice Gerland e John D. Sutherland, "Synthesis of activated pyrimidine ribonucleotides in prebiotically plausible conditions", *Nature*, n.459, 14 maio 2009, p.239-42 (doi:10.1038/nature08013).

Sobre uracila vinda do espaço: Zita Martins et al. "Extraterrestrial nucleobases in the Murchison meteorite", *Earth and Planetary Science Letters*, n.270, 2008, p.130-6.

6. Gênese (p.103-20)

Sobre a acumulação de cultura humana: Adam Powell, Stephen Shennan e Mark G. Thomas, "Late pleistocene demography and the appearance of modern human behavior", *Science*, n.324, 5 jun 2009, p.1298-301 (doi:10.1126/science.1170165).

Sobre a competição na formação da membrana celular: Itay Budin e Jack W. Szostak, "Physical effects underlying the transition from primitive to modern cell membranes", *PNAS*, 2011 (doi:10.1073/pnas.1100498108).

O modelo da protocélula de Jack Szostak domina os estudos sobre a emergência da membrana. Outras ideias e experimentos sugeriram rotas diferentes. Um recente, de Stephen Mann, Shoga Koga e colegas da Universidade de Bristol, sugere microgotículas cheias de nucleotídios e cadeias de aminoácidos de modo que elas se compartimentalizam sem uma pele física. Esperamos o desenvolvimento dessa ideia. Shogo Koga et al., "Peptide-nucleotide microdroplets as a step towards a membrane-free protocell model", *Nature Chemistry*, n.3, 2011, p.720-4 (doi:10.1038/nchem.1110).

Aqui está um interessante estudo de 2011 que mostra replicação de DNA dentro de protocélulas autorreprodutoras e compartilhamento do DNA entre as células-filhas. Embora claramente não seja o mesmo que nas células modernas, o processo imita o resultado de divisão celular real: K. Kurihara et al., "Self-reproduction of supramolecular giant vesicles combined with the amplification of encapsulated DNA", *Nature Chemistry*, n.3, 2011, p.775-81 (doi:10.1038/nchem.1127).

Leslie E. Orgel, "Prebiotic chemistry and the origin of the RNA world", *Critical Reviews in Biochemistry and Molecular Biology*, n.39, 2004, p.99-123 (doi:10.1080/10409230490460765).

Jack W. Szostak, David P. Bartel e P. Luigi Luisi, "Synthesizing life", *Nature*, n.409, 18 jan 2001, p.387-90 (doi:10.1038/35053176).

A primeira descrição das fontes hidrotermais da Cidade Perdida: D.S. Kelly et al., "An off-axis hydrothermal-vent field near the mid-Atlantic ridge at 30° N", *Nature*, n.412, 12 jul 2001, p.145-9.

Há um punhado de artigos e revisões escritos por Nick Lane, Mike Russell, Bill Martin e outros sobre gradientes de prótons e a origem energética da vida em fontes hidrotermais. Aqui estão alguns dos melhores: N. Lane e W. Martin, "The origin of membrane bioenergetics", *Cell*, n.151, 2012, p.1406-16; W. Martin, "Hydrogen, metals, bifurcating electrons, and proton gradients: the early evolution of biological energy conservation", *FEBS Letters*, n.586, 2012, p.485-93; M.J. Russell (org.), *Origins, Abiogenesis and the Search for Life* (Cosmology Science Publishers, 2011); N. Lane, J.F. Allen e W. Martin, "How did LUCA make a living? Chemiosmosis in the origin of life", *Bioessays*, n.32, 2010, p.271-80; W. Martin, J. Baross, D. Kelley, M.J. Russell, "Hydrothermal vents and the origin of life", *Nature Reviews, Microbiology*, n.6, 2008, p.806-14; W. Martin e M.J. Russell, "On the origin of biochemistry at an alkaline hydrothermal vent", *Philosophical Transactions, Royal Society of London* (Ser. B), n.362, 2007, p.1887-925; e este é um perfil de Mike Russell e sua pesquisa: John Whitfield, "Origin of life: nascence man", *Nature*, n.459, 2009, p.316-9 (doi:10.1038/459316a).

Se você conseguir encontrar esse artigo, ele é cômico: Crick e Orgel ponderando sobre as origens da vida na Terra: F.H.C. Crick e L.E. Orgel, "Directed panspermia", *Icarus*, n.19, 1973, p.341-6.

As ideias interessantes, mas erradas, de sir Fred Hoyle e Chandra Wickramasinghe sobre panspermia: *Evolution from Space: A Theory fo Cosmic Creationism* (Touchstone, 1984).

Índice remissivo

ácido tartárico, 46-7
Adam, Douglas, 18
água, 18, 20, 60, 63, 66, 69, 71, 107, 109, 113-4
Alan Hills, meteorito de, 128n.5
aminoácidos, 40, 41-3, 44, 56, 70, 81, 85-6, 87,
    89, 90, 99, 101, 107, 117, 119, 120, 123n.8
    "canhotos", 45, 46
amoníaco, 67, 69, 71, 117
anemia da célula falciforme, 86
Apollo, programa, 63-4
Aristóteles, 22
arqueana, Terra, 68, 70, 95, 96, 105, 127n.12
arqueias, 14, 53, 54, 55, 56, 57-8, 78, 116-7
árvore da vida, 33, 50, 51-5, 75, 117
astrobiologia, 74, 101
átomos, 45, 98-9
    carbono, 45, 66
    prótons, 78, 82, 115-6, 117, 118
ATP, molécula de, 115
auto-organização espontânea, 110, 128n.6
Avery, Oswald, 37

bactérias, 14, 20, 30-1, 34, 37, 53, 54, 55, 56-7,
    78, 114, 116
Bada, Jeffrey, 69, 70
Bartel, David, 92-3
biorreator, University College London,
    113-6, 118
Bismarck, Otto von, 121n.7
bombardeio pesado tardio, 64, 65-6, 101, 106
bóson de Higgs, partícula, 16
Brenner, Sydney, 41
Brown, Robert, 24-5
Budin, Itay, 111

caos, 60, 80
carbono, 45, 46, 66, 101, 106
células do sangue:
    brancas, 12
    vermelhas, 11, 20, 25, 26, 28-9, 43, 86
células, 11-6, 17-33, 73
    bacterianas, 14; ver também bactérias

células da pele, 13
e a comunalidade da vida, 34-58
contenção, 108-12
curando um corte, 11-3, 15, 32
divisão, 24, 26, 28, 54, 86, 110, 111, 112
e energia, 78, 113-20
e sexo, 17, 20, 22, 32, 48-50
fibroblastos, 13
membranas, 75, 78, 108-12, 114-5, 116, 117
metabolismo da ver metabolismo
mudança ao longo do tempo, 29-33
músculo, 11, 12, 18
nervosa, 12
neutrófilos, 12
núcleo, 24-5, 29
números de, 14
organismos unicelulares, 20-1, 53, 127n.9
origem, 22-3
plaqueta, 12, 32
replicação de ver replicação
sangue ver células do sangue
teoria celular, 24-9, 32-3
Cern, Grande Colisor de Hádrons do, 16
Chen, Irene, 89
Chicxulub, meteorito de, 65, 106
Crick, Francis, 38-9, 40, 41, 69, 87-8, 104-5, 123n.7
cromossomos, 36-7, 39

Darwin, Charles, 29-31, 32-3, 67-8, 81, 120, 122n.9
dextralidade da vida, 44-8
difração de raios X, 38
dióxido de carbono, 45, 73, 126n.8
DNA, 32, 37-44, 45, 47-51, 55, 58, 74, 75, 82-3,
    84-90, 98, 105, 124-5n.13
    dextralidade, 47
    e a singularidade da vida, 48-51
    e redundância, 85, 87
    origem do código, 84-102
    polimerases, 86
    replicação, 39-40, 73, 75, 86, 110
"dogma central", 44, 88
Dumortier, Barthélemy, 24

energia, 16, 53-4, 58, 112, 113-20
    e a natureza da vida, 78-83
    e replicação, 78, 102
entropia, 79-80, 81-2, 116
enzimas, 43, 93
espermatozoide, 17, 20, 48
eucariotos, 53
evolução cultural, 103-4

fibroblastos, 13
filogenética, 52, 57
física, 78-83
fontes hidrotermais, 57, 113-8
fosfolipídios, 109-12
Franklin, Rosalind, 37-9

genética, 36, 90-1, 96
    DNA e ver DNA
    doença, 86
    ribozimas, 91-8, 102, 120
    RNA e ver RNA
geologia, 59-60, 62
    lunar, 63-4
"geração espontânea", 22-3, 26, 27-8
glicina, 70
Gosling, Raymond, 37-8
Grande Colisor de Hádrons, 16
Griffith, Frederick, 37
Guilherme III da Inglaterra, 20

hadeana, Terra, 59, 61-6
Haeckel, Ernst, 68
Haldane, J.B.S., 68-9, 76, 78
Helmont, Jean Baptiste van, 23
hidrogênio, 69, 71, 117
    prótons, 78, 82, 114-5, 117, 118
hidrotermais, fontes, 57, 113-8
Holliger, Philipp, 94
Hooke, Robert, 19, 21, 117
Hooker, Joseph, 67
Hoyle, Fred, 119-20, 129
Huxley, Thomas, 122

Joyce, Jerry, 74, 90-2, 94, 95, 96, 97, 120

Kelly, Deborah, 114

Lane, Nick, 55, 114, 116, 118-9, 120
"lateralidade" molecular/química, 44-8
Leuwenhoek, Antonie van, 19-20, 22-3

Lincoln, Tracey, 90
Lua, 63-4
Luca ver Último Ancestral Comum Universal

MacLeod, Colin, 37
macrófago, 12
Margulis, Lynn, 53
Martin, Bill, 58, 81, 114, 116-8, 120
Martins, Zita, 100
Matthaei Heinrich, 41
McCarty, Maclyn, 37
Mendel, Joseph Gregor, 35-6, 37
metabolismo, 43, 58, 78, 80, 82-3, 97, 108, 112,
    115, 117, 118-9, 120
metano, 69, 71, 107
meteoros/meteoritos, 49, 64-6, 101, 106, 107,
    128n.5
microscopia, 19-21, 24
Miller, Stanley, 69-70, 71, 80-1
mitocôndria, 53-4, 56, 78, 115
Morgan, Thomas Hunt, 37
morte, 128n.1
mundo-fantasma, 88-90
Murchison, meteorite, 64, 101, 106
mutações, 31, 33, 47, 85-6, 105, 124-5n.13
    de deslocamento de quadro de leitura, 41

Nasa, 74
neutrófilos, 12
Newton, Isaac, 19
Nirenberg, Marshall, 41

Oparin, Aleksander, 68-9
Orgel, Leslie, 105, 124-5n.13
Origin of Life Initiative (Harvard), 75
óvulo, 17, 32, 39, 48, 50, 86

panspermia, 105-8, 119
Pasteur, Louis, 27-8, 46-7
Pax6, gene, 124n.12
Pepys, Samuel, 21
placas continentais, 60, 114
planetas, 60-2, 105-7
plaquetas, 12, 32
Pouchet, Felix, 27
proteínas, 39, 40-4, 45, 56, 58, 70-1, 73, 74, 82-3,
    85, 86, 88; ver também aminoácidos
protistas, 14, 20
protocélulas, 110-2
prótons, 78, 82, 114-5, 117, 118

Índice remissivo

química de sistemas, 99-100
quiralidade, 45-6, 47

R3C, 90-1
raio, 69, 70, 71, 80
redundância, 85, 87
Remak, Robert, 26-7, 29
replicação, 76, 77, 96, 97, 108
   DNA, 39-40, 73, 75, 86, 110
   e energia, 78, 102
   RNA/ribozimas, 75, 90-4, 95-6, 97, 102, 117
ribose, 98, 99
ribossomos, 56-7, 58, 89-90, 117
ribozimas, 91-8, 102, 120
RNA, 44, 56, 57, 74-5, 88-98, 99, 101-2, 104, 117, 120
   "hipótese do mundo de RNA", 90, 98
   polimerase, 117
   replicação, 75, 90-4, 95-6, 97, 102, 117
   ribozimas, 91-8, 102, 120
Rogers, Jeff, 95
Royal Society, 19, 20, 21
Russell, Mike, 114, 115, 120
Rutherford, Ernest, 78

Sagan, Carl, 128n.4
Sarm, 124-5n.13
Schleiden, Matthias, 25-6
Schrödinger, Erwin, 78-80
Schwann, Theodor, 25-6
segunda lei da termodinâmica, 79-80, 81
seleção natural, 30-2, 54, 92, 105, 111, 120
sexo e células, 17, 20, 22, 32, 48-50
"síndrome do elefante do cego", 77
sistema solar, 60-1, 64
sistemas vivos e a natureza da vida, 72-83, 117-20
   busca de uma definição de vida, 74-7
   características bioquímicas, 72-3
   física, energia e, 78-83
   metabolismo e ver metabolismo
sopa primordial, 68-71, 80-1, 100

Stewart, Potter, juiz, 72, 77
supermicróbios, 124-5n.13
Sutherland, John, 99-100, 101, 117, 120
Szostak, Jack, 75, 77, 82, 92-3, 109-12, 120

talidomida, 47
Teia, 63
teoria darwiniana da evolução, 29-30, 32-3; ver também seleção natural
teoria evolutiva:
   e a comunalidade da vida, 34-58
   darwiniana, 29-30, 32-3
   seleção natural ver seleção natural
termodinâmica, segunda lei da, 79-80, 81
Terra primitiva, 59-71
   arqueana, 68, 70, 95, 96, 105, 127n.12
   bombardeio pesado tardio, 64, 65-6, 101, 106
   hadeana, 59, 61-6
Theobald, Douglas, 56
transferência horizontal de genes, 54-5
Trifonov, Edward, 76

Último Ancestral Comum Universal (Luca, na sigla em inglês), 51-5, 56-8, 82-3, 94, 116
uracila, 98-101, 127n.12
urânio, 62
Urey, Harold, 69

Virchow, Rudolf, 26-7
vitalismo, 68
Vitrúvio, 22

Wallace, Alfred Russel, 122n.9
Watson, James D., 38-9, 40, 69
Wedgwood, Emma (depois Emma Darwin), 29
Wedgwood, Josiah, 29
Wilkins, Maurice, 37-8
Woehlerr, Friedrich, 68

Ziegler de Estrasburgo, 23
zircônios, 62

biologia sintética; Alex Taylor e Vitor Pinheiro, por uma orientação muito necessária sobre XNA e código genético expandido; John Sutherland, pela síntese de RNA; Zita Martins, por sua competência em astrobiologia e rochas marcianas; Emma Perry, por me ajudar com o currículo escolar; Sinjoro Simon Varwell, *dankon*; aqueles no Twitter que por vezes responderam aos meus apelos para encontrar a palavra certa, o fungo ou o réptil, especificamente @mr_muse, @sarcasmaniac, @janiefae1, @writerJames; Kirby Ferguson, por direito autoral e remixagem; Richard Kelwick, pelo encontro iGEM no RU; Philip Campbell, Kerri Smith, Charlotte Stoddart, Geoff Marsh e Thea Cunningham, todos meus amigos na *Nature*.

Fui um nômade enquanto escrevia, embora raramente tenha me aventurado fora de Hackney. As seguintes pessoas gentis permitiram-me usar seus vários espaços: Jack e Lynsey Mathew e Barney, fazendo-me companhia (Lynsey também, pela palavra *jumentous*); John Sanders e Beth Gibbon; Ana-Paula Lloyd e Jonny Hassid; e todos em minha segunda casa, Mouse e de Lotz – sem dúvida o melhor bar em Londres.

Várias pessoas leram e comentaram o manuscrito durante sua longa gestação. No entanto, quaisquer erros ou mutações que tenham sobrevivido a essas rodadas de seleção são unicamente meus. Desejo agradecer a Ed Yong, Jim Al-Khalili, Matt Ridley, Dara O Briain, Douglas Adams e sua família, Matthew Cobb, Brian Cox, Suzi Gage, David Adam, Nathaniel Rutherford, Mark Lynas e David Watson por seus conselhos, conversas e correções, e em particular a Kevin Fong, com quem compartilhei a crônica condição de escrever. Testei muitas ideias deste livro com ele. Richard Bravery na Penguin produziu o design único e original da edição inglesa, levando em consideração minha obsessão por fontes.

Estou imensamente grato a meus agentes, Sophie Laurimore e Will Francis; sem o constante apoio de Will, *Criação* poderia nunca ter acontecido; minha mulher, Georgia, e nossos filhos apoiaram inabalavelmente sua gênese, e meu amor por eles é tão profundo quanto o tempo geológico. Acima de tudo, agradeço humildemente a meu editor de texto na Viking, Will Hammond, que se engalfinhou comigo e com estas palavras inúmeras vezes, surrando-as até pô-las em forma. Duvido que muitos escritores recebam tanta atenção no cinzelamento de sua prosa.

Cientistas podem ser muito brigões. Eles competem por ideias, e por financiamento, e assim como em qualquer esforço humano, estão sujeitos a dogma e a crenças caprichosas e empedernidas. Boas teorias emergem desse redemoinho de debate aberto – mas por vezes irascível – e são testadas e refinadas por experimento. A ciência não se acomoda na verdade, mas tende em direção a ela. Essas áreas particulares da ciência são pioneiras e importantes, e, como tais, estão talvez mais sujeitas a discussões que a maioria. As ideias apresentadas aqui serão refinadas ou mudadas com o tempo, ou rejeitadas. E francamente, como todo bom cientista deveria fazer, aguardo ansioso que me corrijam.

Agradecimentos

Tal como a ciência, escrever este livro foi um processo cooperativo. Escrevi as palavras, mas *Criação* é uma concatenação e remixagem montada a partir das ideias e do trabalho de outros.

Meu pensamento sobre o assunto da origem da vida foi intensamente influenciado por meu amigo Nick Lane no University College London. Iniciei *Criação* antes de ler seu extraordinário livro *Life Ascending*. Mas tendo feito isso agora, e por nossos muitos almoços, tenho uma grande dívida para com ele. Na primeira metade, lancei mão liberalmente de seus pensamentos, que ele expressa com clareza magistral. Recomendo a todos, com insistência, que o leiam.

Muitas das entrevistas e grande parte da pesquisa para este livro foram feitas como parte de meu envolvimento em produções de rádio e televisão da BBC. Em 2009, apresentei um documentário em série na BBC4 intitulado *The Cell*, que durante três horas cobriu a história da biologia de Van Leuwenhoek à biologia sintética. Ele foi realizado por uma equipe de brilhantes cineastas, entre os quais Jacqui Smith, Andrew Thompson, Alison Rooper, Nick Jordan e Jill Fullerton Smith. Em particular, David Briggs fez importante pesquisa sobre os primeiros microscopistas e os do século XIX, e merece vasto reconhecimento por ter cotejado de maneira acadêmica e meticulosa múltiplas fontes originais. Em 2010, demos prosseguimento a isso com um programa chamado *Frontiers* na BBC Radio 4 sobre o status atual da biologia da origem da vida. Roland Pease produziu, e devo-lhe imensa gratidão, bem como a Sasha Feachem e Deborah Cohen na BBC Radio Science Unit. Enquanto escrevia *Criação*, filmei um episódio de *Horizon* – o principal programa da BBC sobre ciência, que vem sendo transmitido há muito tempo – sobre biologia sintética. Matthew Dyas, Kelly Neaves e Aidan Laverty conduziram isso habilmente para o mundo. Algumas das entrevistas citadas em *Criação* foram realizadas sob os auspícios desses programas.

Aqui estão algumas outras pessoas com quem tenho uma dívida de gratidão: Jane Sowden, minha amiga e orientadora no Ph.D., com quem aprendi como ser um bom cientista; Steve Jones, por me ensinar, inspirar e figurar como colaborador em quase todos os meus programas de TV e de rádio; Armand Leroi, por me ajudar com Aristóteles, mostrando-me capítulos de seu livro *Aristotle's Lagoon*; Matt Ridley, por fornecer informação científica e biográfica sobre Francis Crick; Rob Carlson, autor do excelente livro *Biology is Technology*, por sua ajuda em muitos aspectos de

Obama, Barack, 69, 74, 99
ondas, 43, 44, 46
One World Health, 92, 94
organismos transgênicos, 21-6
Organização Mundial da Saúde (OMS), 83,
   90-1, 93
origens da biotecnologia, 75-8
osciladores, 44, 45, 46

papa-moscas (dioneia), 38
parada âmbar (tripleto UAG), 110-1
patenteamento, 66-9
Pinheiro, Vitor, 105-6
Plasmodium, 90, 91
potencial de ação, 39
Projeto Genoma Humano, 13
Projeto Genoma Mínimo, 16
Proteína Fluorescente Verde (GFP, na sigla
   em inglês), 28-9, 43, 61
proteínas, 12, 13, 24, 25, 26-8, 43, 62, 104, 105-6
   construídas, 107-12
   enzimas de restrição, 25-8, 30, 75
   GFP, 28-9, 43, 61
   sensíveis à luz, 60
   ver também aminoácidos
pulgões, 72

radiação, 49-52
redundância, 109
Registry of Standard Biological Parts, 58, 59, 61
RegoBricks, 64
relógios biológicos, 43, 45-6
ribossomos, 108-9
ritmos circadianos, 44
RNA, 13, 25, 31, 108-9
   tRNA, 109-11
Rothschild, Lynn, 63
ruído biológico, 40, 53, 54, 55, 65

Sandhoff, doença de, 109
Sanofi-Aventis, 92, 94

Savulescu, Julian, 18
Schultz, Peter, 109
Science, 77, 82
seda de aranha, 21-2, 24-5, 27, 28
seleção artificial, 22-3, 84
seleção natural, 39, 56, 106, 111-2
Séralini, Gilles-Eric, 86-8
síntese de combustível, 32-4
sintetase, aminoacil tRNA, 109-10
sistema de circuitos elétricos e engenharia,
   36-8
Smith, Hamilton, 26
Sowden, Jane, 117n.5
Sporosarcina pasteurii, 63-4
Swift, Jonathan, 95
Synthia (Mycoplasma micoides JCVI-syn1.0),
   15-9, 68, 74, 80, 97, 113, 116n.2
Szostak, Jack, 107

Tabarrok, Alex, 94
Take the Flour Back, 71-3, 77
terraformação, 63
transgenes, 28, 30
tRNA (RNA transportador), 109-11

UAG (parada âmbar), 110-1
uréase, 64

Variola major, 79, 80
varíola, vírus da, 79-80
Venter, J. Craig, 15-9, 38, 68, 113-4
virus, 26, 41, 48, 58, 75, 78-84, 96-7, 101, 102-3,
   116n.1
vírus de gripe, 81-6
vitamina A, 35
Voigt, Christopher, 58
Voyager I, 37, 117n.1

Watson, James D., 12-3, 77
Weiss, Ron, 41, 48
Wilkins, Maurice, 12

Índice remissivo

digital, 112-5
dupla-hélice, 12, 26, 27, 50, 104
e a reinvenção do código genético,
    101-12; *ver também* biologia sintética
e enzimas de restrição, 26-8, 30, 75
e organismos transgênicos, 21-6
estabilidade, 112-3, 115
e XNAs, 105-7
modificação *ver* engenharia genética;
    biologia molecular; biologia sintética
polimerase, 104, 105-6
produção, 62
regiões regulatórias, 29-30
reparação, 50
"dogma central", 111

E.coli, 16, 43, 46, 64
Ehrlich, Paul, 77
Elowitz, Michael, 43
Endy, Drew, 58, 70
engenharia genética, 13, 14-5, 22, 25, 26-31, 35,
    65, 74-7, 89
    biologia sintética *ver* biologia sintética
    e agenda política, 86-9
    e armas biológicas, 78-81, 83
    e Freckles, a cabra-aranha, 21-2, 23, 24,
        25, 28
    produtos agrícolas GM, 34, 71-5, 86-9,
        95-6
    proteínas construídas, 107-12
enzimas de restrição, 26-8, 30, 75
ETC (Action Group on Erosion, Technology
    and Concentration), 74, 77, 80, 84, 93
European Food Safety Authority, 88
E-β farneseno (EβF), 72

Feynman, Richard, 11, 14, 55, 82, 114
Fouchier, Ron, 82, 83
Franklin, Rosalind, 12
Freckles, a cabra-aranha, 21-2, 23, 24, 25, 28
Freemont, Paul, 66
Friends of the Earth, 74, 76, 77

Gardner, Timothy, 43
genética sintética, 106
glucose, 47, 61
Golden Rice, 35
gripe assassina, 81-6

Haldane, regra de, 116n.1
Harvey, William, 11
Hasty, Jeff, 44, 45, 46
HeLa, células, 42
híbridos, 23
    organismos transgênicos, 21-6
Holliger, Philip, 105

insulina, 12, 45, 47-8, 52
International Genetically Engineered Machine
    (iGEM), competição, 59-66

Johnson, Samuel, 101

Kawaoka, Yoshihiro, 82, 83, 85
Keasling, Jay, 32, 91-2
Kelwick, Richard, 65
Knight, Tom, 58

Lacks, Henrietta, 42
LacZ, gene, 60
Lavoisier, Antoine-Laurent, 56
Leibler, Stanilas, 43
Leonardo da Vinci, 11
Lessig, Larry, 70
leucócitos, 12
Leuwenhoek, Antonie van, 11
Lewis, Randy, 21-2, 24
línguas, novas, 101-4
Loftus, David, 51
lógica, na vida e na biologia sintética, 36-55
    portões lógicos, 37, 38

malária, medicamentos antimaláricos sintéti-
    cos, 89-94, 97
Miescher, Friedrich, 12
mutações, 16, 30, 40, 42-3, 106, 110
Mycoplasma genitalium, 16
Mycoplasma micoides JCVI-syn1.0 ver Synthia

Nasa, 48, 49, 51, 62-3
National Science Advisory Board for
    Biosecurity (NSABB), 82-3
Nature, 43, 53, 60, 82, 83, 85, 93, 97
neurônios, 39
Newman, Jack, 34
Newton, Isaac, 56
NSABB (National Science Advisory Board
    for Biosecurity), 82-3
nucleína, 12

Índice remissivo

ácidos xenonucleicos (XNAs), 105-7, 112
Action Group on Erosion, Technology and
    Concentration (ETC), 74, 77, 80, 84, 93
aminoácidos, 24, 105, 107-9, 110-2, 117n.4, 119n.2
aminoacil tRNA sintetase, 109
Amyris, 32-4, 90, 92, 94, 97
aptâmeros, 107
armas biológicas, 78-81, 83
arqueias, 14, 101
artemisinina, 90-4, 97
Asilomar, conferência de, 75, 98-9
Asimov, Isaac, 54
astronautas, 50, 51-2, 63
ativação de genes, 29, 39, 45

bactérias, 14-5, 26, 30-1, 46, 48, 51-2, 60, 61, 101
    E.coli, 16, 43, 46, 64
    sintéticas, 14-8, 46-7, 48, 51-2, 60, 61, 67-8
    Sporosarcina pasteurii, 63, 64
Beddington, John, 96
Benner, Steve, 104
Berg, Paul, 75-6, 83, 98, 99
Bernard de Chartres, 56
betacaroteno, 34
BioBricks, 58-9, 64-5, 68-9, 70, 75, 84
biocombustíveis sintéticos, 32-4
biologia molecular, 13, 28-31, 32, 67, 77, 80,
    86-7, 105-6
    biologia sintética *ver* biologia sintética
    engenharia genética *ver* engenharia
        genética
biologia sintética, 14-9, 31-5, 70
    circuitos e lógica, 36-55
    competições iGEM, 59-66
    e a reinvenção do código genético, 101-12
    e "deliberação democrática", 98-9
    e medicamentos antimaláricos, 89-94, 97
    e ondas, 43, 44, 46
    e propriedade, 66-70
    e Synthia, 15-9, 68, 74, 80, 97, 113, 116n.2
    ferramentas, 32, 41-4, 47, 60-2, 68, 75, 110
    oposição ao progresso e sua defesa,
        71-100

osciladores, 44, 45, 46
    programas/circuitos assassinos, 41-3, 96
    remixagem, 17, 57-8, 64
biossensores, 61
bioterrorismo, 78-81, 83
Bosman, Andrea, 93

câncer, 50-1
    células de, 29, 41-3, 50-1
    programas/circuitos assassinos, 41-3, 96
Carlson, Rob, 53, 71, 80
células, 12-4, 16, 43, 53, 107-12
    de câncer, 29, 41-3, 50-1
    e ritmos circadianos, 44
    engenharia de *ver* engenharia genética;
        biologia sintética
    HeLa, 42
    leucócitos, 12
    neurônios, 39
    sintéticas, 16-8, 46-7, 48, 52, 75; *ver também*
        biologia sintética
células sanguíneas, 12
cepa de gripe H1N1, 81
cepa de gripe H5N1, 81-2
Chin, Jason, 109-10, 111
Church, George, 114-5
citocinas, 51-2
clonagem, 117n.5
cloroquina, 90, 93
conferência de Asilomar, 75, 98-9
Crick, Francis, 12-3, 111

Darwin, Charles, 23
detectores de bordas, 60
diabetes, 47-8, 52
diesel, 32, 33-4, 72, 90, 91, 92
DNA, 12-6, 101-7, 108, 110, 111
    BioBricks, 58-9, 64-5, 68-9, 70, 75, 84
    chips, 114, 115
    como um andaime de linha de ovos da
        Páscoa, 15, 113-4

Referências bibliográficas e sugestões de leitura   127

of a photocrosslinking amino acid to the genetic code of *Escherichia coli*", *PNAS*, n.99, 2002, p.11020-4 (doi:10.1073/pnas.172226299).

Sobre DNA antigo: uma das entrevistas mais surpreendentes que fiz, para o Nature Podcast, foi com Stephan C. Schuster, que chefiou a pesquisa sobre o sequenciamento do mamute, 20 nov 2008:

> SCHUSTER: Assim que percebemos que poderia haver a possibilidade de que a haste de pelo contivesse DNA real, saímos em campo e tentamos encontrar fontes de DNA que pudéssemos explorar com segurança. E minha maneira de fazer isso foi procurar por elas no eBay, e quando constatei, imediatamente, que há zilhões de pelos disponíveis, entramos em contato com o vendedor e depois, junto com as autoridades da universidade, asseguramos que houvesse autorizações adequadas de importação; tivemos também paleontologistas e curadores de museu na Rússia para verificar as fontes daquilo, pois nos preocupava muito que parte desses pelos e fósseis pudesse ter sido vendida ilegalmente fora da Rússia. E depois que verificamos que tudo isso estava sendo atendido e de que há um registro limpo, começamos a comprar uma provisão maior de pelo dessa fonte.
>
> AR: Alguns desses detalhes não são mencionados na seção de métodos do artigo. Posso repetir isso? Você comprou aqueles pelos no eBay? Qual foi a oferta bem-sucedida?
>
> SCHUSTER: Por um punhado de pelos, acho que paguei uns US$ 132.

Webb Miller et al., "Sequencing the nuclear genome of the extinct woolly mammoth", *Nature*, n.456, 20 nov 2008, p.387-90 (doi:10.1038/nature07446).

Uma avaliação do sequenciamento de DNA de espécies desaparecidas há muito: S. Pääbo et al., "Genetic analyses from ancient DNA", *Annual Review of Genetics*, n.38, 2004, p.645-79 (doi:10.1146/annurev.genet.37.110801.143214).

Sobre DNA humano muito antigo: Richard E. Green et al., "A draft sequence of the Neanderthal genome", *Science*, n.328, 7 mai 2010, p.710-22 (doi:10.1126/science.1188021).

DNA de planta extremamente velha: Eske Willerslev et al., "Ancient biomolecules from deep ice cores reveal a forested Southern Greenland", *Science*, n.317, 6 jul 2007, p.111-4 (doi:10.1126/science.1141758).

Uma das primeiras sugestões na literatura acadêmica de que DNA poderia ser usado como um dispositivo de armazenamento digital: Eric B. Baum, "Building an associative memory vastly larger than the brain", *Science*, n.268, 28 abr 1995, p.583-5 (doi:10.1126/science.7725109).

A mais avançada realização de DNA como meio de armazenar dados: George M. Church, Yuan Gao e Sriram Kosuri, "Next generation digital information storage in DNA", *Science*, n.337, 28 set 2012 (doi:10.1126/science.1226355).

E dois meses depois, uma revisão condenatória pela European Food Safety Authority: European Food Safety Authority, "Final review of the Séralini et al. (2012a) publication of a 2-year rodent feeding study with glyphosate formulations and GM maize NK603 as published online on 19 September 2012 in food and chemical toxicology", *EFSA Journal*, n.10, 2012, p.2986.

Sobre a criação da artemisinina: Dae-Kyun Ro et al., "Production of the antimalarial drug precursor artemisinic acid in engineered yeast", *Nature*, n.440, 13 abr 2006, p.940-3 (doi:10.1038/nature04640); P. J. Westfall et al., "Production of amorphadiene in yeast, and its convertion to dihydroartemisinic acid, precursor to the antimalarial agent artemisinin", *Proceedings of the National Academy of Science USA*, n.109, E111-8, 12 jan 2012; Declan Butler, "Malaria drug-makers ignore WHO ban", *Nature*, n.460, 14 jul 2009, p.310-1 (doi:10.1038/460310b); Melissa Lee Phillips, "Genome analysis homes in on malaria-drug resistance", *Nature News*, 5 abr 2012 (doi:10.1038/nature.2012.10398).

O principal consultor científico do governo do Reino Unido sobre alimentos GM: "GM food needed to avert global crisis, says government adviser", *Telegraph*, 24 jan 2011.

"An affront to God": "Meanings of 'Life'", *Nature*, n.447, 28 jun 2007, p.1031-2 (doi:10.1038/4471031b).

Paul Berg, David Baltimore, Sydney Brenner, Richard O. Roblin III e Maxine F. Singer, "Summary statement of the asilomar conference on recombinant DNA molecules", *Proceedings of the National Academy of Science USA*, n.72, 1975, p.1981-4.

Importante avaliação pública de como vários públicos veem a biologia sintética no RU: "BBSRC synthetic biology dialogue", disponível em: http://www.bbsrc.ac.uk/web/FILES/Reviews/synbio_summary-report.pdf.

Posfácio (p.103-17)

Babel, Esperanto, Klingon, Babm, Blissymbolics, Loglan e Lojba: o maravilhoso livro de Arika Okrent sobre as histórias de como inventamos quase novecentas novas línguas: Arika Okrent, *In the Land of Invented Languages: Esperanto Rock Stars, Klingon Poets, Loglan Lovers, and the Mad Dreamers Who Tried to Build a Perfect Language* (Spiegel & Grau, 2009).

A adição de Z e P às bases naturais A, T, C e G por Steve Benner: Z. Yang e F. Chen et al., "Amplification, mutation, and sequencing of a six-letter synthetic genetic system", *Journal of the American Chemical Society*, 2011 (doi:10.1021/ja204910n).

XNA e o nascimento da genética sintética: Vitor B. Pinheiro et al., "Synthetic genetic polymers capable of heredity and evolution", *Science*, n.336, 20 abr 2012, p.341-4 (doi:10.1126/science.1217622).

Aminoácidos artificiais: Lloyd Davis e Jason W. Chin, "Designer proteins: applications of genetic code expansion in cell biology", *Nature Reviews Molecular Cell Biology*, n.13, fev 2012, p.168-82 (doi:10.1038/nrm3286); Jason W. Chin et al., "Addition

Referências bibliográficas e sugestões de leitura   125

Administração Obama, *National Bioeconomy Blueprint*, disponível em: http://www. foe.org/news/blog/2012/04/26/national-bioeconomy-blueprint-released.

E a resposta dos Friends of the Earth e ETC: "Principles for the oversight of synthetic biology", disponível em: http://www.foe.org/projects/food-and-technology/ blog/2012-03-global-coalition-calls-oversight-synthetic-biology.

Este artigo clássico foi o primeiro caso real de modificação genética, por Paul Berg e sua equipe: D.A. Jackson, R.H. Symons e P. Berg, "Biochemical method for inserting new genetic informations into DNA of simian virus 40, Circular SV 40 DNA containing lambda phage genes and the galactose operon of *Escherichia coli*", *Proceedings of the National Academy of Science USA*, n.69, 1972, p.2904-9.

O cisma pós-Asilomar relatado em: "Environmental groups lose friends in effort to control DNA research", *Science*, n.202, 1978, p.22.

Análise da economia biobaseada pelo ETC: "The new biomassters: synthetic biology and the next assault on biodiversity and livelihoods", disponível em: http://www. etcgroup.org/content/new-biomassters.

A tentativa de montar partes do genoma de varíola por encomenda postal usada pelo *Guardian* como truque publicitário: James Randerson, "Revealed: the lax laws that could allow assembly of deadly virus DNA", *Guardian*, 14 jun 2006.

A construção em 2002 do vírus causador da poliomielite tomando a sequência de seu genoma de bancos de dados publicamente disponíveis: Jeronimo Cello, Aniko V. Paul e Eckard Wimmer, "Chemical synthesis of poliovirus cDNA: generation of infectious virus in the absence of natural template", *Science*, n.297, 9 ago 2002, p.1016-8 (doi:10.1126/science.1072266).

E da gripe de 1918: Terrence M. Tumpey et al., "Characterization of the reconstructed 1918 spanish influenza pandemic virus", *Science*, n.310, 2005, p.77-80 (doi:10.1126/ science.1119392).

Os dois artigos sobre gripe experimental, um por Kawaoka, na *Nature*, o outro por Fouchier, na *Science*, ambos finalmente publicados na íntegra em junho de 2012, após muita deliberação e debate, e um editorial anterior da *Nature*: Masaki Imai et al., "Experimental adaptation of an influenza H5 HA confers respiratory droplet transmission to a reassortant H5 HA/H1N1 virus in ferrets", *Nature*, n.486, 21 jun 2012, p.420-8 (doi:10.1038/nature10831); Sander Herfst et al., "Airborne transmission of influenza A/H5N1 virus between ferrets", *Science*, n.336, 22 jun 2012, p.1534-41 (doi:10.1126/science.1213362); "Publishing risky research", *Nature*, n.485, 3 mai 2012, p.5 (doi:10.1038/485005a).

Claire M. Fraser e Malcolm R. Dando, "Genomics and future biological weapons: the need for preventive action by the biomedical community", *Nature Genetics*, n.29, 2001, p.253-6 (doi:10.1038/ng763).

Estudo controverso de Gilles-Eric Séralini sobre os efeitos negativos de produtos agrícolas GM em dietas de ratos: Gilles-Eric Séralini et al., "Long term toxicity of a roundup herbicide and a roundup-tolerant genetically modified maize", *Food and Chemical Toxicology*, n.50, 2012, p.4221-31.

124   *O futuro da vida*

Duas úteis revisões de patentes em genética e biologia sintética: Arti Rai e James Boyle, "Synthetic Biology: caught between property rights, the public domain, and the commons", *PLoS Biology*, n.5, 2007, p.e58 (doi:10.1371/journal.pbio.0050058); Berthold Rutz, "Synthetic Biology and patents: a european perspective", *EMBO Reports*, n.10, 2009, p.S14-S17 (doi:10.1038/embor.2009.131).

A patente europeia para o *Oncomouse*, disponível em: http://register.epoline.org/espacenet/application?number=EP85304490.

Presidente Obama, *National Bioeconomy Blueprint*, disponível em: http://www.whitehouse.gov/sites/default/files/microsites/ostp/national_bioeconomy_blueprint_april_2012.pdf.

4. Em defesa do progresso (p.73-112)

Ver Martin Robbins, "'HULK SMASH GM': mixing angry greens with bad science", 30 mai 2012, guardian.co.uk.

Ver Sophie Vandermoten, "Aphid alarm pheromone: an overview of current knowledge on biosynthesis and functions", *Insect Biochemistry and Molecular Biology*, n.42, 2012, p.155-63.

G. Kunert, G. Reinhold e J. Gershenzon, "Constitutive emission of the aphid alarm pheromone, (E)-beta-farnesene, from plants does not serve as a direct defense against aphids", *BMC Ecology*, n.1, 2010, p.23 (doi:10.1186/1472-6785-10-23).

L.G. Firbank et al., "Farm-scale evaluation of genetically modified crops", *Nature*, n.399, 1999, p.727-8.

J.N. Perry et al., "Ban on triazine herbicides likely to reduce but not negate relative benefits of GMHT maize cropping", *Nature*, n.428, 18 mar 2004, p.313-6 (doi:10.1038/nature02374).

M.S. Heard et al., "Weeds in fields with contrasting conventional and genetically modified herbicide-tolerant crops. 1. Effects on abundance and diversity", *Philosophical Transactions of the Royal Society B*, n.358, 2003, p.819-32.

J.N. Perry et al., "Design, analysis and power of the farm-scale evaluations of genetically modified herbicide-tolerant crops", *Journal of Applied Ecology*, n.40, 2003, p.17-31.

Chelsea Snella et al., "Assessment of the health impact of GM plant diets in long-term and multigerational animal feeding trials: a literature review", *Food and Chemical Toxicology*, n.50, 2012, p.1134-48.

Take the Flour Back, disponível em: http://taketheflourback.org/.

Recomendações da Comissão Presidencial dos Estado Unidos sobre biologia sintética, 2010: "New directions: the ethics of synthetic biology and emerging technologies", disponível em: http://bioethics.gov/cms/synthetic-biology-report.

E a resposta dos Friends of the Earth e ETC, disponível em: http://www.foe.org/news/blog/2010-12-groups-criticize-presidential-commissions-recommenda.

Referências bibliográficas e sugestões de leitura

Completando o circuito, Ferguson usou a evolução como uma metáfora introdutória para a gênese de ideias na Parte IV de seu extraordinário trabalho, formulado com pequeníssima ajuda minha. Agora estendo alegremente esta ideia ao reino da biologia sintética, tomando suas ideias emprestadas e transformando-as. Tenho certeza de que ele não vai se importar.

A natureza cambiante da criatividade, especificamente na música, em decorrência da lei do direito autoral, está documentada de maneira excelente por Joanna Demers em *Steal This Music* (University of Georgia Press, 2006).

Entre os exemplos mais impressionantes de *sampling* ou colagem em música estão as inúmeras reutilizações de um curto trecho de um solo de bateria do lado B de um *single* de sete polegadas de 1969 de The Winstons, uma banda de *funk soul* bastante esquecida. A seção de quatro compassos é conhecida como o *"Amen Break"*, pois a própria música chamava-se "Amen Brother", e caracteriza-se por batidas quebradas e sincopadas conhecidas como *breakbeat*. Em meados dos anos 1980, ela começou a aparecer como *samples* em faixas na cena do hip hop que se desenvolvia então em Nova York. No fim dos anos 1980, ela havia sido amplamente sampleada por muitas bandas de *dance music* e hip hop, entre as quais em "Straight Outta Copton", do conhecido grupo NWA. Uma década mais tarde, o *loop* de bateria de sete segundos havia aparecido em centenas de músicas, desde um *single* de David Bowie até os créditos do desenho animado *Futurama*. E os gêneros da *jungle music* e do *drum and bass* são inteiramente baseados no *Amen Break*. Um banco de dados de faixas que o utilizam está disponível em: http://amenbreakdb.com/.

O primeiro álbum a ser construído inteiramente com *samples* foi *Endtroducing* (1996), de DJ Shadow, usando pelo menos 99 *samples* nas dezoito faixas, tomadas de filmes que incluíam *Corrida silenciosa* (1972) e *Príncipe das sombras* (1987), e bandas que incluíam Queen, Metallica, Pink Floyd, Kraftwerk e Nirvana. A bactéria de Craig Venter, apelidada de Synthia, é provavelmente a coisa que mais se aproxima de uma célula viva inteiramente sampleada, embora *Endtroducing* seja culturalmente mais relevante e muito mais empolgante.

"Hello World": Anselm Levskaya et al., "Synthetic Biology: engineering *Escherichia coli* to see light", *Nature*, n.438, 24 nov 2005, p.441-2 (doi:10.1038/nature04405).

Três meses medindo as asas e os olhos de vários milhares de moscas de olhos pedunculados (*Cyrtodiopsis dalmanni*), após procriá-las e cultivá-las em milho-verde pútrido e liquefeito – que maravilha: P. David, A. Hingle, D. Greig, A. Rutherford, A. Pomiankowski e K. Fowler, "Male sexual ornament size but not asymmetry reflects condition in stalk-eyed flies", *Proceedings of the Royal Society B*, n.265, 1998, p.2211 (doi:10.1098/rspb.1998.0561).

O começo do processo de biocimentação que a equipe iGEM de Brown-Stanford usaria para conceber a criação do RegoBricks para terraformação: "Calcite precipitation induced by polyurethane-immobilized *Bacillus pasteurii*", *Enzyme and Microbial Technology*, n.28, 2001, p.404-9.

As células de câncer alvejadas e destruídas nesse sistema são chamadas células HeLa. Graças à sua ilimitada capacidade de se dividir – "imortalidade" –, elas foram experimentadas e distribuídas inúmeras vezes, e são de inestimável importância para muitos aspectos da biologia moderna. Elas foram retiradas em 1951 do colo do útero de Henrietta Lacks, americana negra e pobre que morreu de câncer e está enterrada num túmulo não identificado. Sua história é narrada com encanto e mestria por Rebecca Skloot no livro *The Immortal Life of Henrietta Lacks* (Macmillan, 2010).

Os dois artigos consecutivos que lançaram a natureza constituinte da engenharia genética no nascimento da biologia sintética: Michael B. Elowitz e Stanislas Leibler, "A synthetic oscillatory network of transcriptional regulators", *Nature*, n.403, 20 jan 2000, p.335-8 (doi:10.1038/35002125); Timothy S. Gardner, Charles R. Cantor e James J. Collins, "The construction of a genetic toggle switch in *Escherichia coli*", *Nature*, n.403, 20 jan 2000, p.339-42 (doi:10.1038/35002131).

Dez anos mais tarde, os circuitos haviam se tornado significativamente mais sofisticados, por exemplo: Tal Danino, Octavio Mondragón-Palomino, Lev Tsimring e Jeff Hasty, "A synchronized quorum of genetic clocks", *Nature*, n.463, 21 jan 2010, p.326-30 (doi:10.1038/nature08753).

Na *Nature*, minha colega Charlotte Stoddart fez um curta-metragem sobre a assombrosa sincronização sintética dessas bactérias e o divulgou no YouTube. Nele, a voz de Charlotte em *off* compara a ação fluorescente com uma "ola mexicana", pois ela se assemelha muito ao ritmo metacrônico demonstrado em estádios superlotados por torcedores levantando-se, gritando e sentando-se em sucessão. Os espectadores do YouTube não são renomados por fazer comentários muito sofisticados sobre os próprios vídeos, mas ficamos surpresos ao aprender ali que a expressão original, de origem britânica, era *mexican wave*, em consequência de sua ocorrência em jogos de futebol na Copa do Mundo do México, em 1986. Ao que parece, muitos outros povos do mundo acharam o nome vagamente racista.

Sobre os perigos de uma viagem a Marte: W. Friedberg et al., "Health aspects of radiation exposure on a simulated mission to Mars", *Radioactivity in the Environment*, n.7, 2005, p.894-901.

Uma boa análise das pretensões da biologia sintética e da propaganda exagerada à sua volta: Roberta Kwok, "Five hard truths for synthetic biology", *Nature*, n.463, 20 jan 2010, p.288-90 (doi:10.1038/463288a).

3. Remixagem e revolução (p.57-72)

Meus pensamentos sobre cópia, criatividade e música em relação à evolução e à biologia sintética foram influenciados, de maneira bastante apropriada, por uma série de vídeos on-line do diretor nova-iorquino Kirby Ferguson chamada *Everything is a Remix*, disponível, dividida em quatro partes, em: http://www.everythingisaremix.info/.

Referências bibliográficas e sugestões de leitura

Introdução (p.11-9)

Artigo de Craig Venter sobre a construção de uma célula a partir de um genoma inteiramente manufaturado: Daniel G. Gibson et al., "Creation of a bacterial cell controlled by a chemically synthesized genome", *Science*, n.329, 2 jul 2010, p.52-6 (doi:10.1126/science.1190719).

E a patente para o genoma mínimo de *Mycoplasma micoides*, ou "Synthia", como foi apelidado, disponível em: http://1.usa.gov/QsssVZ.

Venter encaixado entre David Cameron e Sarah Palin: *New Statesman*, 21 set 2010.

1. Criado, não gerado (p.21-35)

Encontrei-me fisicamente com Freckles, a cabra-aranha (e seu criador, Randy Lewis), pela primeira vez durante a filmagem de um episódio de *Horizon*, série de ciência da BBC. Partes deste capítulo foram tiradas de entrevistas feitas nessa filmagem e de um artigo que escrevi para o jornal *Observer* baseado no programa. "Synthetic Biology and the rise of the 'spider-goats'", 14 jan 2012.

F. Teulé et al., "A protocol for the production of recombinant spider silk-like proteins for artificial fiber spinning", *Nature Protocols*, v.4, n.3, 2009, p.341-55 (doi:10.1038/nprot.2008.250).

Aqui está o artigo escrito por Hamilton Smith em 1970 que caracteriza a enzima de restrição HinDII; foi essa tecnologia que originou toda a biologia molecular que se seguiu: H. Smith e K.W. Wilcox, "A restriction enzyme from *Hemophilus influenzae* 1. Purification and general properties", *Journal of Molecular Biology*, n.51, 1970, p.379-91 (doi:10.1016/0022-2836(70)90149-X).

2. Lógica na vida (p.36-56)

A mais abrangente análise da biotecnologia moderna é *Biology Is Technology: The Promise, Peril and New Business of Engineering Life*, de Robert H. Carlson (Harvard University Press, 2011); é um brilhante manual da ciência, economia e política desse campo sempre em mudança.

Circuito assassino do câncer de Ron Weiss: Zhen Xie et al., "Multi-input RNAi-based logic circuit for identification of specific cancer cells", *Science*, n.333, 2 set 2011, p.1307-11 (doi:10.1126/science.1205527).

GATACTATAGCAACGTTGCGTGATATTTTCACTACTGGCTTGACTGTAG
TGCATATGATAGTACGTCTAACTAGCATAACTAGTGATAGTTATATTTCTA
TAGCTGTACATATTGTAATGCTGATAACTAGTGATATAATCCAACTAGAT
AGTCCTGAACTGATCCCTATGCTAACTAGTGATAAACTAACTGATACATC
GTTCCTGCTACGTGATAGCTTCACTGAGTTCCATACATCGTCGTGCTTA
AACATCAGTGATAACACTATAGAGTTCATAGATACTGCATTAACTAGTGAT
ATGACTGCAAATAGCTTGACGTTTTGCAGTCTAAAACAACGTGATAATT
CTGTAGTGCTAGATACTATAGATTCCTGCTAAGTGATAAGTCTACTGATT
TACTAATGAATAGCTTGGTTTTGGCATACACTGTGCGCTGCACTGGTGA
TAGCTTTTCGTTGATGAATAATTTCCCTAGCACTGTGCGTGATATGCTA
GATTCTGTAGATAGGCTAAATTCGTCTACGTTTGTAGG TAGTAGTTTTA
GTTTGCTGTAACTAATATTATCCCTGTGCCGTTGCTAAAGCTGTATATCA
TAGTGCTGCTAGATATGATAAGCAAACTAATAGAGTCGAGGGGGAGTCA
TAGTGAATACTGATATTTTTAGTGCTGCCGTTGAATAAGTTCCCTGAAC
ATTGTGATACTGATATTTTAGTGCTGCCGTTGAATATCCTGCATTTAAC
TAGCTTGATAGTGCATTCGAGGAATACCCATACTACTGTTTTCATAGCTA
ATTATAGGCTAACATTGCCAATAGTGCGGCGCGCCTTAACTAGCTTAA

Criação

Adam Rutherford

Criação

O futuro da vida

Tradução:
Maria Luiza X. de A. Borges

Revisão técnica:
Denise Sasaki

Para Beatrice e Jake, que vieram de minhas células.

Título original:
Creation
(The Future of Life)

Tradução autorizada da primeira edição inglesa,
publicada em 2013 por Viking, um selo de Penguin Books,
de Londres, Inglaterra

Copyright © 2013, Adam Rutherford

Copyright da edição brasileira © 2014:
Jorge Zahar Editor Ltda.
rua Marquês de S. Vicente 99 – 1º | 22451-041 Rio de Janeiro, RJ
tel (21) 2529-4750 | fax (21) 2529-4787
editora@zahar.com.br | www.zahar.com.br

Todos os direitos reservados.
A reprodução não autorizada desta publicação, no todo
ou em parte, constitui violação de direitos autorais. (Lei 9.610/98)

Grafia atualizada respeitando o novo
Acordo Ortográfico da Língua Portuguesa

Preparação: Angela Ramalho Vianna | Revisão: Eduardo Monteiro, Tamara Sender
Indexação: Gabriella Russano | Capa: adaptada da arte da capa publicada por Viking,
um selo de Penguin Books | Impressão: Geográfica Editora

CIP-Brasil. Catalogação na publicação
Sindicato Nacional dos Editores de Livros, RJ

R94v   Rutherford, Adam
　　　　Criação: o futuro da vida/Adam Rutherford; tradução Maria Luiza X. de A. Bor-
　　　　ges. – 1.ed. – Rio de Janeiro: Zahar, 2014.

　　　　Tradução de: Creation: the future of life
　　　　Inclui bibliografia e índice
　　　　ISBN 978-85-378-1335-5

　　　　1. Evolução (Biologia). 2. Seleção natural. 3. Espécies. I. Título.

　　　　　　　　　　　　　　　　　　　　　　　　　　　CDD: 576.8
14-14928　　　　　　　　　　　　　　　　　　　　　　　CDU: 575.8

Sumário

Prefácio 9

Introdução 11

1. Criado, não gerado 21

2. Lógica na vida 36

3. Remixagem e revolução 56

4. Em defesa do progresso 71

Posfácio 101

Notas 116

Referências bibliográficas e sugestões de leitura 121

Índice remissivo 128

Agradecimentos 131

O futuro da vida

Prefácio

Os MELHORES LIVROS sobre evolução provavelmente já foram escritos. Isso é prova da ideia grandiosa, brilhante e correta que lhe é subjacente. Em novembro de 1859, Charles Darwin publicou *A origem das espécies*, em que esboçava seus ponderados argumentos sobre evolução pelo mecanismo da seleção natural. Embora o progresso da ciência determine que teorias e modelos estejam em constante evolução, nos 150 anos transcorridos desde essa publicação, todos os aspectos da pesquisa biológica serviram efetivamente para reforçar a ideia central exposta em *A origem das espécies*, a de que as espécies mudam ao longo do tempo com ganho ou perda de características segundo sua utilidade – ideia muitas vezes designada pelo aforismo do próprio Darwin: "descendência com modificação". Um século e meio de pesquisas mostrou de maneira indubitável o quanto a ideia de seleção natural é robusta.

Este livro fala do que aconteceu antes da origem das espécies e do que acontecerá de agora em diante, à medida que arquitetamos formas de vida que escapam às restrições da seleção natural. Ele diz respeito, em suma, ao que antecedeu à vida e ao que a sucederá. As duas partes do livro se referem também à descendência modificada. Nesta parte examinaremos a modificação da vida por ação humana – o projeto, a engenharia e a construção deliberada de novas formas de vida. Na primeira parte retraçamos a busca da origem da vida – a ascensão da química inerte à biologia no tumulto das rochas elementares, dos mares e do redemoinho borbulhante da Terra em seus primórdios. Para explorar esses esforços, precisamos compreender 4 bilhões de anos de evolução e os dois ou três séculos de biologia que conduziram a esse ponto crítico na história humana. Esses

dois campos são estreitamente interdependentes, um emaranhado matagal de ideias cujas conexões são evidência do método científico e de nossa
insaciável curiosidade por descobrir coisas. À medida que alcançamos
uma compreensão cada vez maior dos processos no começo da evolução,
mais aprendemos como manipular profundamente a biologia no presente,
e vice-versa: à medida que desmontamos células e as remontamos sinteticamente, aprendemos mais sobre as condições em que as primeiras
células surgiram.

Por essa razão, este é um livro formado de metades, e cada qual pode
ser lida de maneira independente, embora ambas as histórias sejam inextricavelmente relacionadas. Há duas capas, e este Prefácio, modificado
com pequenas alterações apropriadas, aparece no começo de ambas. Para
começar com a origem da vida, vire o livro de cabeça para baixo.

Introdução

> "O que não posso criar, eu não compreendo."
>
> RICHARD FEYNMAN, 1988

QUAL É A MELHOR MANEIRA de descobrir como uma coisa funciona? Há várias abordagens, entre as quais observar como ela se comporta ou testá-la (talvez até destruí-la, ou pelo menos até que ela falhe). Mas há um limite para o que podemos aprender com essas técnicas. A fim de compreender uma coisa complexa, é preciso desmontá-la. Um mecânico de automóveis não pode compreender as complexidades do motor de combustão interna apenas destruindo-o numa pista de corrida. Para entender o motor é preciso desmontá-lo e ver como as partes se encaixam, o que cada uma delas faz e como se relaciona com as outras.

Desde antes da descoberta da célula,[1] a unidade mais básica da vida, no fim do século XVII, os biólogos passaram grande parte de seu tempo observando e testando como funcionam as coisas vivas. Contudo, um esforço muito mais instrutivo consistiu em desmontá-las. Leonardo da Vinci foi um consumado anatomista, que desenhou muitos diagramas lindamente intricados das entranhas de animais e pessoas para determinar estruturas e funções dentro do nosso corpo. No princípio do século XVII, William Harvey deduziu os mecanismos da circulação sanguínea dissecando a delicada construção de veias e artérias e o coração animal e humano.

Cinquenta anos mais tarde, o negociante de tecidos holandês Antonie van Leuwenhoek descobriu as células, coisas de que são feitas todas as formas de vida. À medida que os microscópios se aperfeiçoaram, as entranhas

dessas pequeninas bolsas de matéria viva foram paulatinamente reveladas e por fim removidas das membranas protetoras que as encerram. No século XIX, a mera observação dava lugar ao trabalho químico de detetive, e a composição dos elementos das células – proteínas e outros ingredientes essenciais da vida – começava a ser descrita.

Durante esse mesmo século, com as técnicas da química, o DNA foi isolado pela primeira vez, embora quase cem anos tenham se passado antes que sua importância e a icônica dupla-hélice fossem descobertas. Em 1869, um jovem médico chamado Friedrich Miescher trabalhava em Tübingen, na Alemanha. Em decorrência da guerra franco-prussiana então em curso, ele tinha fácil acesso às bandagens encharcadas de pus dos soldados feridos que apodreciam lentamente no hospital do lugar. O pus contém grande abundância de células brancas do sangue, chamadas leucócitos, cujo objetivo é combater a firme invasão de intrusos causadores de doenças no ferimento aberto. Extraindo vários ingredientes das fétidas bandagens, Miescher isolou uma substância química que continha quantidades significativas do pequeno grupo molecular fosfato. Esse grupo particular de cinco átomos em geral não é detectado em proteínas, cuja composição química já havia sido bem estudada àquela altura. Por isso Miescher imaginou que aquele extrato era algo diferente. Chamou-o "nucleína", pois provinha sobretudo do núcleo dos leucócitos dos soldados, um compartimento separado no centro das células de qualquer vida complexa. Como os nomes das proteínas tendem a terminar com as letras "ina", como hemoglobina ou insulina, é tentador especular que Miescher ainda pensava aquele extrato em termos similares. Seu trabalho nunca foi levado adiante; só muitos anos depois, quando se demonstrou que a nucleína pertencia a uma classe inteiramente diferente de moléculas, isso foi identificado como DNA.

No século XX, a biologia amadureceu, transformando-se no estudo de componentes cada vez menores das células. Em 1953, num episódio famoso, o DNA foi caracterizado por Watson e Crick com base nos dados de Rosalind Franklin e Maurice Wilkins; e Crick, juntamente com dezenas de outros pesquisadores, passou os anos seguintes decifrando como a informação vital estava armazenada dentro da dupla-hélice. Esses dados

Introdução   13

biológicos são as instruções para se construir um organismo, e cada espécie
tem seu próprio conjunto, conhecido como "genoma". O modo como ele
funciona para a nossa espécie tornou-se foco do mais grandioso esforço já
realizado na biologia, o Projeto Genoma Humano. Esse empreendimento
terminou na primeira década do século XXI com uma completa transcrição dos 3 bilhões de letras de DNA de um ser humano médio, embora os
mistérios da genômica humana continuem em pesquisa.

Do marco estabelecido por Crick e Watson em diante, a segunda metade do século XX foi a era da biologia molecular, e quando o século terminou, a maior parte de toda a pesquisa científica na Terra dizia respeito, de
forma geral, às moléculas da vida – o DNA, seu primo igualmente importante, o RNA, e as proteínas. A compreensão das moléculas e da linguagem
da vida e de sua natureza universal transformou profundamente todos
os aspectos de nossa compreensão acerca dos organismos vivos. Como
vimos na outra metade deste livro, o DNA e a biologia molecular foram
a argamassa final que cimentou nossa compreensão sobre a natureza da
evolução, e forneceram um mecanismo unificador pelo qual podemos
retraçar nosso caminho de volta ao passado remoto e rumo a uma origem
singular da vida, um tronco a partir do qual toda a vida se desenvolveu.

Mas isso gerou também uma nova maneira de examinar as coisas
vivas. Como descobriremos nos capítulos que se seguem, nossa robusta
compreensão das moléculas da vida conduziu a uma era em que podemos
alterar, manipular e efetivamente remixar o código genético básico de
qualquer coisa viva. Reunimos esses campos relacionados sob a expressão
abrangente "engenharia genética", que já começou a transformar aspectos
de nossas vidas. Ela revolucionou a descoberta de como certas doenças
ocorrem, pois podemos alterar o DNA de animais e células para imitar
essas doenças e usar essas células remixadas como um campo de testes
para novos e audaciosos tratamentos médicos.

Se o século XX biológico estava interessado em desmembrar células
para compreender como elas funcionam, essa compreensão recém-adquirida deu-nos também a capacidade de remontá-las de novo, agora projetadas
por nós, com inteligência, para atingir fins específicos. Células são minús-

culas fábricas que evoluíram ao longo de bilhões de anos para desempenhar funções altamente especializadas – construir ossos, armazenar lembranças, converter luz em eletricidade em nossos olhos, ou engolir invasores que podem nos causar dano. Elas estão reunidas numa comunidade que funciona em harmonia para formar um organismo, ou, como é o caso da maioria das células na Terra (as bactérias e suas primas menos conhecidas, as arqueias), vivem de forma independente, como entidades únicas.

A citação no início desta Introdução, "O que não posso criar, eu não compreendo", é atribuída ao grande físico, tocador de bongô e versátil mestre da ciência e da divulgação científica Richard Feynman. Esta foi a última mensagem que deu para seus alunos, escrita em seu quadro-negro no California Institute of Technology (Caltech), antes de sua morte em 1988. É na remontagem da linguagem da vida que nos situamos num plano acima da mera compreensão dos sistemas vivos, um plano em que formas de vida são ferramentas construídas. A manipulação genética tornou-se engenharia em grande escala e agora evoluiu num novo campo, cujo objetivo é apenas criar formas de vida que sirvam como ferramentas para a humanidade. Ele é conhecido pelo oximoro "biologia sintética".

Na ciência, as definições muitas vezes são imprecisas e com frequência pouco úteis. Biologia sintética é uma expressão que significa diferentes coisas para diferentes pessoas, e aspectos dessas definições são discutidos nas próximas páginas. Cientificamente, ela é uma descendente direta da engenharia genética, e a superposição entre as duas nem sempre é clara. Por essa razão, examinei as duas no curso da exploração de nossa recém-adquirida habilidade de criar formas de vida usando partes de genes de células tomadas da caixa de ferramentas fornecida pela evolução. E por fim, como um pós-escrito, analisarei a criação de moléculas inteiramente novas que se ajustam ao DNA mas não são parte do léxico da evolução – novas linguagens e novos usos para o código genético.

Todas as criações da engenharia genética e da biologia sintética são novas para o inventário da vida. A maior parte delas consiste em modificações secundárias, ou pequenas adições que acrescentam nova função a um organismo (ou suprimem uma função existente). Quase todas ocorrem

Introdução   15

em bactérias, cujas genéticas foram suficientemente bem compreendidas para que elas se tornassem o equipamento essencial da moderna era da biologia. Mesmo assim, a biologia sintética é um novo campo, e muitas pessoas talvez não o tenham encontrado antes.

Isso mudou em maio de 2010, quando os noticiários foram brevemente – e de maneira inédita – tomados de assalto por uma única célula. Ela ganhou um nome, e fotos de Synthia, como se tornou conhecida, adorna-ram as primeiras páginas das publicações e as telas de canais de televisão pelo mundo todo. Depois de mais de dez anos de labuta e cerca de US$ 40 milhões, o geneticista J. Craig Venter publicou um artigo que descrevia uma célula bacteriana que sua equipe havia criado. Seu genoma não fora montado dentro de uma célula-mãe, como ocorrera com todas as outras células na história, mas num computador. A imprensa delirou. Uma revista classificou Venter como a 14ª pessoa mais influente na Terra, encaixado entre o atual primeiro-ministro britânico, David Cameron, e a política americana Sarah Palin. Embora tenha sido um importante marco, Synthia não chegou propriamente a fazer parte da revolução da biologia sintética que está começando agora.

O próprio Craig Venter estava ávido por assinalar esse evento em termos grandiosos. Para ilustrar nosso domínio sobre o DNA, e para dis-tinguir Synthia – também conhecida como *Mycoplasma micoides JCVI-syn1.0* – de bactérias que ocorriam naturalmente, Venter e sua equipe esconde-ram em seu genoma o que os jogadores de videogame chamam de "ovo da Páscoa". Este tinha a forma de mensagens cifradas secretas no DNA da nova criatura. Uma delas foi "O que não posso construir, eu não posso compreender", numa ligeira alteração da frase de Feynman. Um membro anônimo da equipe de Craig Venter a obtivera de um site desconhecido na internet, um tipo de fonte de referências que volta e meia se revela enga-nosa. Mas, erros à parte, essa citação ovo da Páscoa serviu ao objetivo de estampar uma "marca-d'água" indelével na bactéria, provando sua origem artificial. Ela mostrou também que o DNA pode agir como um disposi-tivo de armazenamento de dados, um meio de codificar informação que não seja biologicamente relevante. Trataremos desse campo emergente

no Posfácio. Em seu conjunto, toda essa história foi uma impressionante demonstração de quanto avançamos em nossa capacidade tecnológica de manipular e construir DNA.[2]

Synthia deve sua existência ao Projeto Genoma Mínimo. *Mycoplasma genitalium* é um parasita que causa leve queimadura e coceira em homens e mulheres infectados quando eles urinam. Mas não é isso que o torna intrigante. O interesse de Venter por essa célula decorre do fato de que ela tem meros 517 genes e um genoma de apenas 582 mil letras de código genético, chamadas bases (em contraposição aos 4,6 milhões de bases do mais comum micróbio de laboratório, *E. coli*, ou aos 3 bilhões dos seres humanos). Após sequenciar o primeiro genoma completo em 1995, Venter e colegas dedicaram-se a *M. genitalium*. Essa não foi uma escolha ditada pela preguiça, e sim o primeiro passo decisivo para a grande ideia seguinte de Venter. O plano era (e é) determinar o menor número de genes e a quantidade mínima de código genético necessários para sustentar uma célula viva. A vida originou-se com apenas um punhado de genes básicos; eles foram copiados e sofreram mutação para que toda a vida subsequente florescesse. Mas aquelas primeiras células devem ter iniciado com um conjunto de nível elementar. Começar com o menor genoma conhecido (na época) fazia muito sentido. A longo prazo, o plano era estabelecer a quantidade mínima de DNA necessária para uma célula existir e se reproduzir, de modo a usar esse genoma como uma base sobre a qual eles pudessem desenvolver novas funções. Essas funções são tipicamente grandiosas: por exemplo, lidar com o problema do dano ambiental que nosso uso de combustíveis fósseis provocou no planeta, construindo micróbios capazes de produzir hidrogênio utilizável como combustível. Há algumas razões para se construir uma célula a partir do zero, em vez de modificar uma já existente. Essas células podem ser controladas de maneira mais precisa em condições definidas, e por isso só crescem em laboratórios; elas podem ter um objetivo único embutido em seu programa genético, de tal modo que as funções normais das células ficam restringidas. Mas a razão fundamental é o controle: podemos potencialmente controlar uma célula sintética muito melhor do que células naturais que não compreendemos por completo.

Introdução   17

Synthia representa uma prova do princípio de que é possível construir sinteticamente um genoma inteiro, ainda que muito pequeno. É possível introduzi-lo numa célula de modo que esta funcione e, o que é decisivo, se reproduza como qualquer outra bactéria. De maneira mais ampla, essa saga mostra a ambição dos cientistas de transformar a biologia numa ciência aplicada, em engenharia. Ela revela que a fabricação molecular requerida na biologia sintética nada tem de fácil, o que não é de surpreender, sendo o campo tão jovem. Os protagonistas da forma mais pura de biologia sintética têm a engenharia como seu princípio orientador fundamental, e, de maneira ainda mais específica, a versão mercantilizada da engenharia elétrica. Não se trata apenas, portanto, de investigar e compreender como processos vivos funcionam, mas de recriar, remixar e construir organismos vivos que solucionem problemas globais.

Com a publicação da criação de Venter, a mídia exibiu uma curiosa mescla de ranger de dentes e triunfalismo inadequado. O *Daily Mail*, jornal do Reino Unido não conhecido por reportar avanços científicos de maneira matizada, publicou a notícia com uma manchete que alardeava: "Cientistas acusados de brincar de Deus após criar vida artificial fazendo micróbio projetado a partir do zero – mas poderia ele erradicar a humanidade?" "Não" é a resposta muito simples para essa pergunta, como ocorre inevitavelmente quando manchetes de jornal sobre ciência terminam com um ponto de interrogação. Eis a razão: Synthia foi projetada com dispositivos à prova de falhas embutidos em seu genoma. Em geral, eles podem funcionar de duas maneiras: primeiro, podemos incluir genes que determinam que nossa bactéria modificada só cresce numa mistura muito específica de alimentos que apenas o laboratório sabe como produzir; segundo, o genoma do qual Synthia foi copiado e modificado baseia-se num pequeno patógeno de cabra que causa infecção no úbere. A equipe de Venter inseriu na célula um naco de DNA que a torna incapaz de causar infecção. Assim, embora possa sobreviver precariamente fora do laboratório em que foi criada, ela não seria capaz de florescer em seu hábitat preferido, a menos que um especialista em biologia molecular modificasse suas limitações genéticas. Poderia ela erradicar a humanidade? Não; po-

rém, se um geneticista habilidoso fosse persistente e maldoso o suficiente, sem dúvida acabaria importunando uma cabra.

O alvoroço não se limitou aos tabloides. Professores eminentes não se envergonharam de fazer coro com o excesso de arrogância. Julian Savulescu, professor de ética da Universidade Oxford, declarou ao jornal *Guardian*:

> Venter está entreabrindo a mais fundamental porta na história da humanidade, espreitando potencialmente o seu destino. Ele não está apenas copiando artificialmente a vida, ... ou modificando-a de forma radical por engenharia genética. Está avançando em direção ao papel de um deus: criando vida artificial que poderia nunca ter existido de maneira natural.

Claro que uma vaca frísia ou uma couve-lombarda são formas de vida cuja existência natural teria sido extremamente improvável. Elas foram cultivadas ao longo de inúmeras gerações com o objetivo expresso de amplificar características desejáveis: úberes cheios de leite ou folhas crocantes. Apesar disso, duvido que alguém acusasse um fazendeiro comum de estar entreabrindo portas fundamentais na história da humanidade.

Terá Venter criado vida? Num sentido muito particular, sim. Mas, na maioria dos outros, não. Sem dúvida Synthia não existia como coisa viva até a equipe de Venter gerá-la num tubo de plástico. Seu genoma foi criado num computador e depois numa máquina alimentada com quatro garrafas contendo as letras cruas do código genético. Ela não foi derivada a partir da replicação biológica de um genoma existente que se autocopiava usando o método que serviu à vida durante bilhões de anos. Todavia, a própria sequência, modificada com interruptores genéticos suicidas à prova de falhas e citações pretensiosas (e erradas), foi replicada a partir de uma espécie existente. E o chassi em que o genoma sintético foi colocado era de uma célula existente tomada de uma espécie existente na natureza, que, de forma distinta, fazia parte da árvore profundamente enraizada da vida. O que Craig Venter e sua equipe fizeram foi recriar sinteticamente uma forma de vida. Isso é sem dúvida, por si só, uma façanha gigantesca.

Introdução

Trata-se de mais um passo no caminho de adquirir total controle sobre o DNA e nossa capacidade de manipular a vida.

A segunda coisa que os esforços de Venter revelam é o grau em que esse campo nascente é mal compreendido e deturpado. Há dezenas de milhares de anos manipulamos coisas vivas, embora nunca antes com tal precisão molecular. O ritmo do progresso foi vertiginoso. Uma década atrás, terminei meu doutorado em genética, durante o qual fiz pequenos atos de manipulação genética para descobrir como o olho se desenvolve, e por que em certas famílias isso dá errado, levando algumas crianças a nascerem cegas. Os tipos de experimento que eu fazia então poderiam hoje ser realizados por estudantes ainda no curso de graduação ou mesmo por amadores conhecidos como biohackers – pessoas, por vezes ainda em idade escolar, que misturam genes e DNA de organismos em garagens, nos fins de semana. Em certo sentido, esse é um progresso natural, graças ao qual novas tecnologias se generalizam e a exclusividade que acompanha o conhecimento especializado ou a invenção é perdida à medida que elas se tornam ferramentas padronizadas. Mas o ritmo dessa transferência é assustador – e mal compreendido fora do mundo da ciência. Na atmosfera certa (ou pior, na errada), as pessoas temem o que não compreendem. Como a história de Craig Venter e Synthia mostra, a ciência extraordinária pode resultar em reações viscerais.

O que se segue é um instantâneo desse campo embrionário da engenharia de coisas vivas. Os biólogos sintéticos têm em mente aplicações, soluções projetadas e construídas para os problemas que este planeta enfrenta e, de maneira mais inacreditável, as ferramentas para explorar para além de nossos grilhões terrestres. Muitas das aplicações das criações descritas aqui são especulativas, mas isso não impede que sejam construídas com um propósito em mente. Com o advento dessas criações, estamos à beira de uma nova revolução na indústria. A madeira, o ferro e o carvão que impulsionaram a Revolução Industrial dos séculos XVIII e XIX foram realmente tirados da natureza – cortada, minerado e extraído do mundo natural. Mas, no uso, eles foram convertidos em algo inanimado e morto. Dessa vez, os agentes de mudança não são apenas tirados do mundo natural – eles estão vivos.

1. Criado, não gerado

"Sou contra a natureza. Não curto mesmo a natureza.
Acho a natureza muito artificial."

BOB DYLAN

FRECKLES PARECE UM filhote perfeitamente normal. Ela tem olhos brilhantes, uma saudável pelagem branca, e cabriola alegremente com Pudding, Sweetie e seus cinco outros irmãos, exatamente como você esperaria de uma cabrita. Até que eu a afaste, gosta muito de mascar minhas calças. Para o observador casual e para pastores de cabras profissionais, nada a diferencia de uma cabra de terreiro numa fazenda normal.

Na verdade, porém, Freckles é extraordinária. Embora a maior parte de seu genoma seja o que você esperaria encontrar numa cabra, há em seu DNA um canto "estrangeiro", tomado de *Nephila clavipes*, uma espécie comum de aranha. A linguagem do DNA é exatamente a mesma nas cabras e nas aranhas, bem como em todas as coisas vivas. Mas a tradução desse pedaço particular de código é muito estranha a uma cabra comum. Ele foi inserido num ponto muito específico do genoma de Freckles, junto de uma instrução codificada que estimula a produção de leite em seus úberes. Em consequência dessa intrusão genética, quando a cabra produz leite, ele está repleto de seda de aranha.

Freckles é a criação de uma equipe de cientistas da Universidade do Estado de Utah liderada por Randy Lewis. Visitei seu laboratório, que é de fato uma fazenda situada na base de uma intimidante cadeia de montanhas em Logan, Utah. Embora muito diferente das salas esterilizadas de um

típico laboratório de biologia molecular, trata-se de um cenário bastante adequado, pois Lewis e seus colegas cientistas são, em certo sentido, os mais avançados fazendeiros na história de nossa espécie. Eles estão interessados é na seda de aranha, a fibra diáfana em que as aranhas costumam se pendurar quando estão caindo. Esse material tem propriedades assombrosas, com uma combinação e força e elasticidade não superadas por qualquer coisa que os seres humanos já tenham conseguido fabricar. O gene de *Nephila clavipes* existe desde o período jurássico, que começou cerca de 201 milhões de anos atrás, e durante as épocas precedentes e desde então a natureza conspirou para conferir a essas aranhas um produto que está tão acima dos maiores esforços da humanidade, mas que esses animais produzem a granel, sem pensar. Podemos fazer fibras dotadas de força, ou com grande elasticidade, mas não reunir as duas coisas. É por isso que existe Freckles, a criação artificial de cientistas.

Durante mais de 10 mil anos, desde a aurora da agricultura, identificamos características atraentes no mundo natural e tentamos acentuá-las e explorá-las. Isso é agropecuária. Trata-se de um processo que é, em essência, o exato oposto da seleção natural, embora utilize os mesmos meios. Em vez de a sobrevivência determinar que adaptações inteligentemente projetadas vão se desenvolver, escolhemos características que nos parecem atraentes e reproduzimos espécies para otimizar esses traços, quer seja em frutas ou cereais, em gado de corte, leiteiro ou para explorar o couro, em cães e plantas reproduzidos para desenvolver determinado comportamento ou por estética. A agropecuária é a evolução projetada.

Até a era da engenharia genética, essa seleção artificial foi limitada de maneira inerente por restrições naturais. Embora seja difícil explicitar sua natureza, uma espécie pode ser definida como um grupo de organismos que, quando cruzados uns com os outros, produz crias férteis. Não se trata de uma definição infalível, e o processo pelo qual essa barreira se introduz – a especiação – é uma das grandes questões na biologia. Contudo, do ponto de vista de um fazendeiro, as limitações da barreira das espécies são insuperáveis. Em termos rasteiros, não se pode acasalar um porco com uma vaca.

Criado, não gerado

Traços desejáveis são introduzidos no curso do tempo mediante cuidadoso acasalamento seletivo ao longo de gerações, fato que Charles Darwin conhecia bem. O capítulo de abertura de *A origem das espécies* é dedicado não à sua tese central da evolução por seleção natural, mas à seleção artificial em pombos. Nessa seção sobre pombos, Darwin demonstra que as espécies não são imutáveis, podendo mudar ao longo do tempo geracional. As aves que ele descreve foram criadas durante milhares de gerações por reprodutores fantasiosos e competitivos, para exibir penas, pescoços e pés os mais absurdos, que lhes valessem prêmios, tanto que tinham nomes como Trumpeters, Fantails, Tumblers e Pouters.* Por meio da observação meticulosa de seus esqueletos, e em oposição direta às opiniões sustentadas com energia pelos criadores de pombos, Darwin revelou, corretamente, que essas aves continuavam a ser variedades da mesma espécie, o pombo comum *Columba livia*.

Com a descoberta do código genético – DNA – e o advento de nossa capacidade de manipulá-lo, somos agora capazes de evitar as limitações da evolução e violar radicalmente a barreira das espécies. Freckles, embora nada extraordinária em termos das técnicas de modificação genética hoje disponíveis, é um sensacional exemplo dessa transgressão genética. Porcos e vacas são ambos mamíferos, ambos artiodáctilos ungulados e estreitamente relacionados entre si em termos evolutivos, bem como com camelos, girafas e hipopótamos. Seus ancestrais comuns existiram algumas dezenas de milhões de anos atrás, um piscar de olhos na evolução. Mas essa distância é suficiente para impedir uma prole viável, caso eles tentassem o acasalamento. Essa barreira é estabelecida por incompatibilidades genéticas divergentes, embora o congresso físico seja concebível. Alguns animais estreitamente relacionados produzem de fato filhos viáveis, como zebrasnos, ligres e bardotos, embora esses híbridos tendam a ser inférteis e, por isso, becos sem saída evolucionários, pois eles mesmos não podem se reproduzir.[1]

---

* Os Trumpeters são assim chamados por sua vocalização singular; os Fantails têm caudas em leque; os Tumblers são acrobatas, girando para trás no voo; e os Pouters têm um papo grande e inflável. (N.T.)

O último ancestral comum de uma aranha e uma cabra deve ter existido há algo em torno de 700 milhões de anos, época em que os seres que iriam adquirir cascas duras, como insetos e crustáceos, estavam se diferenciando de criaturas com exteriores carnudos, como os písceos ou reptilianos que conduziriam finalmente a nós. Como a árvore da vida complexa só cresce por ramos divergentes, aranhas e cabras não trocaram genes desde então. Diferentemente de uma zebra ou de um asno (ou mesmo de um porco e uma vaca, quanto a isso), a união sexual de uma aranha com uma cabra é obviamente impossível por motivos físicos. Mas o código de DNA que ambas carregam é igual em todas as formas de vida conhecidas. Trata-se da mesma linguagem, formatada da mesma maneira, de modo que as ferramentas e a mecânica para a tradução desse código são cegas para seu sentido cifrado. Assim, se o gene da seda de aranha é introduzido no genoma de uma cabra de modo suficientemente cuidadoso para não perturbar a biologia essencial, a maquinaria celular da cabra produzirá seda de aranha sem referência à sua origem aberrante.

É exatamente isso que acontece nos úberes de Freckles. Em aranhas, a seda é feita de curtos filamentos de proteína que se alinham e se autocongregam à medida que são empurrados ou extraídos da fiandeira do animal. As proteínas são elas mesmas longas cadeias de moléculas chamadas aminoácidos, e as próprias combinações específicas de aminoácidos nas fibras de seda significam que elas se alinham e se superpõem, engatando-se em fios contínuos dotados de flexibilidade. Em razão disso, esses fios têm extensão, força e elasticidade. As cabras de Randy Lewis produzem em abundância as curtas proteínas da seda, que flutuam livremente no leite. A gordura é removida do leite, que depois é passado em um processador de alta pressão. A partir daí, usando apenas um bastão de vidro, eu puxo um único fio de seda de aranha do leite da cabra, e os bicos e caudas das fibras mais curtas vão se ligando à medida que eu as retiro do líquido. O fio é forte o bastante para que eu o enrole num carretel, aos metros. Até agora, essa seda artificial não tem exatamente a mesma força elástica ou tênsil que a criada pelas próprias aranhas. A pesquisa continua.

Criado, não gerado

Embora aparentemente bizarro, esse processo é a agropecuária da próxima geração. As propriedades físicas da seda de aranha a tornam uma substância extremamente desejável para a humanidade. Ela é mais rija que a fibra Kevlar, feita pelo homem e usada em trajes blindados e pneus à prova de bala. Também não gera uma resposta considerável do sistema imunológico e é insolúvel em água, dois aspectos de que os gregos antigos tiravam partido, usando teias de aranha como emplastro em feridas que sangravam. Essas propriedades significam que seda de aranha tem grande potencial para o reparo de ligamentos, para o qual a medicina hoje usa fatias de carne extraídas dos músculos do próprio paciente ou tecido proveniente de corpos mortos. Nenhuma dessas soluções é permanente, por isso seria muito útil um ligamento substitutivo feito de uma substância biologicamente neutra, com força física igual ou maior que a de nossos próprios ligamentos.

Por mais absurdo que pareça dizer isso, não é possível criar aranhas em cativeiro. Quando mantidas em grupo, elas tendem ao canibalismo. Com nossa capacidade de violar os limites entre as espécies naturais mediante o uso das ferramentas da genética moderna, somos capazes de colher um produto inserindo seu código num animal que pode ser criado. Embora Freckles, a cabra-aranha, seja um impressionante exemplo de nossa grande perícia na mistura de genes, ela está longe de ser um caso isolado. Isso é engenharia genética: a criação de vida artificial usando a generosa caixa de ferramentas da evolução.

A linguagem do DNA é carregada por todas as coisas vivas porque a vida sobre a Terra evoluiu, em última análise, a partir de uma origem única, uma célula que existiu 4 bilhões de anos atrás.[2] A linguagem, o código e a mecânica de todas as células vivas são iguais. O DNA carrega uma linguagem oculta que é decodificada por uma molécula mensageira chamada RNA, que é traduzida em proteínas. As proteínas realizam todas as funções da vida, seja como enzimas que aceleram reações bioquímicas essenciais dentro de nossas células para nos fornecer energia vital, seja como missivas, tais como hormônios, que levam instruções de uma parte do corpo para outra. Além de formar estruturas que mantêm nossas cé-

lulas coesas, as proteínas fabricam outras estruturas como ossos, dentes e cabelos. Em suma, toda vida é feita de ou por proteínas.

Em razão dessa origem comum e desse processo universal, a mecânica celular de ler e traduzir o código de DNA é ao mesmo tempo cega para seu sentido e indiferente a ele, o que significa que o código das coisas vivas pode ser usado para transgredir as barreiras naturais da reprodução. Quimeras como Freckles são chamadas de organismos "transgênicos", pois os genes foram movidos através da barreira das espécies.

O progresso científico depende do desenvolvimento de novas tecnologias. Os seres humanos são exímios no uso de ferramentas, e sempre procuramos instrumentos úteis na natureza. Vemos o que está disponível, nos apropriamos disso e o modificamos para diferentes usos, desde o tempo em que usávamos ossos como porretes. O mundo natural sempre serviu como nossa caixa de ferramentas. Lascamos sílex na forma de facas toscas, entalhamos galhos de árvore na forma de pontas de flecha, fundimos metais a partir de pedras e usamos peles de animais costuradas com agulhas de osso e fios vegetais. A tecnologia que permitiu a violação da barreira das espécies requerida pela modificação genética também é tomada de empréstimo do assombroso banco de recursos da natureza. Ela vem de nossos primos evolutivos mais distantes, as bactérias.

Em 1968, Hamilton Smith (que trabalhava então no Departamento de Microbiologia na Universidade Johns Hopkins em Baltimore) isolou o primeiro de um conjunto de proteínas que deu início à era da engenharia genética, e por isso compartilhou o Prêmio Nobel de Fisiologia ou Medicina de 1978. Essas proteínas, conhecidas como "enzimas de restrição", agem muito como tesouras de DNA. Na natureza, as enzimas de restrição de uma bactéria cortam sua própria dupla-hélice como meio de protegê-la contra a invasão de vírus. Como um vírus carrega somente seu código genético, e nada da maquinaria para replicá-lo, seu objetivo é assumir o controle da célula hospedeira para se reproduzir. A célula infectada traduz o código do vírus e fabrica novos vírus, inadvertidamente, liberando-os em massa, até que a célula explode. Enzimas de restrição são parte do arsenal para evitar essa invasão, eliminando o DNA intruso.

Criado, não gerado 27

A habilidade de cortar DNA é de extrema serventia para os geneticistas, pois enzimas de restrição não cortam o código aleatoriamente. Elas só cortam quando reconhecem uma fileira precisa de letras no código genético. Há uma enorme variedade de enzimas de restrição, algumas das quais cortam em sequências comuns, outras em pedaços muito raros de DNA. Imagine isso em funcionamento neste livro: uma enzima de restrição que faz o corte quando vê a palavra "célula" iria despedaçar o livro em fragmentos, como se ele tivesse sido baleado com uma espingarda de caça. Uma enzima de restrição que cortasse a palavra *jumentous*[3] cortaria o texto exatamente em três pedaços, pois essa palavra incomum aparece apenas duas vezes.

Essa ferramenta de edição de ocorrência natural permitiu aos cientistas tratar DNA e genes da maneira como usamos hoje o software de processamento de palavras: para cortar, copiar e colar de uma seção para outra. Este parágrafo começou sua vida em outro capítulo, mas com um simples par de cliques eu o transpus para cá e o modifiquei para lhe dar sentido. De maneira semelhante, o gene da seda de aranha começou sua vida numa aranha e foi transferido para o genoma de uma cabra nascente, manipulado e posicionado de maneira a fazer sentido biológico. Hoje, centenas de enzimas de restrição estão isoladas e caracterizadas, são baratas e facilmente disponíveis. E, no que é ainda melhor que mover texto de cá para lá, como o DNA é uma dupla-hélice, feita de dois filamentos que se espelham um ao outro com código complementar, há outro truque útil que essas ferramentas de edição de genoma podem efetuar. Algumas simplesmente fendem os dois filamentos do DNA no mesmo ponto. Essas extremidades são chamadas de "abruptas", e qualquer outro DNA de extremidade abrupta pode ser prontamente colado nelas, duas extremidades coladas uma na outra, como um dominó em branco. Depois de ligados, os DNAs são perfeitamente estáveis e valiosos para o engenheiro de genes, pois podem ser colados em qualquer lugar. Mas outras enzimas de restrição cortam cada um dos filamentos em pontos separados por algumas letras, criando extremidades "coesivas", com um filamento de DNA projetando-se além do outro. Isso os torna um dominó desigual, em que

só podemos juntar à extremidade o pedaço correspondente. Um trecho de DNA "estrangeiro" que tem a extremidade coesiva complementar pode se unir ao DNA hospedeiro, encaixando-se direitinho no lugar. Isso significa que inserções podem ser orientadas numa direção particular, e outras inserções úteis, acrescentadas para fazer caminhos genéticos mais complexos, numa sucessão de dominós montada segundo um projeto.

No laboratório, quase todos esses experimentos de biologia molecular envolvem a transferência de pequeninas quantidades de líquidos incolores de um tubo minúsculo para outro. A ação de enzimas de restrição sobre o DNA é invisível a olho nu, e verificamos o sucesso com uma bateria de visualizações indiretas, como medir a massa dos fragmentos cindidos ou reunidos de novo. Em geral não ocorre nada de sensacional, e não é fácil ver os atos profundamente antinaturais que estão sendo perpetrados. Em última análise, porém, o teste real é ver se e como esses códigos reconstruídos funcionam em células e organismos. Por vezes os efeitos podem ser flagrantes e notáveis. Com frequência, porém, o impacto da modificação genética pode ser sutil ou oculto, e por isso a capacidade de detectar onde e quando um experimento está funcionando é uma arte delicada.

Em genética, fazer um transgene, o código em que estamos interferindo, é só o primeiro passo. O código não faz nada por si só, por isso deve ser inserido em uma célula onde a decodificação acontecerá, e onde esperamos que a mensagem subvertida será levada a cabo. Em Freckles, o código não é apenas o gene da seda de aranha, mas instruções que dizem quando ele será ativado, ou "expresso" na linguagem da genética. Graças à cuidadosa construção, a seda só será produzida no leite, ainda que o gene vá estar presente em cada uma das células da cabra.

Durante os anos 1990, pedaços extras de código genético acrescentados ao depósito de ferramentas incluíram rótulos coloridos, de tal modo que pudéssemos ver exatamente ao microscópio se o gene havia sido absorvido com sucesso em seu novo portador. Mais recentemente, foram acrescentados rótulos fluorescentes, permitindo-nos ver onde o gene está ativo depois que foi integrado a um animal. O exemplo visualmente mais impressionante disso é a denominada Proteína Fluorescente Verde (GFP,

Criado, não gerado   29

da sigla em inglês), que, em sua hospedeira natural, a água-viva *Aequorea*, emite um brilho verde na escuridão dos oceanos. O gene que codifica esse sinal luminoso foi extraído da água-viva, de modo a poder ser acrescentado ao gene que estamos testando. Como em cabras-aranhas, a maquinaria que traduz o DNA em proteínas funcionais é indiferente a seu significado, por isso lê o código genético universal sem preconceito de espécie e brilha para mostrar que seu gene modificado está funcionando.[4]

Genes nunca trabalham sozinhos. Eles fazem parte de cascatas de atividade em rede, como uma série de instruções condicionais. Todas as células contêm todos os genes que integram o genoma desse organismo, seja ele necessário ou não. Assim, a coreografia da ativação dos genes é de suprema importância. A ativação de um gene poderia provocar a ativação – ou expressão – de outro, ou lhe dizer para parar; por meio desse processo nós nos desenvolvemos de um único óvulo fertilizado numa coleção de centenas de tipos coordenados de células, cada um desempenhando diferentes funções em consequência da expressão de conjuntos específicos de genes, em vez de uma bolha amorfa compreendendo células idênticas. Essa dança é elegantemente coreografada, mas tem flexibilidade limitada. Um gene ativado no momento errado, no lugar errado ou por tempo longo demais pode produzir doença, anormalidade e muitas vezes morte. Células de câncer são células em que genes que normalmente diriam a outros genes para cessar a divisão celular falharam (ou, inversamente, os genes que instruem a célula a se reproduzir estão permanentemente ativos), de tal modo que a célula apenas se divide. Essa reprodução descontrolada desenvolve-se num tumor.

O comando para ativar um gene específico apresenta-se, de modo típico, na forma de uma proteína que não se prende fisicamente de forma direta ao próprio gene, mas ao DNA próximo. Essas instruções são chamadas regiões regulatórias, como instruções para móveis que vêm desmontados em embalagens compactas. Assim, um gene produzirá uma proteína que se ligará a uma sucessão particular de bases de DNA perto de outro gene que lhe diz para se tornar ativo, e uma rede contínua de atividade zumbe dentro de cada célula e entre células para criar vida. Grande parte dos ge-

nomas não consiste em genes, isto é, DNA que codifica uma proteína. Os genomas estão repletos dessas regiões regulatórias que não contêm genes elas mesmas, mas atuam como instruções de palco muito precisas a fim de que as proteínas desempenhem seu papel.

Por meio das técnicas de modificação de DNA, a transformação dessas redes de instruções em ferramentas fez da biologia molecular uma ciência experimental. E, como tantas vezes ocorre em biologia, só podemos determinar como as coisas funcionam quebrando-as. Tradicionalmente, isso assumiu a forma do estudo de doenças hereditárias ou da observação de animais que sofreram mutação. Como camundongos e homens têm muitos genes em comum, podemos desativar um gene num embrião de camundongo por meio da modificação do seu DNA para ver qual é o resultado. Isso é feito com enzimas de restrição, pedacinhos regulatórios de DNA e inserção de transgenes, formando juntos um processo de grande edição reconstrutiva de DNA.

Por mais extraordinárias que possam parecer, essas técnicas são o arroz com feijão da genética há mais de uma década, e a industrialização do processo de emenda e edição de genes tornou a experimentação genética mais fácil. Tomamos as ferramentas fornecidas pela evolução e as modificamos, redesenhamos e afiamos para que façam serviços além dos papéis que desempenham nos termos da seleção natural. Um experimento típico para determinar a função de um gene humano causador de doença seria isolá-lo numa família que sofra dessa doença, usando os mesmos princípios de genética e linhagens que conhecemos há um século. Depois de purificado, ele é copiado milhões de vezes, para que haja mais DNA com que jogar. Isso facilita que a inserção do gene modificado seja precisa, como num envelope de DNA que poderá ser postado numa bactéria. Uma pequenina explosão de eletricidade vai perfurar orifícios temporários na membrana celular da bactéria, e o DNA construído simplesmente fluirá para dentro. Com um projeto habilidoso e um pouquinho de sorte ele será incorporado ao genoma do hospedeiro. Depois, cada vez que a célula se dividir, o gene inserido será copiado juntamente com o genoma hospedeiro. A quantidade, aqui, é um fator importante, por isso as bactérias são a ferramenta perfeita,

Criado, não gerado   31

não só porque podemos manipulá-las, mas porque elas se multiplicam loucamente. O passo seguinte é destruir a bactéria e deixar somente nosso DNA modificado. Nesse ponto, podemos fazer com ele o que quisermos. É possível fazer versões dele em RNA, que mostrarão onde o gene está ativo em tecido preservado numa lâmina, em um órgão ou até num animal inteiro. Ou podemos inserir esse gene e todos os seus controles extras numa célula-tronco embrionária de camundongo, e implantá-la numa mãe para ver o que ela faz à medida que o camundongo se desenvolve.[5]

Nada disso é excepcional, trata-se apenas da biologia molecular normal que tem lugar em milhares de laboratórios no mundo todo. Tornamo-nos tão competentes no uso das ferramentas e da linguagem que estão no núcleo de todas as coisas vivas que manipular sistemas vivos em seu nível mais fundamental é facílimo. Por meio de experimentação, sabemos como os genes nas células funcionam e, mais importante, como podemos alterá-los. Podemos corrigir genes que causam doenças, não ainda em seres humanos, mas em animais, e isso nos permite estudar como as doenças progridem, e portanto como tratá-las. Desenvolvemos a capacidade de ler e caracterizar cada gene num ser humano; no momento em que escrevo, podemos fazê-lo em algumas semanas, com o preço de alguns milhares de libras (e esses dois números irão continuar caindo).

A biologia sintética é a descendente evoluída da engenharia genética. Ela toma os princípios da biologia e os reinventa no intuito de arquitetar soluções para problemas humanos específicos – doença, questões ambientais e, como veremos, até exploração do espaço. Esse movimento da biologia sintética é um fenômeno novo na ciência, com uma década de idade, na estimativa mais generosa. Ele trouxe consigo o ethos de uma subcultura. Mas, como não é de surpreender, a ciência convencional e as corporações também começaram a perceber seu potencial.

A mudança climática e o aquecimento global vão definir grande parte da indústria e da inovação no campo da biologia sintética nas próximas décadas. Como não é realista esperar que as pessoas mudem radicalmente seu comportamento, encontrar alternativas para os combustíveis fósseis é

um importante desafio. Nesse meio-tempo, porém, sintetizar combustíveis, em vez de extraí-los do solo, é uma solução parcial.

Há dezenas de projetos para fazer biocombustíveis, convertendo vegetais em energia daquela maneira fundamental pela qual tantas formas de vida o fazem naturalmente.[6] Esse é um processo de fixação de carbono, que transforma dióxido de carbono em produtos orgânicos, ricos em energia. Na natureza, uma planta utiliza a energia do Sol em vários processos metabólicos para viver e se desenvolver. Atear fogo a uma plantação liberará essa energia, agora armazenada nas fortes paredes celulares de celulose da planta. Uma forma mais eficiente de explorar essa energia é fermentar os açúcares presos nas células da planta, também produto da energia do Sol, diretamente num óleo combustível, cheio de energia mais facilmente disponível. Uma dezena de empresas está tentando produzir biocombustível a partir da biologia sintética usando exatamente esse processo.

Um desses projetos é dirigido por Jay Keasling, professor da Universidade da Califórnia, em Berkeley, que fundou a Amyris, empresa de biologia sintética cujo objetivo é criar diesel a partir de células vivas. A ferramenta que eles projetaram foi um circuito genético composto por cerca de uma dúzia de nacos individuais de DNA, que eles implantam no genoma de uma levedura de cerveja, uma célula que fermenta naturalmente açúcar em álcool na cerveja. O sucesso desse circuito em produzir diesel é um grande feito, e a escala de suas ambições é de embasbacar.

Estive num grande número de laboratórios de genética, que vão desde o encantadoramente antiquado até modernas instalações. A biologia molecular não requer os enormes espaços brancos, cirúrgicos, que os filmes retratam. Suas salas são cozinhas de grande precisão, com fogões, geladeiras e instrumentos para misturar ingredientes. Mas os laboratórios da Amyris são assombrosos. Só os bolsos muito fundos de um empreendimento comercial de risco podem proporcionar tamanho luxo, e não apenas no espaço, na iluminação, num saudável bistrô ao estilo São Francisco, mas também por desenvolver o tipo de tecnologia necessário para a industrialização da biologia sintética.

Criado, não gerado   33

Uma das tarefas que consomem mais tempo num laboratório normal é a inserção do circuito genético nas células hospedeiras. A eficiência desse processo é variável. Ela não é aleatória, mas encerra um elemento de casualidade: o circuito entra ou não. Na manipulação genética de um laboratório normal, incluímos marcadores genéticos nos circuitos, rótulos que colorem as células para indicar se a integração do DNA "estrangeiro" foi bem-sucedida. Para que possamos ver essas cores, as células não devem ser cultivadas num caldo, mas numa placa, de modo que as colônias de células bem-sucedidas possam ser selecionadas com um palito e cultivadas num pequeno tubo, deixando os fracassos para o incinerador. Esse é um processo árduo, mas trivial, e é feito à mão. Na Amyris, eles o mecanizaram, de modo que podem selecionar centenas de clones bem-sucedidos em minutos, dezenas de milhares por semana, com apenas um mínimo de input humano. Uma câmera digital tira um instantâneo da placa sobre a qual se encontram os milhares de colônias de levedura e o processa para identificar os clones bem-sucedidos. Dentro de uma máquina do tamanho de uma fotocopiadora de escritório, uma grande quantidade de agulhas paira e zune sobre a placa, colhendo as células de levedura bem-sucedidas com uma precisão submilimétrica, no ritmo da batida de uma discoteca.

As células que foram incorporadas no circuito não precisam de muito mais estímulo. Incubadas, elas simplesmente vertem diesel. Na sede da Amyris em São Francisco eles têm um tanque de teste de trezentos litros que produz diesel aos litros. Os laboratórios têm um cheiro enjoativamente doce, como o de uma cervejaria, porém mais parecido com o de maçã, porque o diesel que eles estão refinando, chamado farneseno, está presente no óleo que dá às maçãs aquela casca impermeável. Como combustível, ele é mais limpo que o diesel baseado em petróleo, pois não tem nenhuma emissão de enxofre e quantidades muito reduzidas de óxidos nitrosos e monóxido de carbono.

A criação de diesel nos proporciona certas vantagens em relação à sua extração do solo. Mas envolve também um problema diferente (além do fato de que esse diesel limpo e sintético continua a ser diesel, um combustível gerador de dióxido de carbono). A questão mais importante é que

os tonéis de levedura que exsudam diesel precisam ser alimentados. Isso significa converter material vegetal, biomassa, em alimento. Cultivar essa biomassa é um problema de agricultura tradicional, suscitando as mesmas questões. A Amyris estabeleceu fortes parcerias com empresas no Brasil, para estar perto do lugar em que é cultivada a melhor opção de alimento, a cana-de-açúcar. O Brasil é o lugar ideal para esse projeto, pois é o país que mais planta cana-de-açúcar, e desde os anos 1970 vem produzindo bio-combustíveis, sobretudo etanol, como forma de se libertar da dependência de petróleo importado. A questão essencial é: quanta terra é necessária para se produzir um litro de diesel? Neste momento, a resposta não está clara. Diferentes matérias-primas são digeridas de diferentes maneiras, e os programas de levedura sintética podem ser alterados para lidar com isso. Nas fábricas brasileiras, o diesel sintético farneseno já vem sendo for-necido a veículos locais e usado como combustível alternativo na aviação. Mas o objetivo da Amyris era elevar a produção a 200 milhões de litros até 2011, a US$ 2 o galão. A ambição é clara: Jack Newman, cofundador e diretor científico da Amyris, me disse: "Ficarei entusiasmado quando chegarmos a 1 bilhão de litros."

Por enquanto, porém, parece que o bilhão de litros de Newman é uma bolha estourada. Durante algum tempo, a Amyris deu a impressão de estar vencendo a corrida para fazer e vender biocombustíveis sintéticos comercialmente viáveis. Mas depois a previsão de 200 milhões de litros caiu para 50 milhões em 2012. Em fevereiro de 2012 eles anunciaram que estavam reduzindo a produção de farneseno até que sua industrialização se tornasse mais plausível. O programa genético funciona muito bem, mas até agora não foi possível elevá-lo a níveis que o tornem economicamente viável. Por enquanto, a despeito de todos os formidáveis laboratórios, pa-rece que o futuro do biocombustível sintético ainda está muito distante.

Nesse meio-tempo, fomos capazes de modificar produtos agrícolas para que sejam resistentes a pragas, cresçam mais, tolerem geadas e até produzam vitaminas que protegem os consumidores de doenças. To-mando genes emprestados de uma bactéria e um narciso, os cientistas criaram uma forma de arroz que produz altos níveis de betacaroteno, mo-

Criado, não gerado

lécula envolvida na produção de vitamina A. O Golden Rice, como é chamado, tem o potencial de tratar os 120 milhões de pessoas que sofrem de deficiência de vitamina A no mundo inteiro, das quais 2 milhões morrem e meio milhão fica cego. Mas ele continua indisponível em consequência de uma combinação de obstáculos científicos e éticos, e de posturas políticas.

Essas histórias mostram algo da promessa, do potencial e dos problemas que a biologia sintética envolve. Em essência, trata-se de engenharia com aplicação de pesquisa básica em seu núcleo. Mas, se comparadas à sua antepassada, a engenharia genética, essas indústrias são imaturas. Elas enfrentam problemas científicos, de comercialização, de melhoria de qualidade, questões éticas e, como veremos, obstinada resistência da parte de alguns membros da sociedade. A biologia é desordenada, e redes genéticas complexas são subjacentes a essa desordem. À medida que a engenharia genética, que só tem três décadas de idade, dá lugar à biologia sintética, o grande desafio não é apenas simplificar essas redes, mas mercantilizá-las.

2. Lógica na vida

"Se era assim, podia ser; e se fosse assim, seria; mas como não é, não é. Isso é lógico."

TWEEDLEDEE em *Através do espelho*, LEWIS CARROLL

APERTE O INTERRUPTOR, a luz se acende. Esse é o mais simples circuito elétrico útil. As partes são projetadas e criadas para seguir uma única instrução: o interruptor é uma lacuna quando aberto; mas, quando fechado, a energia elétrica se propaga pelo circuito. O filamento na lâmpada converte parte da energia elétrica numa forma que podemos detectar com as células que temos nos olhos, e assim a iluminação ocorre. A função é clara, a instrução, pura, a lógica, impecável, faz-se a luz.

No outro extremo da escala, você assiste a um vídeo transmitido pela internet num laptop. Bilhões de sinais elétricos terão sido criados, modificados e transmitidos para que essas imagens em movimento sejam apresentadas. Os circuitos foram projetados em intricado detalhe, cada um obedecendo a um padrão lógico determinado pelo hardware e o software em seu mouse, seu computador, os servidores que hospedam o arquivo, e assim por diante. A lógica é também perfeitamente clara, mas a complexidade do caminho o torna quase inescrutável, e por vezes imprevisível. No entanto, usamos o output desse circuito emaranhado todo dia sem nos importar com os milhões de decisões que foram tomadas para pôr uma imagem móvel em nossa tela, ou compreendê-las.

Rememore, se puder suportar, alguns dos sistemas de circuitos que você aprendeu na escola. Uma lâmpada elétrica conectada a uma bateria

Lógica na vida

com um interruptor simples tem um output binário: LIGADO OU DESLIGADO. Depois você pode ter acrescentado outros dispositivos ao circuito para introduzir níveis superiores de controle, como díodos – válvulas elétricas que transformam um fio numa rua de mão única. Adicione, por exemplo, um tiristor, e você tem um interruptor *dimmer*. Talvez a maior invenção, sem dúvida a tecnologia mais facilitadora, do século XX tenha sido o transistor, que nos deu a capacidade de controlar e modificar múltiplos sinais elétricos. Transistores interconectados compõem os chamados portões lógicos, que modificam o sinal de input para produzir um output específico, mas diferente. Com a introdução dos portões lógicos, circuitos de complexidade cada vez maior podem ser projetados e construídos. Por exemplo, uma porta E age como uma conjunção positiva: se dois inputs elétricos são introduzidos numa porta E, ambos devem estar LIGADOS para que o output também seja LIGADO (em engenharia eletrônica, letras maiúsculas indicam cálculos lógicos, em vez de apenas berrar para efeito de ênfase). Um forno de micro-ondas usa esta lógica. Ele só cozerá se a porta estiver fechada e o botão de ligar tiver sido pressionado. Se um ou outro desses sinais decisivos for negativo, o output será negativo.

Os circuitos elétricos dependem de lógica, as partes componentes devem seguir determinados caminhos. Desde o interruptor de luz até a máquina em que estou digitando, a rota da informação assume a forma de questões digitais com respostas digitais: se pressiono o interruptor ligar, a luz se acende; se pressiono a tecla enter (através de um longo caminho de transistores e milhares de outros componentes), o parágrafo termina.

Essas são as próprias bases da engenharia elétrica, campo que se desenvolveu de lâmpadas elétricas à transmissão de mensagens de e para o espaço profundo em pouco mais de cem anos. Cada sinal enviado a seu telefone celular, ou da nave espacial Voyager I,[1] é retransmitido através da lógica inerente aos transistores. Num microchip comum, haverá bilhões de transistores, e essa é a tecnologia de que praticamente todo mundo depende hoje.

Esse é um sistema imensamente atraente, não apenas porque funciona como o projetamos para operar, mas também em razão do fato de que seu

funcionamento nos permitiu construir o mundo moderno. Essa lógica e essa ambição estão no coração da biologia sintética. Muitos componentes foram construídos, e alguns foram montados na forma de sistemas de circuitos básicos. Embora a expressão "biologia sintética" tenha ganhado um amplo uso para significar tudo desde o trabalho de Craig Venter em Synthia até a reinvenção do código genético descrito depois, o campo foi originado e mantido por cientistas que buscavam aplicar os princípios da engenharia, especificamente da engenharia elétrica, à biologia. Os seres vivos são muitíssimo complexos, com milhares de genes codificando outros milhares de proteínas que interagem umas com as outras e com o ambiente para produzir milhões de células. Mas a lógica básica da genética está presente em princípio: se um gene for ativado, a proteína que ele codifica será ativada e desempenhará uma função.

Não pensamos nas formas de vida como coisas ilógicas, mas também não as consideramos como as fórmulas simples da eletrônica. Apesar disso, os princípios das portas lógicas tal como usados na eletrônica existem de fato na natureza, pois comportamentos e ações complexas muitas vezes precisam da análise de múltiplos inputs. A planta carnívora papa-moscas, ou dioneia, exibe uma forma simples, mas engenhosa, de circuitos lógicos quando desempenha seu ato epônimo. Dentro de sua "boca" foliar há pequeninos pelos que agem como disparadores para cerrá-los. Mas esse ato requer energia metabólica, por isso a planta desenvolveu um mecanismo para evitar a captura infrutífera (isto é, de algo que não seja uma mosca). Quando um pelo é tocado pela cutucada de uma mosca, um timer é acionado. Se um segundo pelo é disparado dentro de vinte segundos, os maxilares se fecham depressa, em menos de $1/10$ de segundo. Portanto, os sinais de input que resultam na ação de captura devem ser dados em conjunção. O gatilho duplo é uma forma de porta E, pois os dois outputs dos gatilhos dos pelos precisam estar posicionados no "LIGADO" para que o output do circuito completo esteja no "LIGADO". Há também o timer incorporado a cada gatilho, de modo que o caminho elétrico total simplificado poderia ser escrito assim: SE GATILHO 1 + GATILHO 2 < 20", ENTÃO FECHAR MAXILARES.

Esse processo é conduzido e acionado pela mecânica dentro das células da papa-moscas, com proteínas específicas que reagem à sensação física do

Lógica na vida   39

toque de uma mosca. Mas a ação biológica de uma armadilha à espera de
ser acionada segue uma lógica simples, muito parecida com a eletrônica:
ela não tem nenhum cérebro ou controle consciente para a decisão que
toma, apenas segue um programa.[2]

No entanto, a maior parte das coisas vivas segue uma lógica que é
uma fechadura muito mais difícil de desmontar. A ativação dos genes
para produzir proteínas funcionais está sujeita a condições de tempo e
local. Os genes interagem e reagem ao ambiente em que estão ativos, na
célula, e a partir de sinais de curto e longo alcance de vizinhos próximos
e distantes. Os próprios genes variam de pessoa para pessoa e de ser vivo
para ser vivo de formas diminutas e sutis. Isso pode fazer sua função, seu
output, também variar de pessoa para pessoa. Essa variação é essencial,
pois é a base sobre a qual a seleção natural pode agir para que a evolução
prossiga. Combine isso à confusa interação de genes e ambiente, e temos a
absoluta individualidade. Essa é a razão pela qual as impressões digitais são
únicas, mesmo nos dedos de gêmeos idênticos, cujos genes são idênticos
no início de suas existências.

Algumas células funcionam de um modo basicamente digital. As células cerebrais, os neurônios, transmitem impulsos nervosos com uma
cintilação dinâmica e associam-se para produzir pensamento e sentido. Sua
centelha só é iniciada quando inputs de outras células (na forma de átomos carregados) fluem para o neurônio, até que um limiar particular seja
alcançado. Esse processo, que tem um nome impressionante – potencial
de ação –, torna esses neurônios digitais: eles estão DESLIGADOS até serem
LIGADOS. Mas não permita que tal simplicidade o induza a pensar que seu
cérebro é facilmente compreensível. Há mais de 100 bilhões de células no
seu cérebro, e cada uma delas forma milhares de conexões com outras. Isso
significa, potencialmente, centenas de trilhões de interruptores ligados e
desligados em explosões de milissegundos a cada instante que você passa
vivo. Talvez haja uma lógica oculta aí, mas durante um futuro previsível
ela permanecerá inexplicavelmente complexa.

Em geral, na vida, os interruptores tampouco são propriamente biná-
rios. Há centenas de outros tipos de célula e interruptores muito mais

nuançados, estimulados com incitações muito pequenas, ou dependentes de miríades de inputs. Tal como um neurônio, um gene pode de fato estar "ACESO" ou "APAGADO" como uma lâmpada elétrica. Mas também pode estar "ACESO" em diferentes intensidades, ou pode ter diferentes funções, dependendo do lugar ou do momento em que está ativo. Isso explica, até certo ponto, por que não podemos compreender nossa própria complexidade com base apenas nos 22 mil genes presentes em nossos genomas (número muito menor do que antes se supusera necessário para descrever como os seres humanos funcionam). É também por isso que mutações em um mesmo gene podem causar doenças independentes no olho e no rim. O modo como um gene particular é controlado e o momento em que isso ocorre podem determinar funções muito diferentes em tecidos inteiramente diversos.

Há tantos fatores que desconcertam e complicam na biologia que a lógica subjacente se perde na confusão da vida celular real: variação imprevisível em meio à sofisticação insondável. Um genoma, com seu conjunto completo de instruções biológicas, assemelha-se à partitura de uma sinfonia. A plena beleza é expressa numa execução, complementada por interpretação e nuance que não estão apenas codificadas em trinados, colcheias e mínimas escritos na página.

Por vezes não chamamos a complexidade aparentemente inescrutável de um sistema vivo de música, mas de "ruído". Trata-se de uma combinação de todas as coisas que não conseguimos explicar por completo: coisas como variação natural nos comportamentos de genes, proteínas ou interações moleculares ainda não descritas. A progressão natural da biologia como ciência para a biologia sintética significou encarar as nuances dessa confusão e esmiuçá-la. No coração da biologia sintética há o desejo de evitar essa desordem mediante a criação de novas formas de vida cujos conjuntos de circuitos e programações sejam claros, simples e, acima de tudo, construídos não para a sobrevivência, mas para um propósito.

Lógica na vida

Circuitos matadores

"Imagine um programa, um pedaço de DNA, que entra numa célula e diz: 'Se for câncer, faça uma proteína que mate a célula cancerosa; senão, retire-se.' Esse é um tipo de programa que somos capazes de escrever, implementar e testar em células vivas neste momento."

Essas são as palavras de Ron Weiss, um dos fundadores do moderno ramo da engenharia que é a biologia sintética e hoje professor no Massachusetts Institute of Technology (MIT). Ele está descrevendo um estudo de importância capital que sua equipe publicou no outono de 2011. Usando a lógica e a linguagem dos circuitos de computador combinados com componentes biológicos, eles haviam construído uma ferramenta que agia efetivamente como assassino do câncer.

O circuito exterminador é uma montagem de componentes de DNA construída para cumprir uma só missão: identificar e matar um tipo de célula cancerosa. Depois de construído, o circuito insere-se no código genético de um vírus, ele próprio modificado para nos assegurar controle sobre suas tendências naturais. Quando apresentado a células malignas, ele as infecciona e, como fazem muitos vírus, acrescenta seu genoma sintético (incluindo o programa assassino) ao DNA do hospedeiro. Por força do ardil natural das infecções virais, essa célula hospedeira decodifica inadvertidamente o circuito matador e executa o programa que provocará sua própria ruína.

O circuito assassino representa um conjunto de cinco questões, cada uma das quais busca a presença de uma molécula particular que só esse tipo de célula cancerosa possui. Se alguma das respostas a essa interrogação molecular for negativa, o programa para, fecha-se e deteriora-se, e a célula continua a viver sua vida normal. Se, no entanto, a resposta a todas as cinco questões de identificação for "Sim", segue-se o assassinato. O código no circuito contém um gene que desencadeia o programa de suicídio incorporado na própria célula hospedeira. Ele é um assassino consciencioso e persuasivo, que assegura, com meticulosidade, que sua presa é realmente o alvo e depois lhe pede gentilmente que se mate.

O circuito genético é complexo, mas lógico. Embora possa parecer banal uma analogia tão literal com os circuitos integrados, há de fato, incorporados nesse sistema, cálculos lógicos específicos inteiramente derivados da eletrônica. Ele usa o mesmo processamento lógico simplificado de componentes elétricos como portas E. Emprega também portas NÃO, que mudam rapidamente o input de "LIGADO" para "DESLIGADO", e vice-versa.

Essa célula maligna particular talvez seja o laboratório de câncer mais bem estudado do mundo, a célula HeLa. Trata-se de uma linhagem imortal de células que foi extraída do câncer cervical de uma jovem mulher negra chamada Henrietta Lacks. Uma raspadura obtida do câncer no colo de seu útero num laboratório, em 1951, logo foi identificada como "imortal". Células normais envelhecem, ficam fatigadas e acabam perdendo a capacidade de se dividir. A consequência é a morte celular. Mas as células HeLa reproduzem-se indefinidamente em decorrência de defeitos idiossincráticos em suas próprias placas lógicas genéticas. A tenaz imortalidade das células HeLa representa que elas são as células malignas mais estudadas e esmiuçadas que existem, tendo sido compartilhadas e espalhadas entre laboratórios no mundo inteiro. Com uma impressão digital tão bem estudada, elas se tornaram um valioso terreno de provas para um circuito genético intensamente manipulado. Como a maioria das células não é conhecida em tantos detalhes, uma identificação segura ainda não seria possível. Mas, no caso de células HeLa, as cinco questões moleculares permitem reconhecimento preciso, tão completo que se qualifica como aquilo que em eletrônica é conhecido como valor VERDADEIRO. A precisão do circuito assassino é tal que ele é de fato um computador biológico.

Esse sistema representa o nível máximo alcançado pelo campo nascente da biologia sintética. Como todas as terapias potenciais, ele tem um longo caminho a percorrer antes de se tornar disponível para os seres humanos. Até hoje, só foi testado em células sobre placas. Em seguida virão os testes com animais, em que os graus de controle serão ainda mais desafiados pelo ruído mais caótico e dinâmico de uma criatura funcional.[3] Como uma terapia, porém, sua precisão é potencialmente impressionante. O fato de o câncer ser uma multidão de doenças e estar propenso a muta-

Lógica na vida 43

ções à medida que se espalha e cresce significa que estamos mirando um alvo sempre em movimento. A quimioterapia e a radioterapia continuam a ser as formas mais eficientes de ataque aos tumores, embora ambas sejam danosas tanto para as células malignas quanto para as saudáveis. Comparado ao bombardeio arrasador e aos danos colaterais da radioterapia, esse novo tratamento do câncer é o disparo certeiro desferido por um exímio atirador de tocaia.

Relógios e ondas

As primeiras incursões na criação de componentes biológicos ocorreram em 2000, com dois artigos publicados na revista *Nature* anunciando alegremente a ruptura da barreira entre biologia e eletrônica. Uma delas foi a criação de um relógio biológico na bactéria *E. coli*. Emendando três seções de DNA que impedem naturalmente outros genes de produzir suas proteínas, Michael Elowitz e Stanislas Leibler, na Universidade Princeton, construíram um circuito que dita não apenas que um gene está LIGADO ou DESLIGADO, mas que ele está LIGADO e DESLIGADO numa onda oscilante. A onda continua à medidá que cada gene inverte o output do seguinte: um desliga o outro, que liga o outro, e assim por diante. As células têm um ciclo natural à medida que se reproduzem e se desenvolvem, mas esse novo circuito não estava ligado a ele. O output do circuito era a expressão do gene para proteína verde fluorescente, e, assim, as células manisfestavam uma oscilação verde lenta.

A segunda parte componente foi feita por uma equipe da Universidade de Boston liderada por Timothy Gardner. Eles construíram uma versão genética de um tipo de componente elétrico conhecido como biestável, ou, mais evocativamente, "flip-flop". Interruptores desse tipo alternam rapidamente entre dois estados, mas cada uma dessas posições tem uma função. Você aperta o botão num CD player para ligá-lo e novamente para desligá-lo, porém, na posição desligado, o aparelho está na verdade em stand-by, não desconectado da rede elétrica. Ele tem

dois estados, LIGADO e LIGADO STAND-BY, e a alternância entre os dois é inteiramente reversível.

Além de adaptar a linguagem da vida para construir engenhocas artificiais, esses dois projetos de engenharia também adotaram a linguagem da eletrônica para transmitir o ethos de projeto funcional que esses dispositivos estavam introduzindo na biologia. Eles receberam nomes que pareciam saídos diretamente do léxico da eletrônica (ou talvez da ficção científica): o circuito da onda fulgurante ganhou um novo apelido de sonoridade eletrônica – repressilador; e o dispositivo flip-flop biestável tomou seu nome emprestado de um componente elétrico já existente: um interruptor de basculante.

Essas duas invenções são corretamente vistas como as primeiras peças da biologia sintética: ferramentas microscópicas projetadas para executar um programa, mas construídas a partir de DNA. A oficina da biologia genética abriu-se com a construção dessas duas primeiras peças, e o que se seguiu foi uma cascata de outros mecanismos, ferramentas, partes e peças, todos feitos de DNA, tomados, modificados, fundidos e redesenhados a partir da caixa de ferramentas da evolução. Nos últimos dez anos, passamos das inserções da engenharia genética que rompiam a barreira das espécies para uma caixa de ferramentas em constante expansão, abarrotada de pequenos dispositivos. Temos agora interruptores, geradores de pulso, timers, osciladores, contadores e calculadoras lógicos. As combinações desses e de muitos outros componentes significou que nosso controle de sistemas vivos estende-se a genes, função de proteína, desenvolvimento e reprodução celular, metabolismo e as maneiras pelas quais as células falam umas com as outras.

Menos obviamente prático que o programa assassino de câncer, mas não menos complexo, foi um circuito construído em 2009 por Jeff Hasty e colegas na Universidade da Califórnia. Ciclos que registram o tempo são fundamentais para a maioria das coisas vivas. Conhecidos como ritmos circadianos, eles determinam todos os tipos de padrão de comportamento em relação ao fluxo do tempo através de nossas vidas, como a passagem do dia e da noite. Dependemos de células para regular nosso próprio me-

tabolismo, tal como na liberação rítmica de insulina e na orquestração dos ciclos de sono, ambas perturbadas em pessoas que trabalham regularmente em expedientes noturnos. A maneira como esses timers funcionam está parcialmente compreendida, mas eles usam mecanismos similares aos relógios biológicos artificiais incorporados nesses circuitos sintéticos. Hasty queria projetar circuitos sintéticos que criassem um pulso regular de atividade, como o tique-taque de um relógio. Esses chamados osciladores funcionam como marcadores de tempo celulares, determinados pelo cuidadoso projeto de um circuito completo de atividade genética dentro de uma bactéria, três genes seguindo um conjunto circular de instruções. Imagine três amigos parados nos vértices de um triângulo, a vinte metros um do outro, todos olhando para dentro. Cada um tem uma cadeira, mas eles só se levantam quando o amigo à sua direita se senta. Quando o primeiro se levanta, o segundo se senta e o terceiro se levanta. O primeiro então se senta, o segundo se levanta, e assim por diante. Essa resposta contínua é chamada circuito de feedback negativo, e o tempo de reação dos três cria um relógio de atividade. Ele não funcionará com quatro pessoas, pois o fluxo terminará quando a quarta pessoa estiver sentada, no fim de uma rodada, e isso não estimulará a primeira a se sentar de novo.

De fato, esse circuito continua enquanto as pessoas conseguirem levá-lo adiante. Mas não há output. Agora imagine que, além de se levantar e sentar, o primeiro sujeito, e somente ele, deve também cantar uma nota, mas só quando estiver de pé. Enquanto o jogo continuar com base nessas regras, ele cantará em circuitos completos alternados. Se você fechar os olhos e só ouvir o output, escutará um repente regular de canto. Isso é um oscilador biológico básico.

Num oscilador biológico sintético, quando o gene A está ativo, ele fecha o gene B, que ativa o gene C, que completa o circuito fechando o gene A. O programa é construído a partir dessas três partes componentes – genes e suas sequências de ativação – e importado para as entranhas de uma bactéria. Na versão que envolve pessoas, a frequência do repente de canto é determinada pela velocidade com que cada um dos amigos reage ao vizinho. Na célula, é a velocidade em que a proteína é produzida. O

gene A é traduzido numa proteína funcional, que se liga ao interruptor liga/desliga para o gene B, e assim por diante, mas cada passo demanda tempo. A função do relógio é um resultado dessa demora. Como no caso da nota cantada, o output do circuito em bactérias poderia ser a expressão de uma proteína fluorescente, que se ligará e desligará lentamente com um pulso regular. Como em biologia sintética, o objetivo é extrair controle desses circuitos de DNA, e a capacidade de fazer ajustes finos é desejável. O acréscimo de outros circuitos completos e outros mecanismos pode conferir maior controle à frequência e à intensidade do output, aumentando a complexidade da lógica.

Uma limitação desse relógio biológico básico é que o circuito oscilador simples é independente. Em termos de relógio, isso seria como se todos os relógios de pulso marcassem o tempo perfeitamente, mas o de cada pessoa estivesse ajustado segundo uma zona de tempo diferente. A hora só é de extrema utilidade se todos nós sincronizamos nossos relógios; do contrário, assistir ao *Ten O'clock News* seria uma loteria. Em bactérias, a manipulação de uma única célula para produzir um pulso regular é uma coisa, mas transformar esse pulso numa onda sincronizada em toda uma população de bactérias é muito mais difícil. *E. coli* se reproduz a intervalos de cerca de vinte minutos, sendo portanto uma multidão alvoroçada sobre a qual exercer controle militar.

No programa de Jeff Hasty, porém, o circuito também envia um sinal para todos os vizinhos, o que sincroniza o início do circuito. Em vez de três pessoas num triângulo, passamos a ter algo como uma "ola mexicana" num estádio de futebol. Você ainda se levanta quando seu vizinho se senta, mas isso envolve um enorme número de pessoas ao mesmo tempo. O pulso, o output de uma torcida vigorosa, é berrado não por uma só pessoa, mas por milhares. As bactérias, aceleradas num vídeo *time-lapse*, pulsam com um verde brilhante, como uma ondulação luminosa. Qualquer pessoa que algum dia tenha participado de uma ola mexicana decente sabe que ela é algo bem impressionante. Mas essas populações de bactérias são muito maiores que a capacidade de qualquer estádio. O ato de induzir uma sincronia perfeita nessas bactérias

sintéticas assemelha-se mais a fazer todos os sinais de trânsito do mundo ficarem verdes exatamente ao mesmo tempo.

Isso é realmente uma proeza admirável, e mostra o nível de controle que esses novos circuitos sintéticos nos proporcionam. Mas também tem valor potencial como ferramenta para sincronizar o output de uma população de células sintéticas.

A função da insulina é dizer ao corpo como e quando processar carboidratos e gorduras depois que você comeu algumas batatas assadas. A glicose é o combustível que fornece energia às células (e, por extensão, aos organismos), mas a concentração desse açúcar simples em seu sangue é um equilíbrio delicado: o excesso ou a insuficiência são mortalmente perigosos. Recebemos glicose diretamente, através de nossa dieta, e outros alimentos são convertidos em glicose em nossos músculos e no fígado, onde ela é armazenada sob outras formas, como gordura. Desenvolvemos toda sorte de mecanismos e *cheat codes** biológicos que asseguram que nossas células sejam alimentadas por um fornecimento constante de glicose, quer tenhamos acabado de desprezar uma barra de chocolate, quer tenhamos passado horas sem comer. A insulina é um hormônio essencial para a manutenção dos níveis de glicose, o que se faz instruindo células em vários tecidos a absorver glicose da corrente sanguínea. Com isso, os níveis de glicose no sangue são reduzidos e a conversão de glicose a partir de gordura armazenada é interrompida. A produção de insulina é provocada por nível elevado de glicose no sangue e interrompida quando ele atinge um limiar, sendo portanto, em si mesma, parte de um circuito de feedback. Num detalhe importante e curioso sobre a produção de insulina no corpo, mesmo quando estamos em repouso, o nível desse hormônio não fica imóvel. Ele oscila suavemente num ritmo de entre três e seis minutos, seja qual for o nível de glicose no sangue, como um carro em marcha lenta. Quando esse processo não funciona bem, o resultado é a diabetes. Um circuito sintético

---

* *Cheat codes*: em videogames, a expressão designa uma linha de texto ou série de comandos que podem ser usados para mudar o comportamento de um jogo, alterar a aparência e as habilidades de um personagem, saltar níveis ou ter acesso a outras características ocultas. (N.T.)

hipotético capaz de oscilar sua produção de insulina (ou de qualquer coisa) numa população inteira de células, em vez de em uma única célula, seria de enorme benefício, ao imitar o pulso natural e constituir, em última análise, uma terapia potencial para diabéticos.

Como no caso do programa assassino de câncer de Ron Weiss, esses circuitos biológicos artificialmente construídos não estão prontos para uso clínico. Aquele programa é desenvolvido em um vírus modificado, incapaz de se reproduzir e de executar seu software sem a maquinaria de células vivas existentes. O vírus tem de infectar a célula antes de efetuar seu diagnóstico e executar sua sentença. Mas a maioria dos circuitos de biologia sintética é integrada nos genomas de bactérias. Não alcançamos o ponto de testar sistemas de circuitos sintéticos em seres humanos. Muito antes de chegarmos lá, teremos de enfrentar o problema não insignificante de levar o software e sua embalagem até o lugar em que ele é necessário. As próprias bactérias são apenas recipientes que transportam o software e fornecem a mecânica de produção do output daquele circuito. Os seres humanos estão cobertos de bactérias e cheios delas. Uma vez que são muito menores que as células humanas, podemos transportar talvez dez vezes mais células bacterianas que as nossas próprias células. Quase todas são benignas ou benéficas, especialmente no nosso intestino, onde bilhões de bactérias, ou o microbioma, desempenham funções digestivas inerentes. No entanto, como nosso corpo é bom em detectar e destruir espécies invasivas, uma bactéria geneticamente aperfeiçoada teria de ser indetectável pelo sistema imunológico, revestida num manto de invisibilidade molecular, para que as legiões de células de alarme contra intrusos que patrulham nossos corpos não consigam identificar a célula sintética. Mas nossos sistemas imunológicos tiveram bilhões de anos para desenvolver a capacidade de detectar invasores estranhos, e bactérias sintéticas a vagar seriam severamente policiadas. Assim, uma alternativa seria empacotar as bactérias e escondê-las do sistema imunológico. Por mais que isso soe improvável, a Nasa está trabalhando precisamente nesse problema.

Sob a pele

A base da Nasa em Ames assemelha-se a uma cidadezinha americana qualquer, próxima à via expressa Californiana, com ruas largas, praças gramadas, construções de estuque falso e quilômetros de céu azul. A diferença é que, em meio a essas quadras comuns, há colossais panegíricos ao otimismo aparatoso dos anos 1950, de que a ciência geraria o futuro. O maior túnel de vento do mundo ocupa várias quadras, e seu interior é grande o suficiente para acomodar um avião. A entrada de ar é uma gigantesca grade preta retangular, tão grande que é difícil estimar sua colossal escala, até que espreitei alguns cientistas da Nasa jogando hóquei de rua na base. Depois, quatro blocos rumo ao norte são ocupados por um gargantuesco hangar erguido nos anos 1930 para abrigar a construção de dirigíveis, as efêmeras aeronaves rígidas do passado. Num ambiente estéril, ali perto, a próxima espaçonave com destino à Lua – chamada Ladee – paira, enquanto seu motor de propulsão baseado em dióxido de carbono que levita é testado pelos técnicos.

A Nasa existe para explorar o espaço, claro. No canto de uma vasta encruzilhada ergue-se um prédio cuja fachada de concreto é pontilhada de moldes de impactos de meteoritos. Lá dentro, os pesquisadores do programa de biologia sintética da Nasa estão usando o microscopicamente pequeno para solucionar alguns dos maiores problemas que se interpõem entre nós e nosso desejo de explorar mundos novos e estranhos.

O Sol é inclemente em Ames; ao mesmo tempo que traz energia e vida para a Terra, ele é muito menos caridoso fora dela. De maneira esporádica e imprevisível, nossa estrela arremessa uma carga explosiva de partículas de energia extremamente elevada, com força suficiente para perturbar geradores de energia na Terra. De maneira semelhante, outras estrelas no Universo ejetam a partir do espaço profundo um contínuo bombardeio de partículas de alta energia que banha a galáxia em radiação. Além do manto protetor de nossa atmosfera, labaredas solares e raios cósmicos galácticos combinam-se para constituir um dos perigos mais restritivos para a exploração do espaço pelo homem. A radiação, inclusive nessas formas interestelares, tem o efeito de cortar o DNA aleatoriamente. Muitas vezes

isso não é um problema: a reparação do DNA é uma importante indústria dentro de nossas células, com legiões de proteínas revisoras labutando para assegurar que erros no código, ou discordâncias entre os dois filamentos da dupla-hélice, sejam identificados e remendados. Ocasionalmente, o dano pode ocorrer em um dos muitos genes que controlam a divisão celular. Se isso acontecer num gene cujo objetivo é instruir uma célula a parar de se duplicar, há o início de um câncer – proliferação celular descontrolada e irrestrita. Inversamente, a fragmentação dos muitos genes necessários para a existência continuada da célula pode resultar no começo de um programa de suicídio celular natural.[4] Morte ou proliferação celulares irrestritas são igualmente más para o bem-estar de um organismo. Estamos constantemente expostos a radiação nociva, mas em geral em pequenas doses ou de maneira pouco frequente. É por isso que, quando tiramos uma radiografia num hospital, o técnico se põe atrás de uma tela protetora. Para nós, esse é um evento raro, mas os técnicos, caso não estivessem protegidos, seriam expostos dezenas de vezes por dia, com consequências potencialmente mortais. No espaço, a exposição é contínua.

Em 2005, a Federal Aviation Administration dos Estados Unidos iniciou uma viagem de ida e volta virtual a Marte, incluindo uma estada de catorze meses no planeta vermelho. Eles calcularam a quantidade de exposição à radiação espacial que astronautas receberiam e deduziram que eles passariam a correr risco de câncer significativamente aumentado ao longo de toda a vida (bem como grande número de outros males, entre os quais catarata e esterilidade), em consequência de exposição a raios cósmicos e uma tempestade radioativa de uma labareda solar. O limite seguro era uma viagem de cerca de 80 milhões de quilômetros, isto é, pouco menos que metade da distância que nos separa do Sol. A blindagem da espaçonave evita a exposição à radiação para os seres humanos, mas ela é pesada, e peso é uma questão crítica quando se calculam a propulsão e o custo para se sair do planeta. A hostilidade do espaço significa que nossa biologia é tão restritiva quanto nossa engenharia quando se trata de explorar os céus.

Nossos sistemas imunológicos têm defesas inerentes que combatem os efeitos do dano radiativo. Temos esses mecanismos prontos para lidar com a radiação muito mais fraca – ultravioleta – que causa queimaduras de Sol e

Lógica na vida

51

outras formas de dano ao DNA. Quando esses danos são detectados, o DNA rompido ativa genes que produzem pequenas moléculas chamadas citocinas, que passam rapidamente de célula para célula, desencadeando cascatas de programas de reparo. Mas elas têm alcance limitado, especialmente em resposta à exposição prolongada a radiação nociva, e é por isso que às vezes se usam terapias de citocina para aumentar a resposta natural do organismo.

David Loftus e sua equipe na Nasa, em Ames, estão projetando um programa sintético em que o input é um sistema de detecção para radiação ou dano de DNA, e o output é a liberação controlada de citocinas. Esse programa é diferente do assassino de câncer porque o output é uma molécula que estimula o sistema imunológico natural do próprio corpo. Assim, executar o programa num vírus que infectará uma célula não vai adiantar. A produção precisa ser independente. Portanto, uma bactéria é a fábrica celular sintética mais apropriada. A questão é como introduzir uma bactéria em seres humanos de maneira segura, sem provocar uma resposta imunológica.

O circuito ainda não foi construído, pois essa construção enfrentará todos os problemas de qualquer projeto de biologia sintética. Mas Loftus e sua equipe fizeram avanços assombrosos na construção da cápsula para conter as células. Como se o sistema de circuitos de biologia sintética não fosse suficientemente impressionante, a biocápsula é feita de nanofibras de carbono. Um minúsculo molde pousa sobre uma agulha hipodérmica, que está ligada a uma bomba. Isso é mergulhado numa suspensão contendo as nanofibras de carbono, e elas são literalmente sugadas para o molde, para formar uma cápsula. Essa bolinha tem 0,5 centímetro de comprimento e 0,5 milímetro de largura, não muito maior que esta letra "l". A cápsula é minúscula, mas, como as bactérias são muito menores, ela tem tamanho suficiente para aprisionar dezenas de milhares delas.

Ela é também biologicamente neutra, o que significa que as nanofibras de carbono não provocarão uma resposta imunológica e não causarão nenhum mal ao astronauta. Mas, com graça casual e providencial, elas se agrupam numa malha emaranhada e porosa como um feixe de vermes congelados, só visíveis ao microscópio eletrônico. As lacunas que percorrem essa malha são pequenas demais para dar passagem a bactérias, mas grandes o bastante para permitir que pequenas moléculas, como as citocinas que com-

batem o dano causado pela radiação, se filtrem. A ideia é bastante simples. As células bacterianas sintéticas são colocadas dentro da cápsula, e a cápsula é implantada sob a pele dos astronautas. As células contêm um programa que produz e libera citocinas quando elas são expostas à radiação solar e cósmica. Isso não requer nenhum diagnóstico ou intervenção, e, de forma elegante, o tratamento para a doença é induzido por sua causa.

Imagine essa tecnologia aplicada a problemas humanos práticos menos exóticos: um circuito celular sintético, permanentemente implantado sob a pele, para liberar o tratamento para uma doença sem que o paciente sequer tenha conhecimento disso. O potencial é fabuloso. Os que sofrem de diabetes sobressaem como óbvios beneficiários. As células no pâncreas que produzem insulina poderiam ser substituídas por organismos sintéticos que servem ao mesmo propósito. Em vez de injetar insulina, um circuito sintético carregado por bactérias escondidas numa casca de biocápsula produziria insulina de acordo com as necessidades flutuantes do organismo. Em princípio, o paciente jamais se daria conta de que esse processo estava ocorrendo.

Como sempre acontece com invenções muito novas e não testadas, esse mecanismo exato pode dar em nada. Talvez ele se revele impraticável ou dispendioso demais para uso geral. Na melhor das hipóteses, o sistema levará uma década para estar disponível: a cápsula ainda está em desenvolvimento, e os próprios circuitos sintéticos ainda levarão anos para ser testados em animais, e portanto anos para ser testados em seres humanos. Mas isso mostra como a necessidade de soluções práticas para problemas complexos tipifica a natureza renascentista da biologia sintética.

Teste de realidade

O que descrevi é a promessa e a esperança desse novo projeto de engenharia. Delineei alguns dos pontos altos em matéria de ambição e sucesso nesse esforço emergente. Hoje, não há muitos mais, embora o volume de publicações sobre biologia sintética esteja crescendo depressa. É fácil deixar-se envolver pela propaganda quando o rigor do laboratório é traduzido em termos destinados a não especialistas designados para informar, empolgar

Lógica na vida 53

ou gerar críticas. Dito isso, a comparação com a engenharia elétrica foi feita pelos próprios biólogos sintéticos, numa tentativa de padronizar as partes do DNA em peças componentes, com o objetivo de construir máquinas vivas.

Mas a realidade é que referir-se a coisas vivas como máquinas é tratar superficialmente os fatos da vida. Células e organismos são máquinas cuja complexidade é muitas ordens de magnitude maior que a de um motor, de uma linha de produção ou mesmo de um computador. A engenharia, como a evolução, é um processo iterativo. O tempo inconcebivelmente longo transcorrido desde a origem da vida na Terra significa que o número de testes, fracassos, reconstruções e mais testes pelos quais os mecanismos da vida passaram é incrivelmente grande. Cada organismo que existiu algum dia foi uma iteração num teste perpétuo de função de engenharia, não guiado e cruel: irá isso viver, e viver para se reproduzir? Isso se aplica, claro, a qualquer espécie ou organismo, mas a verdadeira seleção sob escrutínio na evolução é de genes individuais, as partes componentes naturais funcionais dos seres vivos. Eles trabalham em associação, em redes, em cascatas e em caminhos dinâmicos sinuosos. A complexidade de um organismo vivo tem bilhões de anos de testes bem-sucedidos atrás de si, e isso significa que simplificar ou projetar circuitos genéticos na forma de ferramentas simples (ou até complicadas) é difícil. Como disse à *Nature*, em 2009, o especialista em biotecnologia Rob Carlson, "há muito poucas operações moleculares que compreendemos tão bem quanto compreendemos uma chave-inglesa, uma chave de parafuso ou um transistor".

O teste para projetos em engenharia é: "ele funciona?", e, mais precisamente, "funciona como foi projetado para funcionar?". Nesta nova disciplina, a resposta para muitos dos vários milhares de circuitos e partes atualmente disponíveis é um simples "não". A complexidade da biologia em células gera ruído – variação imprevisível que mascara ou subverte o output pretendido. O chamado repressilador, que marcou o início da biologia sintética em 2001, ao fazer bactérias piscarem verde fluorescente, funcionou impressionantemente bem. Mas a surpresa foi que nem todas as células operaram da mesma maneira. O pulso do brilho ficou longe de ser estável: algumas células eram mais brilhantes que outras, algumas mais lentas, outras pulavam uma batida. Não é impossível compreender as razões disso, porém, a complexidade gera

inescrutabilidade, e isso torna mais difícil satisfazer o ethos reducionista da engenharia. Mais uma vez, a analogia com a engenharia elétrica também se sustenta aqui. Já fazemos placas lógicas digitais tão densas e cheias de software que não compreendemos inteiramente seu comportamento. É por isso que os computadores travam. Esses sistemas são construídos para um objetivo e testados e retestados a fim de se assegurar que terão êxito nas tarefas para as quais os projetamos. Mas isso não significa que conheçamos todos os seus comportamentos possíveis. No projeto de hardware de computadores, a análise de fracassos é decisiva, assim como na genética humana, durante um século. Sempre descobrimos genes e suas funções apenas após observá-los falhar, isto é, quando eles causam doença. O hardware bem-projetado é construído para enfrentar o ruído imprevisto e não previsível que a inescrutável complexidade pode abrigar.

Os problemas causados por genes que sofreram mutação resultando em doença têm uma origem clara, desde que saibamos onde e como procurá-los. Nos programas da biologia sintética, que desejaríamos fossem cada mais simplificados, os erros espontâneos é que são problemáticos. Decodificar os mecanismos falhos da doença e projetar programas bem-sucedidos decerto são os objetivos da genética e da biologia sintética. Mas compreender o ruído e levá-lo em conta ainda é um obstáculo desorientador. Em razão disso, até agora, as partes, os circuitos e os hospedeiros vivos tornam distante o sonho de um kit padronizado de construção de DNA. Mas esse é um campo jovem, imaturo e cheio de esperança. Tipicamente perspicaz, o decano da ficção científica no século XX, Isaac Asimov, observou que os melhores momentos na ciência não são aqueles em que dizemos "heureca", mas aqueles em que dizemos "Humm, isso é interessante". Aquele ruído, o fato de que esses programas não funcionam exatamente na maneira projetada, sem sombra de dúvida é um problema, mas um problema extremamente interessante.

Apesar disso, os paralelos com a computação impressionam. As lendas em torno das raízes da indústria dos computadores descrevem futuros bilionários, como Steve Jobs e Bill Gates mexendo com eletrônica em suas garagens, brincando com componentes e códigos para fazer melhores hardwares e softwares. Os resultados foram a Apple e a Micro-

Lógica na vida

soft, um computador em cada mesa de trabalho, a internet, o Google e um smartphone em cada bolso.

Enquanto as revoluções políticas tendem a ser definidas por acontecimentos – a tomada da Bastilha, ou a execução de um chefe de Estado –, a revolução cultural da computação não foi desencadeada por nenhum ato singular. Da mesma maneira, operários na Europa do século XIX perceberam que novíssimas tecnologias, como os teares mecânicos e as máquinas de fiar hidráulicas, estavam introduzindo mudanças importantes em suas vidas de trabalho, e essas alterações ocorriam em certo ritmo. Mas a agregação dessa mudança e sua significação eram desconhecidas na época, e a expressão "Revolução Industrial" foi introduzida muito mais tarde. Os profissionais da biologia sintética estão criando de uma maneira nova para a biologia e para a ciência, e tudo no período de uma década. Essa manipulação de 4 bilhões de anos de evolução especificamente para a criação de ferramentas biológicas artificiais é uma revolução que está ocorrendo agora, já.

O aforismo de Richard Feynman é crucial: para compreender alguma coisa você precisa primeiro ser capaz de construí-la. Os termos, a linguagem usada e as técnicas são todos tomados de empréstimo do ethos solucionador de problemas dos engenheiros, uma visão reducionista de função através de um projeto. A extensão de processos naturais para servir a anseios da humanidade não é nova, mas raras vezes foi empreendida incorporando uma noção tão clara de construção. Embora os fundadores da biologia sintética tivessem em mente a engenharia elétrica, a metáfora que mais pegou foi um brinquedo. Exatamente como o DNA, o Lego é universalmente adaptável, com as peças projetadas para se encaixar, quer provenham de um conjunto que forma uma nave espacial, quer de um castelo. De maneira semelhante, os biólogos sintéticos tentaram tornar intercambiáveis os componentes individuais de seus circuitos, de tal modo que a construção de novos circuitos não seja estorvada pelo ruído natural da biologia. Com isso em mente, espírito de invenção, engenho e criatividade foram incorporados à biologia sintética de maneira singular. No entanto, à medida que essa revolução se desdobra, questões de propriedade, legalidade e ética se impõem a nós com urgência.

3. Remixagem e revolução

"Nada se perde, nada se cria, tudo se transforma."

ANTOINE-LAURENT LAVOISIER, *Elementos de química*

A EVOLUÇÃO É o empreendimento mais criativo que já existiu. Nada se aproxima da diversidade, sofisticação e beleza que ganhou existência nas mãos do DNA e da seleção natural. Em seu cerne estão duas palavras que carregam uma acepção potencialmente depreciativa: cópia imperfeita. Em outro sentido, a evolução é o exemplar supremo daquela máxima que Isaac Newton tornou célebre – "Se vi mais longe, foi por estar de pé sobre os ombros de gigantes" –, descrevendo habilmente a natureza derivativa da criatividade, ao mesmo tempo que a exemplificava, pois Newton tomava e adaptava essa ideia do filósofo Bernard de Chartres, do século XII, que por sua vez provavelmente se referia a antigas versões gregas da mesma ideia. A máxima do químico francês Antoine-Lavoisier no alto desta página foi um comentário sobre a natureza da matéria, mas aplica-se igualmente bem a energia, biologia e ideias: "Nada se perde, nada se cria, tudo se transforma."

É fácil aplicar um princípio similar à cultura, em que, embora possa não haver nada completamente novo sob o sol, a criação de novas ideias ainda é fruto de cópia, adaptação e transformação do que veio antes. Em música, por exemplo, não é muito difícil traçar um caminho evolutivo de influência, através de vários séculos de criatividade, de Bach a Haydn, a Mozart, a Beethoven, a Mendelssohn. Ou, nos tempos modernos, de Chuck Berry aos Beatles, a David Bowie, ao punk, a Joy Division, aos Smiths, aos Stone Roses etc.

A natureza da cópia na música mudou nos anos 1960, quando emergiu um novo método de criação musical que não se parecia em nada com o que havia antes. A tecnologia permitiu aos músicos não apenas copiar e modificar o que já existia, mas tomá-lo emprestado, apropriar-se dele e roubá-lo. O sampleador permitiu aos produtores de música tomar a bateria de uma faixa existente, o naipe de sopros de outra e os vocais de uma terceira para criar um novo som.[1] Como técnica para criar novos sons, o *sampling*, ou colagem, realmente começou nas ruas de Nova York, com o cenário emergente do hip hop, nos anos 1970. DJs do Bronx entretinham multidões, homenageavam seus antepassados musicais e criavam novos sons radicais, ao mesmo tempo misturando LPs em pratos de toca-discos gêmeos. Eles tomavam o *riff* ou batida de um e jogavam ritmo ou letras de música de outros por cima, muitas vezes usando discos de soul como seus *licks*. Em apresentações ao vivo em clubes, e mais tarde em gravações, o que faziam não era tocar música nova, mas criá-la mediante adaptação e remixagem de sons existentes. No início dos anos 1980, máquinas de samplear eram usadas para registrar curtos extratos de uma gravação, de modo que pudessem ser integrados em nova melodia. Era possível lenteá-los, acelerá-los, repeti-los ou esticá-los para ajudar a criar um som inteiramente novo, derivado de sons anteriores e construído sobre seus ombros.

Biologia sintética é remixagem. O ethos desse cenário emergente é marcado pela criatividade irrestrita e sem precedentes que caracteriza uma cultura da remixagem. Os DJs não precisavam tocar instrumentos específicos como virtuoses para criar novos sons. Em biologia sintética, os criadores não precisam ser geneticistas, técnicos em DNA nem biólogos para construir novos organismos. O princípio é apenas criar.

Desde o começo, muitos pioneiros da biologia sintética esforçaram-se para formar um movimento de ciência democrática e aberta, em que haja livre troca de ideias, técnicas e materiais. Se o ano zero dessa nova revolução industrial foi o repressilador e o interruptor basculante, em 2001, os primeiros grandes movimentos aconteceram cerca de dois anos depois. Na ciência, a passagem da manipulação em laboratórios para um

movimento ocorreu em 2003 e 2004, com a emergência de dois fenômenos que se tornariam emblemáticos do espírito da biologia sintética.

O primeiro deles foi a fundação do Registry of Standard Biological Parts. Apesar de tudo que se diz sobre a maravilha do alfabeto genético intercambiável, é necessário muito código para fazer uma forma de vida. Isso significa que há inúmeras possibilidades a examinar, e sobretudo muitas coisas para dar errado quando remixamos nosso código. De forma irônica, para ser aberta e livre, de modo a ser usada por todos os demais, uma coisa precisa ser codificada e padronizada. Pense como é aborrecido o fato de os plugues elétricos serem diferentes nos diversos países, ou de que os carregadores de telefone mudem de modelo a todo instante. A linguagem da música é universal, mas precisamos de toda uma bateria de adaptadores e plugues para executá-la em diferentes países. No entanto, porcas e parafusos são padronizados, de modo que o tamanho das roscas ou as dimensões das tarraxas não precisam ser reinventados cada vez que você quiser montar um móvel.

Transfira isso para a quantidade ilimitada de informação codificada contida nos novos circuitos de componentes da biologia sintética. Dezenas, e depois centenas, de laboratórios começaram a construir suas próprias engenhocas e dispositivos, todos os quais só funcionam em circuitos incorporados a genomas de seres vivos (ou, em alguns casos, vírus quase vivos). Sem padronização, o compartilhamento útil fica tolhido. Assim, em 2003, Drew Endy, em Stanford, Tom Knight (então no MIT) e Christopher Voigt, na Universidade da Califórnia em São Francisco (UCSF), conceberam o BioBrick. Trata-se de uma maneira útil e simplificada de conectar pedacinhos e componentes de modo que cada pessoa que se integre não precise redesenhar cada ideia e cada parte por si mesma. Os BioBricks são para a genética o que é o sampleador para a música – um sistema para libertar os elementos do rico passado biológico e da engenhosidade de projetos de outrem, a fim de fomentar formas radicais de criatividade, mediante a padronização da montagem de componentes de DNA, para que cada elo não precise ser redesenhado a cada vez. É aqui que a comparação com o Lego tem algum peso. Os blocos de Lego são lindamente projetados para

Remixagem e revolução   59

se conectar com qualquer outro bloco de Lego. Há um encaixe universal
para as peças, e elas podem ser montadas seja qual for seu kit de origem.
No momento em que escrevo, o catálogo dos BioBricks contém mais de
10 mil partes. Cada uma é um pedaço de DNA, e é entregue pelo correio
na forma de um salpico num mata-borrão. Jogue o papel numa solução, e
o DNA se desprende dele, pronto para a montagem. Alguns BioBricks são
genes, alguns são instruções regulatórias e alguns são combinações das
duas coisas, já reunidas para se integrar a novos circuitos. Todos foram
padronizados, de modo a serem unidos uns aos outros para novas criações.

A outra transformação ocorrida nessa época foi o início da competição
promovida pela International Genetically Engineered Machine Foundation
(iGEM), em 2003 e 2004. Cada ano, equipes de estudantes de graduação
inventam um problema e projetam e constroem uma proposta de solução
usando só os componentes disponíveis no Registry of Standard Biological
Parts. Os estudantes competem para participar das equipes de suas facul-
dades e passam semanas pesquisando, projetando e executando soluções
para os problemas que escolheram. Essa é uma competição de talentos para
os inteligentes, e o entusiasmo é palpável. Cada equipe recebe do Registry
um kit composto de mil BioBricks.

Após rodadas de seleção regional, os finalistas se encontram no MIT
em novembro para a festa anual. Ali, as equipes exibem e celebram suas
criações, pioneiros e líderes da biologia sintética decidem a quem conferir
uma série de prêmios. O Grande Prêmio é emblemático da mentalidade
construtiva: um enorme bloco de Lego de alumínio.[2]

O princípio democrático é inerente ao Registry e também à competição iGEM. Todos os recursos são gratuitos, mas a expectativa é de que
todos os jogadores contribuam. O website do Registry pede aos usuários
para "levar um pouco, doar um pouco". Todas as equipes reúnem suas anotações, projetos, sucessos e fracassos em páginas wiki abertas, destinadas a
estimular o compartilhamento e o uso dos ombros dos pares como apoio.

Embora até hoje poucos projetos iGEM tenham se tornado realidade,
esse esforço é marcado por uma vibração diferente do que vi antes em
qualquer encontro científico. Muitos estudantes de graduação empreen-

dem projetos de verão nos laboratórios de seus orientadores. Ali, fazem muitas vezes serviços subalternos ou enfadonhos, parte do trabalho pesado da produção de dados em que a ciência se baseia, e com isso ganham experiência da realidade da vida no laboratório. Mas as equipes do iGEM criam novos projetos e soluções potencialmente importantes com um entusiasmo comovente.[3] Eles passam o verão inventando soluções para problemas globais. Estão combinando ferramentas inteiramente novas, por vezes não testadas, e com isso construindo outras, tudo isso usando a mais avançada biotecnologia disponível. Depois apresentam seu trabalho para o painel avaliador, composto por uma robusta proporção dos biólogos sintéticos mais importantes em atividade atualmente.

Alô, mundo

Em 2004, um trabalho impressionante inscrito no iGEM veio de uma associação entre a Universidade do Texas, em Austin, e a UCSF. Eles projetaram um circuito e conseguiram integrá-lo numa bactéria, que em seguida agiu como uma placa fotográfica. Um componente era uma proteína sensível à luz, que desempenhava sua função quando estimulada por um feixe de luz. Eles ligaram isso a um gene comum produtor de um pigmento chamado LacZ. Quando cultivaram a bactéria sintética numa placa transparente e plana, e projetaram uma imagem sobre ela, a bactéria processou a luz e o escuro na resolução de cem megapixels por polegada quadrada. Depois o trabalho foi publicado na revista *Nature*, e os componentes foram desenvolvidos num novo dispositivo de biologia sintética: um detector de borda. A imagem projetada foi uma mensagem de texto anunciando muito oportunamente a chegada desse novo campo, mas também uma piada para iniciados, exibindo as raízes da biologia sintética na computação. A frase é o output de teste-padrão que os programadores usam para checar se sua linguagem de programação está funcionando da maneira correta. Ela dizia simplesmente "Alô, mundo".

Remixagem e revolução   61

Em 2009, os vencedores do Grande Prêmio foram da Universidade de Cambridge: eles estenderam o uso de proteínas de águas-vivas brilhantes (GFPs, da sigla em inglês para Green Fluorescent Protein) e projetaram um sistema para que bactérias produzissem pigmentos multicoloridos como ferramenta de detecção regulável. Ferramentas desse tipo são conhecidas como biossensores, e elas já existem, por exemplo, para detectar níveis de glicose no sangue. Mas até agora todo biossensor precisa ser projetado a partir do zero e construído especificamente para detectar apenas um alvo. A equipe iGEM de Cambridge pretendeu construir um biossensor genérico que pudesse ser ajustado a múltiplos usos. Assim, a bactéria manipulada poderia ser regulada e usada para detectar uma substância química tóxica específica no ambiente e produziria um pigmento colorido em resposta à concentração dessa substância. Eles também evitaram o uso de GFP, pois para ver essa proteína é necessário um kit de fluorescência. O objetivo era fazer um biossensor que pudesse ser observado a olho nu. O circuito é formado por um sensor, um regulador de sensibilidade e o gerador de pigmento, e continha seis componentes que eram novos para o Registry of Standard Biological Parts, para o qual foram submetidos para serem usados por outros pesquisadores.

A Universidade de Washington conquistou o Grande Prêmio em 2011, com um circuito que produz formas de combustíveis fósseis. Em segundo lugar ficou a equipe do Imperial College London, que tentou combater a desertificação – a erosão gradual de solo fértil, que o transforma em terra inaproveitável agrícola e economicamente. Segundo algumas estimativas, em 2025 esse processo terá tornado estéreis nada menos que ⅔ da terra arável da África. A equipe do Imperial College construiu circuitos genéticos em células que alimentarão raízes, que, por sua vez, protegerão a camada superficial do solo contra os elementos erosivos. Sementes são revestidas com a bactéria sintética; depois que germinam, as células conseguem introduzir-se nas novas raízes, e o programa que elas carregam produz o hormônio vegetal auxina, que acelera seu crescimento na camada superficial do solo.

Quando o ano é um número par, parece que a equipe nacional da Eslovênia ganha o Grande Prêmio iGEM, tendo levado o troféu, em forma de

bloco de Lego, em 2006, 2008 e 2010. Neste último ano, resolveram inovar a biologia sintética, evitando por completo a linguagem do DNA. Em vez de manipular o código embutido nas bases A, T, C e G do DNA para criar nova função em tradução, eles usaram o simples fato de que podemos pôr essas letras numa ordem específica para construir uma linha de produção em miniatura. Os seres vivos estão cheios dessas linhas de produção: um gene produz uma proteína, que provoca outra reação, que desencadeia outro gene, e assim por diante. Mas, ao contrário da maquinaria ordenada de uma fábrica, o interior de uma célula é um meio buliçoso, com todo o código e as proteínas flutuando livremente no plasma viscoso. Fábricas reais seriam desastrosamente improdutivas se fosse permitido a cada parte derivar aleatoriamente para o passo seguinte da linha de produção. A equipe da Eslovênia projetou uma sequência de DNA que organizava essa confusão solta numa linha bem-arrumada, usando o DNA como uma plataforma para a linha de produção. Em vez de ter proteínas flutuando livremente na célula, eles imaginaram que poderiam amarrá-las numa única sequência de DNA. Como muitas proteínas ligam-se ao DNA de qualquer maneira, sabe-se muito sobre como fazer para que uma proteína se prenda a uma sequência específica de DNA. Com o trecho certo de DNA, cada proteína num caminho pode ser removida da sopa celular e amarrada sequencialmente, o que resulta numa linha de produção biológica. O principal objetivo dessa plataforma é aumentar radicalmente a eficiência de caminhos da biologia sintética. Mas ela também abre a possibilidade de interruptores oscilantes controlados com mais rigor, ou outros dispositivos padronizados do kit de ferramentas da biologia sintética.

Acondicionamento cuidadoso

Quase todas as equipes que participam do iGEM vêm de universidades. Mas, como foi descrito no capítulo anterior, a Nasa não demorou a identificar a biologia sintética como disciplina que viabilizará sua permanente

Remixagem e revolução   63

missão: avançar com coragem. Entre as ideias mais extravagantes que
a Nasa está explorando estão seus planos para bactérias sintéticas que
fabricam tijolos.

Esse desafio foi aceito pelos estudantes na competição iGEM em 2011.
A uma hora de viagem de São Francisco, a Universidade Stanford cola-
borou com a Nasa, em Ames, a um pulo de distância pela via expressa, e
a Universidade Brown, para descobrir como a biologia sintética poderia
nos ajudar a construir colônias em outros planetas. Liderados por Lynn
Rothschild, eles perguntaram como circuitos sintéticos poderiam contri-
buir para a terraformação.* Como já foi mencionado, a questão do peso é
absolutamente decisiva em viagens espaciais. Estima-se que o ato de lançar
alguma coisa além da atração gravitacional da Terra custe cerca de US$ 10
mil por quilo. A massa de Saturno V, carregando todos os módulos para
levar os três membros da tripulação da Apollo 11 até a Lua, para dar um
passeio durante algumas horas e voltar para a Terra, era de cerca de 3 mil
toneladas. O próprio módulo que pousou na Lua, o Eagle, pesava dezessete toneladas. Estimativas de uma viagem de ida e volta a Marte incluem
duzentas toneladas só em itens consumíveis e necessários para sustentar
a vida. Assim, como ao fazermos as malas para as férias, minimizar o que
levamos conosco e usar o que encontrarmos em nosso destino é a melhor
solução. "Utilização de recursos in situ" é a expressão oficial da Nasa, mas
prefiro chamar isso de "preparo cuidadoso da bagagem".

Uma vez que nossos sonhos de estabelecer bases permanentes em
outros mundos são profundamente estorvados pela necessidade de transportar materiais de construção a partir da Terra, o uso daqueles presentes
num outro planeta é atraente. A questão é: "Podemos construir com
poeira lunar?"[4]

Na iGEM, a equipe de Brown-Stanford baseou seu projeto nessa questão.
Eles descobriram por acaso a bactéria *Sporosarcina pasteurii*, que prospera
num ambiente alcalino cujo metabolismo envolve a expulsão do mineral

---

* Terraformação: engenharia planetária destinada a tornar um ambiente planetário
extraterrestre mais capaz de sustentar vida. (N.T.)

calcita como resíduo. No tipo certo de areia, a calcita passa por um processo chamado biocimentação, isto é, ela forma cimento. Num concreto normal, a água forma uma cola, por meio de uma série de reações químicas, e é consumida enquanto isso. As células que secretam calcita podem servir a esse objetivo sem nenhuma água além da que elas requerem para viver. O componente essencial desse processo é uma proteína chamada uréase, que inicia a decomposição da ureia e, nessas bactérias, termina com a cimentação fora da célula. A equipe iGEM identificou o circuito genético para a produção de uréase em *Sporosarcina* e copiou-o em uma célula de laboratório padrão, *E. coli*. Então, caracterizaram-no e padronizaram-no num BioBrick, onde ele se tornou conhecido como Parte: BBa_K656013. Quando expressado numa célula e colocado em regolito, o circuito é ativado e tem capacidade de cimentá-lo em tijolos. Os pesquisadores testaram esse processo usando areia de Marte simulada, em moldes que, é bem verdade, não tinham mais de um centímetro de lado; mas dentro de poucas horas eles a solidificaram em minúsculos tijolos. Não é preciso dizer que há uma distância astronômica entre isso e o uso desses tijolos como material de construção em Marte. Mas essa viagem só ocorrerá, na melhor das hipóteses, dentro de uma década, e, no ritmo em que a biologia sintética está progredindo, a fabricação de tijolos reais com BioBricks a partir de regolito marciano torna-se muito mais plausível. Em conformidade com as raízes brincalhonas da mentalidade que preside os BioBricks, eles foram batizados de RegoBricks. A economia de peso é enorme. Um frasquinho dessas células remixadas, pesando só dois gramas, poderia ser transportado a bordo de uma nave e cultivado para se transformar numa fábrica de RegoBricks em Marte.

Esses são apenas alguns entre as centenas de projetos inscritos na competição iGEM durante seus poucos anos de existência. A BioBricks Foundation tem por objetivo não apenas difundir o potencial de aplicação de princípios da engenharia à biologia, mas fazê-lo de uma maneira que fomente uma ciência aberta e igualitária, a inventividade e a livre troca de criações, assim como os músicos da remixagem nos anos 1970 e 1980.

Embora isso possa soar um pouco idílico, há problemas com a iGEM e os BioBricks. Em termos de resultados, o mais das vezes, as equipes

Remixagem e revolução   65

iGEM não produzem realmente aquilo que projetaram, com frequência em razão dos limites de tempo da competição (embora muitas partes e circuitos individuais tenham resultado em artigos científicos depois). Mas há muitos outros problemas com os BioBricks. Centenas, se não milhares das partes que constam do Registry, não estão bem caracterizadas. As partes individuais incluem genes, bem como instruções para ativar ou desativar genes. No entanto, muitos deles comportam-se de maneira irregular ou imprevisível. Em grande parte isso tem a ver com o ruído biológico de uma célula viva quando comparada ao diagrama lógico de um projeto. A natureza da competição significa que muitas vezes os estudantes não têm tempo para caracterizar completamente as partes que construíram. A padronização está se revelando uma tarefa de Sísifo, e a taxa de inscrições aniquila a tarefa urgente de caracterizar o que já foi inscrito.

Apesar disso, o entusiasmo que envolve a competição é empolgante. As equipes reúnem estudantes com formação em matemática e engenharia, assim como em ciências biológicas, e trazem um desconhecimento revigorante para a solução de problemas. Fui ao encontro da equipe do Reino Unido em setembro de 2012, organizado pelo líder da Universidade de East Anglia, Richard Kelwick. Ali, os participantes do Reino Unido apresentaram seus projetos uns aos outros e para um punhado de biólogos sintéticos, antes de rumarem para Amsterdã, onde seriam escolhidos os concorrentes à disputa mundial. Dos 85 estudantes que concorriam pelo Reino Unido, 29 não eram biólogos. O ingresso nessa competição que produz alguns dos trabalhos mais sofisticados, criativos e avançados em engenharia genética continua tão aberto quanto antes. Das três equipes que seguiram para a rodada seguinte, a do University College London era a mais esquisita, literalmente: bactérias que iriam coletar e consumir os bilhões de minúsculos fragmentos de plástico descartados e não biodegradados que flutuam nos oceanos, com a intenção de usar essa colheita para construir uma ilha de plástico, reciclada e reclamada ao mar.[5]

Esse livre acesso é deliberado e inerente à mentalidade BioBricks: não é preciso ter uma profunda compreensão de como a biologia trabalha quando se vai usá-la apenas como ferramenta. Embora isso possa parecer

questionável, à primeira vista, é assim que operamos com toda tecnologia. Estou digitando estas palavras num computador cujo hardware é em grande parte misterioso para mim, usando software escrito numa linguagem que me é tão estranha quanto mandarim. Até as mais simples ferramentas mecânicas, como uma chave-inglesa, são feitas por processos que exigem um conhecimento especializado que a maior parte das pessoas que as utilizam não possui. Com a aplicação de princípios da engenharia a componentes biológicos, a questão não é como essas partes funcionam, mas se funcionam ou não. Dessa maneira, a biologia torna-se não exclusiva. Pela padronização das partes, os requisitos mínimos para os critérios de ingresso na área são minimizados a tal ponto que não se requer nem o conhecimento especializado tradicional sobre o comportamento do DNA. Paul Freemont, que dirige o maior departamento de biologia sintética na Europa, no Imperial College London (local do mais importante encontro bianual de biologia sintética de 2013, o SB6.0), declarou à BBC em 2012 que eles têm "grande quantidade de pessoas novas chegando, pesquisadores jovens e vibrantes. Não lhes importa onde está a biologia, eles querem apenas construir coisas e resolver problemas. Eles não têm nenhuma bagagem".

Quem é dono da sua criação?

Como o objetivo da biologia sintética é criar soluções para os problemas da realidade, o potencial para a comercialização é óbvio. Assim, a questão da propriedade assoma de forma inevitável em relação a qualquer componente, dispositivo ou produto. A história das patentes envolvendo o DNA, ainda em curso, é tortuosa e em especial confusa, porque as leis relativas ao patenteamento não foram elaboradas tendo em mira a biotecnologia. A promessa que a biologia sintética encerra para as tecnologias futuras significa que a questão das patentes está intrinsecamente entrelaçada com a ciência, e ainda pode ter um efeito sobre a maneira como essa indústria criativa irá florescer. Vale a pena, portanto, dar uma breve olhada nesses problemas.

Remixagem e revolução   67

Historicamente, as patentes são destinadas a proteger invenções funcionais úteis, enquanto o direito autoral protege a expressão física de uma ideia, esteja ela na forma de manuscrito, partitura, fotografia ou página da web, garantindo a propriedade, em geral para o criador. O mais fundamental, porém, é que tanto a lei do direito autoral quanto as patentes foram introduzidas nos Estados Unidos a fim de promover a criatividade para o bem maior. Os inventores precisam proteger suas criações, pois tempo, dinheiro e investimento intelectual que dedicaram para projetar e criar um novo produto são consideravelmente maiores que os necessários para copiá-lo.

Os "produtos da natureza", por outro lado, são inelegíveis para patentes porque ocorrem sem nenhuma engenhosidade humana. Mas já se argumentou, de forma convincente, que, depois de isolada e caracterizada, uma sequência genética, como um gene, não é mais "produto da natureza", pois foi copiada e submetida à intervenção de seres humanos. Portanto, ela pode ser protegida por patente. A ação legal recente mais divulgada que provavelmente estabelecerá um precedente em relação à propriedade de DNA foi (e continua sendo) aquela relativa a dois genes de câncer de mama e ovariano, BRCA1 e BRCA2, ambos de propriedade da empresa Myriad Genetics e da University of Utah Research Foundation. No momento em que escrevo, esse processo foi devolvido à Suprema Corte Federal dos Estados Unidos, sob alegação de que as técnicas aplicadas para isolar o DNA são biologia molecular comum, e não singulares. O vaivém relativo a patentes de DNA continua gerando problemas. Apesar disso, com base sobretudo no argumento de que o isolamento de sequências genéticas é um processo, um em cinco genes humanos – os genes que você carrega por aí em suas células – é de fato propriedade de outra pessoa.

Quando se trata do patenteamento de coisas vivas, a lei, pelo menos nos Estados Unidos, é um pouquinho mais clara. A primeira patente sobre um organismo foi confirmada em 1980, no caso de uma bactéria geneticamente modificada que ajuda na decomposição de óleo cru. Ela foi assegurada, com base num recurso, em razão do fato de que seus genes são ao menos parcialmente feitos pelo homem e de que o processo de

manufatura era patenteável. As frases decisivas usadas no veredicto foram que a invenção (e portanto a patente) constitui uma "manufatura" ou "composição de matéria". Em 1988, isso foi estendido a um organismo multicelular: o "OncoMouse" é um camundongo transgênico cujo DNA foi modificado para torná-lo particularmente suscetível a vários cânceres, e por isso uma valiosa ferramenta de pesquisa. E em 2010, Craig Venter solicitou uma patente para sua célula artificial Synthia.

Como os produtos da biologia sintética têm poucos precedentes históricos, ainda não está claro como a lei lidará com eles (ou evoluirá para fazê-lo). Nesse caso, as complexidades do patenteamento de DNA são agravadas pelo fato de que grande parte do pensamento e do comportamento por trás dos componentes da biologia genética se assemelha, muitas vezes deliberadamente, aos softwares de computador. Aqui o problema fica ainda mais obscuro, pois o software é um campo também assediado por contínuos e sórdidos conflitos de propriedade. O software recai em algum lugar entre patente e direito autoral, pois é ao mesmo tempo funcional (executa um programa) e obra intangível (é escrito para ser executado). O comportamento de partes ou peças individuais de código-fonte de software, como fórmulas e máquinas de calcular, pode mudar dependendo do modo como elas são usadas. Em consequência, patentes computacionais são por vezes desconcertantemente amplas, abrangendo muitos termos não específicos.

Você me perdoará por penetrar nesse escuro mundo da propriedade intelectual, mas isso tem particular relevância para a natureza do BioBrick. Em consequência da legalidade nebulosa da biotecnologia, amplas patentes têm sido usadas para assegurar direitos de propriedade sobre mecanismos da maquinaria celular. Elas abrangem princípios gerais, bem como processos específicos. Isso tem o efeito de restringir a experimentação com essas atividades celulares, em especial para pesquisadores em início de carreira, que não têm condições de pagar por processos patenteados. Se patentes amplas pudessem ser aplicadas aos dispositivos que os biólogos sintéticos criaram, como o oscilador, num sentido genérico, isso poderia limitar a modificação do que se tornou um instrumento básico na caixa de ferramentas da biologia sintética.

Remixagem e revolução

Reconhecendo essas ciladas potenciais, a BioBricks Foundation adotou uma posição muito precisa em relação a isso. Ela declara que sua missão é "assegurar que a engenharia da biologia seja conduzida de maneira aberta e ética, para o benefício de todas as pessoas e do planeta. Acreditamos que o conhecimento científico básico pertence a todos nós e deve estar gratuitamente disponível para a inovação ética, aberta". Eles julgaram que as leis de patenteamento e direito autoral tal como aplicadas à computação estão repletas de inadequações. Os termos de utilização que o usuário de BioBricks deve aceitar salvaguardam uma proteção irrevogável contra a afirmação de direitos de propriedade intelectual. A atribuição ao criador e a adesão a práticas de segurança e, claro, à lei são parte do acordo, mas a peça em si mesma está quintessencialmente livre para ser usada. Ao colocar seus produtos em domínio público, os usuários estão evitando os meandros da imposição de patentes e, por conseguinte, estimulando a inovação e a criatividade.

Em abril de 2012, reconhecendo o potencial da biologia sintética para mudar o mundo, o presidente Barack Obama lançou o National Bioeconomy Blueprint, manual básico que ensina a investir em biologia sintética de maneira a extrair dela o benefício máximo. Esse plano encerra um desenvolvimento comercial, mas também reconhece o valor das crenças essenciais que informam os BioBricks em relação ao compartilhamento de dados e recursos. De maneira muito específica, esse conjunto de recomendações destina-se a promover o crescimento, em biologia sintética; tratar de questões de segurança; estimular a comercialização sem restringir a criatividade; e assegurar que o público também participe dos benefícios.

A proteção da criatividade está inscrita nos títulos da legislação sobre patentes e direito autoral, ambas de 1790: o Copyright Act tem o subtítulo "Uma lei para o estímulo do saber", e o Patent Act, "Para a promoção de artes úteis". Em música, computação, genética e agora, potencialmente, na biologia sintética, esses princípios ficaram atolados na esteira dos rápidos avanços tecnológicos que ultrapassam de longe as mudanças na lei. Em consequência, as patentes no campo da biotecnologia correm o risco de se tornar a corporificação do impedimento da criatividade. Quando isso ocorre, o progresso cessa.

Mais uma vez, os paralelos com a música são impressionantes. A colagem tornou-se quase onipresente na música pop gravada. O hip hop, que se baseia inteiramente na colagem, desenvolveu-se para se tornar o maior e mais hegemônico dos negócios na música. À medida que as corporações reconheceram seu imenso potencial comercial, as companhias que detinham direitos autorais sobre músicas começaram a exercer e impor o controle sobre a colagem em que o hip hop e outros gêneros de música se baseiam. Requintaram-se e introduziram-se leis de direito autoral que significam que, a menos que se tenha muito dinheiro, hoje é praticamente impossível fazer música com a mesma liberdade criativa que ajudou a criar e definir o gênero.

Para a biologia sintética, enfrentar esse emaranhado legal é parte da rápida maturação de um campo muito jovem. Em 2011, um de seus padrinhos, Drew Endy, abriu uma nova empresa para fornecer apoio e uma estrutura legal aberta para o contínuo desenvolvimento de dispositivos, circuitos e ferramentas biológicos. Na inauguração, ele declarou: "Agora precisamos ir além das metáforas com o Lego e os brinquedos genéticos, rumo a tecnologias profissionais." A mensagem é que a biologia sintética precisa amadurecer, tanto científica quanto legalmente, e tornar-se a indústria global que seus fundadores creem que ela pode ser. Mas ela deveria também continuar a ser alimentada por criatividade irrestrita e até por uma disposição bem-humorada, pois esse é o terreno fértil em que brota a maioria das ideias criativas. Nas palavras de Larry Lessig, professor de direito de Harvard e ativista dos direitos autorais: "Uma cultura livre para tomar empréstimos do passado e construir sobre ele é culturalmente mais rica que uma cultura controlada."

A criatividade inerente aos BioBricks, e a biologia sintética em geral, fomenta um ethos distinto do que caracterizou o campo da modificação genética que o precedeu. Ela também tem um princípio de engenharia em seu cerne. Esses dois aspectos compõem as razões para vermos a biologia sintética como uma revolução industrial no nascedouro. Mas a ciência ocorre como parte da cultura, não como algo distinto dela, e, como vimos com as questões emergentes de propriedade, essas novas tecnologias enfrentam não apenas problemas científicos e práticos, mas os desafios de sua inserção na sociedade.

4. Em defesa do progresso

"É mais fácil fixar-se na ameaça que aproveitar a oportunidade."

ROB CARLSON, 2011

A AMEAÇA DE VIOLÊNCIA não se cumpriu. Na verdade, anunciou-se que o evento seria marcado pelo vandalismo, e a ação direta revelou-se, pelo que se sabe, uma espécie de agradável dia em família no campo. Em 27 de maio de 2012, após algumas semanas de publicidade, negociação e protestos públicos, o conflito entre ativistas contrários aos alimentos geneticamente modificados e cientistas aconteceu num domingo ensolarado nos campos verdejantes de Rothamsted, em Hertfordshire, e foi marcado por sorvetes, cantos e algumas tentativas de retórica estimulante. O grupo de ativistas Take the Flour Back declarara em sua propaganda que não existiam dados científicos suficientes para apoiar o cultivo de produtos agrícolas geneticamente modificados (GM), e que as experiências com esse tipo de trigo em campos de Rothamsted deveriam ser suspensas, e as plantações, destruídas. Eles haviam declarado que nesse dia iriam "descontaminar" os campos de trigo GM, como ocorrera em várias ocasiões nos últimos anos no Reino Unido, querendo dizer com isso que iriam arrancar as plantações e destruir os campos. Os cientistas à frente dos experimentos protestaram publicamente e debateram com eles, mas o plano de ação direta se manteve.

O trigo cultivado nesses campos sofreu várias modificações genéticas. Algumas são para fins de administração de laboratórios (para que as sementes experimentais funcionais possam ser selecionadas das demais). Mas a principal engenhoca produzida pelo homem é a introdução de um

circuito genético que produz a substância química E-β farneseno, ou EβF (que, por pura coincidência, é muito estreitamente relacionada às substâncias químicas produzidas para servir como diesel sintético, mencionadas no Capítulo 1). O EβF age exatamente como uma buzina para pulgões, sendo um feromônio que eles produzem quando estão sendo atacados por predadores, como as formigas. Ele avisa os outros pulgões para fugirem. Os próprios pulgões produzem EβF, porém, num elegante movimento evolutivo, mais de quatrocentas plantas que eles gostam de infestar também o produzem, como uma espécie de aviso "cuidado com o cachorro" numa casa sem cães. A substância não só repele os pulgões, ela também os estimula a gerar crias aladas, que podem fugir da ameaça de perigo. O trigo experimental foi criado para produzir EβF com o propósito específico de reduzir a quantidade de pesticida destinado a matar pulgões que os fazendeiros precisariam usar.

Um estudo anterior havia mostrado que o trigo manipulado para produzir EβF tinha pouco ou nenhum efeito para repelir pulgões, mas isso em condições de laboratório, que podiam ser qualitativamente diferentes daquelas em que as plantas crescem em campo aberto, e o experimento de Rothamsted foi planejado como tentativa de tirar a limpo exatamente essa questão. Um protesto queixoso, numa carta aberta dos cientistas à frente da pesquisa, ressaltava que a ação planejada pelo Take the Flour Back assemelhava-se a "retirar livros de uma biblioteca, porque você deseja impedir que outras pessoas descubram o que eles contêm".

Apesar do desdobramento claramente não dramático dos acontecimentos em Rothamsted naquele dia, o grupo Take the Flour Back não se arrependeu e em seguida divulgou esta declaração:

Quisemos fazer a coisa responsável e remover a ameaça de contaminação por GM; lamentavelmente, não nos foi possível fazê-lo de maneira efetiva hoje. No entanto, permanecemos unidos a fazendeiros e agricultores do mundo inteiro, que estão dispostos a pôr em risco sua liberdade para deter a imposição de produtos agrícolas GM.

Em defesa do progresso 73

Essa pequena saga reflete em que pé estão as coisas na percepção pública da biotecnologia moderna e, sob muitos aspectos, toda a sua história de quarenta anos. O grupo Take the Flour Back é veemente, barulhento e gera muita publicidade. Mas é difícil avaliar em que medida ele reflete genuinamente a disposição de ânimo pública, ou o número dos fazendeiros com que se proclama solidário. De muitas maneiras, seus integrantes se inspiram nos luddistas. Embora a palavra tenha evoluído para significar qualquer pessoa que rejeita a tecnologia, os primeiros luddistas eram artesãos fabricantes de tecidos que se sentiram ameaçados com o advento dos novos teares mecânicos. Durante alguns anos, no início do século XIX, eles se reuniam ao luar, nas charnecas do norte da Inglaterra, invadiam fábricas e destruíam os teares que lhes haviam tirado os empregos.[1]

No caso da modificação genética, esse tipo de ação direta é raro, mas não inaudito: o website do Take the Flour Back afirma: "Entre 1999 e 2003, pelo menos 91 experimentos com GM foram danificados ou destruídos." O sentimento por trás disso, como iremos ver, tem raízes tão antigas quanto a própria tecnologia. No Reino Unido, a introdução potencial de alimentos geneticamente modificados nos anos 1980 foi recebida com horror por militantes, alguns dos quais consideravam que brincar com a natureza dessa maneira era moral e intrinsecamente errado. A imprensa alimentou a repugnância criando a expressão *frankenfoods* – um peculiar apelido genérico, uma vez que o dr. Frankenstein foi o criador do monstro sem nome da autoria de Mary Shelley. No entanto, rótulos desse tipo têm algum poder. Assim como os furtos de 1972 no edifício Watergate, em Washington DC, de certo modo acenderam a luz verde para a imprensa passar a anexar o sufixo *gate* a qualquer escândalo político, nos últimos anos tivemos manchetes com os termos *frankenmice, frankenfish, frankenbugs* e *frankencrops* para se referir a qualquer coisa geneticamente modificada.

À medida que se desenvolve cientificamente, a biologia sintética atrai atenção de todas as partes, e ela herdou os antagonistas da engenharia genética genérica. Assim, para tratar das preocupações e da ira que a biologia sintética suscita, precisamos considerar o quadro muito mais amplo da percepção pública da biotecnologia em geral e sua história, que, ape-

sar de breve, transformou o mundo. Estamos começando a ver grupos que historicamente lideraram o ataque aos GM, como o Action Group on Erosion, Technology and Concentration (ETC) e Friends of the Earth, voltarem-se de maneira muito específica contra a biologia sintética e publicarem panfletos segundo os quais seus produtos não passaram por testes, são mal compreendidos e ameaçam todos os tipos de cenários humanos e ecológicos. Imediatamente após o anúncio de Synthia, de Craig Venter (na verdade, foi a ETC que deu à *Mycoplasma micoides JCVI-syn 1.0* esse apelido mais amistoso), o presidente Obama encomendou um relatório de especialistas em biologia sintética para avaliar qualquer potencial ameaça, os desafios e benefícios de todo o campo. O relatório, publicado no final de 2010, tratou muitas das questões por meio de consultas a vários tipos de público e a cientistas profissionais, e estabeleceu cinco categorias pelas quais o progresso do campo pode ser observado: benefício público, gestão responsável, liberdade intelectual e responsabilidade, deliberação democrática, justiça e equidade.

Mas nem todo mundo viu isso assim. A comissão despertou considerável ira nos militantes. Em resposta, 56 organizações lideradas pelos grupos ETC e Friends of the Earth publicaram imediatamente uma carta aberta à comissão presidencial censurando o relatório por

> ignorar o princípio da precaução, carecendo da adequada revisão de riscos ambientais, depositando fé injustificada em "genes de suicídio"; outras tecnologias que não fornecem nenhuma garantia contra a evasão de organismos sintéticos para o ambiente e dependendo da "autorregulação" da indústria, o que equivale a nenhuma supervisão independente.

Regras para a modificação genética são necessárias e existem. Nos Estados Unidos, três agências federais regulam o uso de plantas GM: o United States Department of Agriculture cuida da possibilidade de plantas cultivadas tornarem-se infestantes; a Food and Drug Administration, da possibilidade de elas entrarem na cadeia alimentar e subverterem-na; a Environmental Protection Agency avalia plantas com poderes pesticidas.

Em defesa do progresso   75

Em 2012, o número dos opositores dos GM cresceu, reunindo uma coalizão de 111 grupos ativistas, que elaborou seu próprio relatório, condenando também o campo da biologia sintética. Esse número pode parecer grande, mas muitas dessas organizações são pequenos grupos de meia dúzia de indivíduos, tornando-se difícil avaliar em que medida seu ponto de vista é representativo da população geral. Mais uma vez, com linguagem carregada e afirmativas fortes, suas conclusões foram de que era necessário haver mais supervisão e regulamentação, e que se deveria suspender por completo o lançamento e o uso comercial de células sintéticas no mercado.

Talvez seja útil voltar os olhos aqui para a origem da biotecnologia, se quisermos compreender melhor o contexto em que essa oposição está enraizada. O epicentro da biologia sintética está em Stanford, na Califórnia, onde a BioBricks Foundation tem seu quartel-general, e onde, em meados dos anos 1970, a tecnologia original nasceu. A descoberta de enzimas de restrição, aquelas ferramentas bacterianas de cortar e colar com que toda essa história começou, havia possibilitado um experimento em que Paul Berg cortou partes do genoma de um vírus e as inseriu em outro. Esse engatinhar rumo ao mundo da engenharia sintética valeu-lhe um Prêmio Nobel em 1980. Mas ele foi cauteloso em relação às implicações de sua nova tecnologia e se absteve de completar o experimento, temendo criar um monstro e pôr em risco seus colegas e o público mais amplo. Em vez disso, Berg pediu uma moratória nesse campo recém-nascido. Em 1975, ele e outros, por solicitação da Academia de Ciência dos Estados Unidos, promoveram uma pequena conferência internacional em Asilomar, na península californiana de Monterey.

O encontro de Asilomar hoje é encarado como um modelo de responsabilidade científica no tratamento de tecnologias novas e passíveis de dupla utilização, isto é, novas ferramentas com o potencial de ser empregadas tanto para aplicações positivas quanto por inescrupulosos. No ambiente cultural em que ele ocorreu, destacava-se o terror paranoide de filmes tipo "arrasa quarteirão", como *O enigma de Andrômeda* (1971), em que um micróbio extraterrestre causava loucura e morte indiscriminadamente, tirando pro-

veito da ansiedade pós-Watergate. Berg e outros que começavam a manipular o código genético depararam com um sentimento de franca cautela ao debater o que fazer em seguida. Jornalista, advogados e cientistas também participaram do encontro, e juntos eles alinharam os argumentos durante vários dias. No final, traçaram normas que sugeriam novas pesquisas, diálogo aberto e aproveitamento do conhecimento de especialistas em campos fora da biologia molecular, como o de doenças infecciosas e ecologia microbiana. Concluíram que as "novas técnicas, que permitem a combinação de informação genética proveniente de organismos muito diferentes, nos situam numa área da biologia com muitas incógnitas". Esse é um sentimento tão pertinente hoje quanto naquela época. Na verdade, a natureza da ciência em geral deveria fomentar, por definição, uma cultura cheia de incógnitas. Mas considerou-se que a percepção de dano potencial era superada pelos benefícios potenciais, e eles recomendaram progresso sujeito a restrições:

Concordou-se que há certos experimentos em que os riscos potenciais são de natureza tão séria que eles não deveriam ser realizados com os dispositivos de contenção atualmente disponíveis. A mais longo prazo, problemas graves podem surgir na aplicação em grande escala dessa metodologia na indústria, na medicina e na agricultura. Mas reconhece-se também que a pesquisa e a experiência futuras podem demonstrar que muitos dos biorriscos potenciais são menos sérios e/ou menos prováveis do que hoje suspeitamos.

Mas a desavença ideológica entre biotecnólogos e seus opositores foi formalizada pouco depois. Assim como em 2010, em 1978, não muito tempo depois de Asilomar, a oposição pública à maneira como a engenharia genética estava progredindo começou a emergir. Houve também um conflito entre vários cientistas e ativistas ambientais, entre os quais os Friends of the Earth, dos quais antes haviam sido aliados. Os termos eram quase iguais aos de hoje: o grau de regulação requerido para permitir o progresso seguro nas pesquisas de manipilação do DNA.

Quando a batalha começou, um cientista anônimo expressou o sentimento de que "alguns dos lobbies ambientais estão trabalhando para pro-

Em defesa do progresso 77

pagar a paranoia" e de que seu comportamento não passava de banditismo. "Temo", disse James Watson à revista *Science*, em 1978, "que esses grupos prosperem com más notícias; quanto mais o público se preocupa com o ambiente, mais provável é que continuemos a lhes fornecer os recursos de que precisam para manter suas organizações em crescimento". Outro cientista sugeriu, dessa vez confidencialmente, que "esses agentes privados do interesse público não são eleitos, e tampouco estão necessariamente em contato com as ideias da maioria dos membros dos grupos em nome dos quais falam". É muito possível que a mesma situação exista hoje, com o apoio popular granjeado por táticas de choque, truques publicitários e afirmações provocativas, e não por uma tentativa de entrar num diálogo honesto e público, como vimos em Rothamsted e ainda veremos neste capítulo.

Paul Ehrlich, eminente cientista e até então membro do Friends of the Earth, reiterou a ideia de que "os benefícios potenciais da pesquisa sobre o DNA recombinante são tão grandes que seria imprudente restringir essa pesquisa quase totalmente com base em riscos imaginários". É verdade que nenhum ato bem-sucedido de bioterrorismo ocorreu desde Asilomar, e trataremos disso em breve; no entanto, à medida que a indústria da engenharia genética floresceu e mutou em biologia sintética, os problemas potenciais permaneceram os mesmos, e o acesso à tecnologia é consideravelmente mais fácil que em meados dos anos 1970. Em 1975, era possível acomodar todos os especialistas em DNA recombinante num bar de tamanho razoável, que dirá num centro de conferências. Hoje, a mesma tecnologia foi democratizada a ponto de todas as pessoas que algum dia executaram uma manipulação de DNA serem suficientes para povoar um pequeno país. Romantizar o passado provavelmente não ajuda muito, porém, parece que o clima em que o nascimento da biologia molecular ocorreu foi significativamente diferente do atual. Um relatório presidencial divulgado em abril de 2012 estimou a receita da "bioeconomia" nos Estados Unidos, em 2010, em US$ 100 bilhões. Ela só tende a crescer.

As ações e motivações do grupo Take the Flour Back e as propostas do Friends of the Earth e ETC agora não são significativamente diferentes

daquelas expressas quarenta anos atrás no nascimento da engenharia genética. Mas o campo explodiu, por isso a questão é se os opositores foram prescientes em sua oposição ou se sua retórica é irrelevante, uma vez que permaneceu inalterada enquanto a ciência progrediu. Examinaremos adiante algumas das principais alegações e situações possíveis.

Armas biológicas

O caso específico de transformar formas de vida manipuladas em armas é um dos argumentos-chave apresentados pela oposição tanto à engenharia genética quanto à biologia sintética. Nossas crescentes habilidades em tecnologia do DNA mantiveram muito vivo o medo do bioterrorismo. Transformar a vida em arma não é um fenômeno novo. O uso de coisas vivas (que não seres humanos) para gerar dano tem uma tradição rica, mas completamente ignóbil, que precede em milênios nossa conquista do DNA. Aníbal usou seus elefantes de ataque na Antiguidade romana. Um chefe mongol que invadiu a Índia no século XIV instigou camelos em chamas a investir contra elefantes que brandiam cimitarras. Mesmo na era moderna, ratos, gatos, pombos e cães foram usados como dispositivos para detectar bombas ou para transportá-las. Na Segunda Guerra Mundial, os russos tiveram razoável sucesso treinando cães para correr sob os blindados alemães carregando um explosivo acionado por uma batida na superfície inferior dos tanques.

Hoje em dia, a ameaça potencial de armas vivas não é menos bizarra, mas muito mais poderosa, e, como ocorre em todos os aspectos da engenharia genética, a diferença decisiva é a introdução do controle de precisão da linguagem da vida. Assim como a biologia, o bioterror foi reduzido em tamanho, passando do uso de animais ao microcosmo da genética.

A universalidade do código genético é algo de que os vírus tiraram partido ao longo de toda a história, pois eles inserem seu próprio DNA num genoma inadvertido para usurpar a própria mecânica biológica da célula desse hospedeiro. Vivemos num mundo que sempre foi afligido por

Em defesa do progresso   79

doenças. O número de mortes por agentes infecciosos suplanta de longe
o número de morte nas mãos de outro ser humano, e nosso domínio
da manipulação genética gerou a possibilidade de terrorismo com essas
ferramentas. Em 2006, um repórter do *Guardian*, jornal do Reino Unido,
tentou demonstrar uma ideia adquirindo partes de um genoma de varíola. Essa doença já foi erradicada da Terra.[2] A sequência de seu genoma
está gratuitamente disponível on-line, assim como todas as sequências de
genoma publicamente financiadas, e a intenção era questionar o grau de
facilidade com que se poderia construir uma criação maléfica. Sugeriu-se
que, encomendando algumas seções do genoma de *Variola major*, o vírus
que causa varíola, seria possível costurar um genoma inteiro a partir desses
pedaços menores. As curtas seções, de 75 bases, foram manufaturadas por
uma obscura companhia de síntese genética e enviadas para um endereço
residencial no norte de Londres, sem que seu potencial bélico fosse veri-
ficado. Como jornalistas investigativos responsáveis, eles introduziram
erros deliberados, e as sequências encomendadas codificavam uma parte
do vírus que não era ela própria tóxica. Apesar disso, a matéria foi publicada com revelações alarmantes:

> As sequências de alguns patógenos mais mortíferos conhecidos pelo homem
> podem ser compradas na internet, descobriu o *Guardian*. Numa investigação
> que mostra a facilidade com que organizações terroristas poderiam obter
> os ingredientes básicos de armas biológicas, este jornal obteve uma curta
> sequência de DNA da varíola.

Por mais alarmante que isso pudesse soar a primeira vez, tratava-se,
na melhor das hipóteses, de um desajeitado truque publicitário. Seu único
triunfo real foi mostrar que algumas empresas dedicadas à síntese de DNA
não eram particularmente vigilantes ao aceitar encomendas de qualquer
um. Sua afirmação de ter agido de maneira responsável ao introduzir erros no código era pouco sincera. Uma vez de posse da sequência, corrigir
os erros seria uma questão trivial para qualquer estudante competente
formado em genética.

Mas a premissa global era duvidosa. Usar essa técnica de costurar uns aos outros fragmentos de 75 letras para compor um genoma de 186 mil letras é uma tarefa muito difícil, algo como recompor um documento rasgado duas vezes maior que este livro. "Teoricamente possível", afirma o artigo, mas na realidade árduo a ponto de paralisar. Em 2002, uma equipe baseada em Nova York conseguiu montar um vírus funcional de poliomielite a partir de segmentos sintetizados de DNA encomendados pelo correio. Mas esse genoma tem apenas 7.500 bases de comprimento, e ainda assim exigiu dois anos de trabalho de uma equipe de especialistas em biologia molecular. Esses não são problemas que possam ser diretamente expandidos. Lembre-se de que em 2010 a célula Synthia, de Venter, com seu genoma de 582 mil letras, demandou dez anos de vinte pessoas a um custo estimado de US$ 40 milhões. A realidade é algo enormemente variável quando se debate o "teoricamente possível".

Em 2007, ativistas contrários à biologia sintética do grupo ETC produziram um relatório sobre biologia sintética que se referia ao truque publicitário do *Guardian* e conseguia intensificar ainda mais a possibilidade teórica de perigo: "Em tese, um equipamento comercial pode produzir um DNA inteiro para uma versão sintética de *Variola major* em menos de duas semanas, pelo preço aproximado de um carro esportivo de luxo." Isso era possível "em tese", mas somente se o sentido de possível fosse estendido muito além do praticamente viável. Como diz o especialista em biologia sintética Rob Carlson: "É mais fácil fixar-se na ameaça que abraçar a oportunidade."

É importante reconhecer que há uma ameaça potencial, e que a biologia sintética e a engenharia genética são tecnologias passíveis de utilização ambígua. Doenças relegadas à história *podem* agora ser reconstruídas em laboratório, e algumas que ainda não dominamos podem ser manipuladas para se tornar mais perigosas. Somos capazes de erradicar doenças, como a varíola, graças à vacinação. A poliomielite provavelmente será a próxima, e algum dia doenças que hoje nos matam terão apenas interesse histórico para nossos filhos. Embora seja inequívoco que a ciência e a medicina transformaram a sobrevivência dos homens, não é novidade

ressaltar que milhões morrem todos os anos de doenças que não têm cura. Mas em que medida é realista a possibilidade de que a engenharia genética venha a ser usada por malfeitores como ferramenta para gerar terror? A matéria do *Guardian* foi publicada seis anos atrás. Como vimos, a tecnologia em questão está evoluindo numa taxa impressionante. Em 2012, o jogo mudou mais uma vez.

Gripe assassina

A gripe provém sobretudo das aves. O vírus se insere no mecanismo da célula hospedeira para executar seu próprio programa genético e fabricar suas próprias proteínas. Nos vírus de gripe, duas dessas proteínas se fixam na superfície da célula quando eles se transmitem de pessoa para pessoa: a hemaglutinina (H), que se engancha numa célula-alvo para abrir acesso, e a neuroaminidase (N), que as novas partículas de vírus usam para sair de volta. Variações nesse par de proteínas de invasão e de evasão dão nome às inúmeras cepas de gripe, como H5N4. Em geral, a gripe H5N4 permanece restrita às aves. Isso não quer dizer que ela não cause sintomas em seres humanos, mas não fabricarão novos vírus, e por isso não podem espalhá-los. No entanto, a gripe está sempre evoluindo e encontrando novas maneiras de se difundir. De vez em quando, uma cepa dá o salto evolutivo para se tornar uma doença humana, produzindo sintomas e ao mesmo tempo a capacidade de se transmitir de uma pessoa a outra, por vezes com resultados apocalípticos. Em 1918, a pandemia de gripe causada por uma cepa H1N1 infectou bilhões de pessoas e causou a morte de 50 milhões.

Em 1997, pacientes em Hong Kong começaram a morrer de uma nova cepa que ainda não havia sido encontrada em seres humanos: H5N1. Tratava-se de uma versão que abundava nos mercados de aves da China, em tal grau que era considerada endêmica. A preocupação muito legítima era que, sendo essa uma cepa nova, os seres humanos não teriam adaptado nenhuma imunidade a ela. A evolução acelerada da gripe pode acontecer quando duas cepas diferentes infectam a mesma célula, onde elas podem

trocar genes. Assim, se H5N1 trocasse genes com uma cepa que atingisse seres humanos e se tornasse transmissível de uma pessoa a outra, estaríamos diante de um desastre.

Sabendo muito bem que cepas quiméricas altamente infecciosas são uma possibilidade teórica, equipes de pesquisadores da gripe começaram a pôr em prática a máxima de Feynman: "O que eu não posso criar, não compreendo." Cientistas dos Países Baixos e da América do Norte começaram a se antecipar à natureza, tentando montar as novas combinações exatamente como elas poderiam evoluir para ostentar as condições causadoras de pandemia. Yoshihiro Kawaoka, da Universidade de Wisconsin-Madison, e Ron Fouchier, do Erasmus Medical Centre, em Roterdã, projetaram, cada um deles, vírus de gripe que infectariam mamíferos, nesse caso doninhas. O projeto de Kawaoka misturou dois baralhos de genes virais para formar outro conjunto que não só invadiria células nas vias nasais de uma doninha, como também se replicaria e infectaria outras doninhas por meio de gotículas transportadas pelo ar. O projeto de Fouchier foi semelhante, mas tinha apenas cinco alterações genéticas, todas observadas em outras cepas naturais, que permitiam ao vírus prender-se a células de doninha e infectá-las. Elas também eram transmitidas a outras doninhas por meio do espirro. Nenhum dos dois vírus era letal, embora a criação de Fouchier causasse morte quando ministrada, em alta concentração, por meio de um inalador. Dada a importância desse trabalho, os estudos foram enviados para as duas revistas científicas mais importantes do mundo: o de Kawaoka para a *Nature*, o de Fouchier para a *Science*. O que se seguiu foi uma tortuosa história da difícil procura de um caminho através de um território de fronteira.

O National Science Advisory Board for Biosecurity (NSABB) dos Estados Unidos exerce vigilância sobre situações desse tipo, e, embora não tenha nenhum poder decisório, em dezembro de 2011 recomendou que os dois artigos fossem publicados, mas censurados, para "não incluir detalhes metodológicos e outros que permitissem a replicação dos experimentos por aqueles que buscassem causar danos". O NSABB é um agregado de cientistas, advogados e formuladores de políticas que aconselha sobre pes-

Em defesa do progresso 83

quisas passíveis de dupla utilização em biologia. Sua avaliação inicial foi de que os dois artigos poderiam ser publicados, mas com os métodos e as próprias sequências genéticas "editadas". Isso provocou um sério e necessário debate entre todas as partes envolvidas. Em geral, quando há um relato sobre ciência controversa, a discussão tende a se dar entre pesquisadores e não cientistas. Dessa vez, porém, excepcionalmente, houve violenta discordância entre os próprios cientistas a respeito da conveniência de publicar os artigos na íntegra, editados ou não. Como ocorreu em Asilomar, essa confrontação estimulou um diálogo aberto com o público. Imitando as ações de Paul Berg em 1975, Fouchier e Kawaoka solicitaram uma moratória voluntária de sessenta dias na pesquisa sobre a gripe para decidir qual a coisa certa a se fazer. A Organização Mundial da Saúde (OMS) interveio. Após muito esbravejar, o NSABB mudou de opinião e recomendou a publicação do artigo de Kawaoka na íntegra e uma edição esclarecedora do artigo de Fouchier. Nessa altura, a *Nature* havia chegado a essa decisão de maneira independente.

Os dois estudos mostram as possibilidades muito reais da emergência de novos e perigosos vírus de gripe no mundo real. Eles evidenciam também que transformar vírus de gripe em arma seria uma façanha da engenharia genética, e não algo que qualquer pessoa pudesse fazer com certa facilidade. Os estudos demandaram considerável investimento e dezenas de milhares de homens-hora altamente habilitados. Para um terrorista em potencial, essa não era a única desvantagem. Como um vírus de gripe mutante transmissível entre mamíferos não pode ter por alvo um grupo particular de pessoas, é impossível qualquer tentativa de usá-lo para assassinar uma população específica.

Os vírus tampouco respeitam geografia ou nacionalidades. Uma teoria por trás da difusão global da devastadora gripe de 1918 foi de que ela começou num aviário no Kansas que fornecia frangos a uma base militar local, e os soldados a levaram com eles depois, quando foram mandados para a frente de combate, na Primeira Guerra Mundial. Hoje, com as viagens pelo mundo todo e um vírus emergindo numa conurbação densa como Hong Kong, o potencial de atingir seres humanos em toda parte é

ainda maior. Há uma ameaça decorrente da liberação de vírus transmissíveis de um laboratório, seja por acidente, seja por intenção malévola. No entanto, se você estivesse firmemente decidido a criar um vírus assassino sintético indiscriminado, em vez dos milhões que isso demandaria, seria muito mais eficiente recorrer ao processo muito bem comprovado da seleção artificial, e seu ponto de partida seria um aviário com higiene duvidosa. Péssimas práticas na criação de aves geram um viveiro muito mais provável de gripes assassinas.

A utilidade da gripe como arma também é questionável. Se seu objetivo for assassinato em massa, arremessar um avião de passageiros em pleno voo contra um arranha-céu é consideravelmente mais fácil. Mas o objetivo da biologia sintética é reduzir o nível de acesso à engenharia genética, e a cultura aberta dos BioBricks significou que a manipulação de genes impossível uma década atrás agora é ciência de escola. Terá isso tornado mais baixo o nível de acesso ao bioterror? Atualmente, não há na biblioteca nenhum bloco (*brick*) que pudesse ser diretamente associado a uma arma biológica. Mas é possível construir uma bomba de pregos com componentes individualmente inócuos o bastante para serem comprados numa loja de ferragens qualquer. De fato, se estiver assim propensa, a pessoa pode fazer todos os tipos de explosivo recorrendo a simples itens domésticos. O relatório do grupo ETC sobre biologia sintética descreve-a como "engenharia genética com esteroides", e afirma que, em última análise, ela significaria "ferramentas mais baratas e amplamente acessíveis para construir armas biológicas, patógenos virulentos e organismos artificiais que poderiam representar graves ameaças para as pessoas e o planeta". Talvez haja uma centelha de verdade nesse sentimento, uma vez que qualquer progresso em biologia sintética permitirá o desenvolvimento de nova tecnologia com utilização potencialmente ambígua. Hoje, porém, e num futuro previsível, a realidade de uma arma construída por engenharia genética depende do uso muitíssimo generoso das palavras "teoricamente possível".

Essa história dos experimentos com gripe assassina suscita também uma questão muito importante sobre a natureza da ciência. Um dos prin-

cípios fundamentais da pesquisa científica é a liberdade para investigar qualquer assunto e publicar os resultados. É possível que, com o advento dessas tão poderosas tecnologias passíveis de dupla utilização, essa era esteja chegando ao fim. Mas censurar informação científica referente a agentes potenciais de terror é ignorar dois problemas. O primeiro é que, ao estudar o funcionamento dos patógenos, compreendemos melhor como lidar com eles. Isso pode ser necessário diante de uma ameaça terrorista, ou simplesmente para ajudar a tratar pacientes, em especial quando a virulência encerra potencial epidêmico. Isso precisa ocorrer de maneira aberta e irrestrita, pois a ciência mais rica, mais produtiva e criativa ocorre quando a informação não se restringe por barreiras e é livremente compartilhada. Fazendo isso, nós nos equipamos para enfrentar exatamente a mesma ameaça, caso ela venha a ocorrer. O conhecimento de como funcionam novas formas de vida virulentas ou transformadas em armas nos deixará preparados para ameaças naturais e fabricadas. Quando se publicou o texto de Kawaoka, um editorial na *Nature* sentenciou: "Um artigo que omite resultados decisivos ou métodos impossibilita pesquisas subsequentes e a revisão pelos pares." O ponto decisivo é também de caráter prático. Manter a informação sob sigilo e apenas para os olhos do autor é inexequível. A *Nature* tinha conhecimento de que havia muitas versões do artigo em circulação fora dos canais oficiais do processo de publicação, o que é cada vez mais comum na era da internet. Prosseguindo, o editorial declarou que não parecia possível "imaginar qualquer mecanismo ou critério pelo qual avaliar sensatamente quem deveria ou não ter permissão para ver o trabalho".

Em certo sentido, esses dois estudos foram os primeiros e mais óbvios experimentos sobre uma ameaça através da gripe. A evolução é tenaz, e as formas de vida lutam pela imortalidade. Quando se trata de compreender como isso se desdobrará, estamos sempre tentando recuperar o atraso. Não podemos prever todas as ameaças naturais possíveis, mas deveríamos fazer o possível para nos armar contra aquelas que podemos antecipar. Qualquer conhecimento nessa corrida armamentista é melhor que nada. Isso, a meu ver, é boa ciência e boa estratégia. É usar o

princípio da precaução de maneira agressiva. Até que esses dois estudos sobre gripe fossem feitos, não estava claro se era possível para essas cepas saltar a barreira das espécies. Eles fornecem também claras bandeiras genéticas, em que as sentinelas da saúde pública devem estar atentas, em cepas emergentes de gripe. Ao descobrir como transformar uma gripe em outra que seja capaz de causar uma pandemia, armamo-nos até mesmo contra a possibilidade de que isso venha a ocorrer naturalmente.

Agenda política

Outra linha de ataque consiste em afirmar que comer alimentos geneticamente modificados poderia nos fazer mal. Em biologia, procuramos mecanismos que expliquem observações, e não é fácil imaginar que mecanismo iria resultar num efeito adverso sobre nossa saúde após ingerirmos um alimento modificado. Entretanto, se esse fosse um fenômeno observável, ele mereceria explicação. Opositores dos GM citam muitas vezes a ideia de que comer alimentos GM poderia nos fazer mal, embora ela tenha sido refutada em muitos relatórios independentes. Como muitos alimentos modificados foram aprovados muito tempo atrás, há também mais evidências do que um cientista poderia desejar para demonstrar que é seguro ingeri-los. Segundo uma estimativa feita em 2011, 2 trilhões de refeições contendo alimento geneticamente modificado haviam sido consumidas nos dois anos anteriores. O Departamento de Agricultura dos Estados Unidos avalia que, em 2010, os GM geraram uma receita de US$ 76 bilhões, e os produtos já fazem parte da cadeia alimentar humana.

Apesar disso, as controvérsias continuam causando problemas. Em setembro de 2012, um pequeno estudo publicado numa revista de pouca expressão foi parar nas manchetes e reatiçou o debate sobre os GM. Uma equipe de cientistas franceses, liderada por um biólogo molecular chamado Gilles-Eric Séralini, alimentara ratos com um tipo de milho geneticamente modificado durante a vida dos animais e observara todos os efeitos sobre sua saúde. O alimento modificado havia sido desenvolvido

pela empresa de biotecnologia Monsanto para resistir a um herbicida amplamente usado. Ele fora aprovado como alimento para seres humanos e animais no mundo todo, e estudos anteriores não haviam mostrado nenhum efeito adverso sobre a saúde desse milho particular (chamado NK603, antes Roundup). De fato, em 2012, o que era considerado o padrão-ouro nesses tipos de ensaio, uma revisão sistemática de múltiplos estudos de longo prazo, também concluiu que uma dieta de alimento GM não produzia qualquer efeito adverso para a saúde. No estudo de Séralini e nos comentários que o envolveram na imprensa, afirmava-se que algumas dessas pesquisas anteriores eram qualitativamente diferentes do que ele fizera. Seu artigo mostrava claramente que os ratos usados foram profundamente afetados pela dieta de GM, sofrendo tumores grotescos e morrendo bem antes dos ratos do grupo de controle.

Logo, porém, o estudo começou a ser destrinchado. Os autores e o artigo foram rudemente criticados pela qualidade do trabalho e também pela maneira como relataram a pesquisa. Com a velocidade possibilitada pela internet, cientistas começaram a condenar os dados, dizendo que o projeto experimental, a análise estatística e a maneira como os dados foram apresentados estavam todos abaixo do padrão, e alguns expressaram surpresa ao ver semelhante artigo ser publicado. Em especial, os críticos observaram que Séralini havia usado ratos já propensos a desenvolver tumores, bem como números inadequados de ratos no grupo de controle, em comparação ao dos experimentais.

Logo veio à tona que a divulgação dos resultados era parte de uma campanha orquestrada de relações públicas que incluía um livro de Séralini, o qual tinha um histórico de ativismo antibiotecnológico, e um documentário de televisão. O próprio artigo não foi livremente distribuído à imprensa antes da publicação, o que é bastante inusitado, o tipo de coisa que deixa os jornalistas científicos desconfiadíssimos: a maioria procurará ouvir os comentários de outros cientistas. Com o artigo de Séralini, exigiu-se um acordo assinado daqueles a quem foi oferecido acesso ao texto, que veio com mais uma severa advertência extremamente incomum: "Um reembolso do custo do estudo de vários milhões de eu-

ros seria considerado indenização se a divulgação prematura pusesse em xeque a publicação da pesquisa."

Uma organização chamada Sustainable Food Trust havia dirigido uma campanha para difundir o trabalho da maneira mais ampla possível, incluindo uma página exclusiva na web, afirmando que sua motivação era promover o que chamam de "boa ciência". Os defensores eram incentivados a passar adiante mensagens pré-fabricadas de apoio no influente site de mídia social Twitter. Quase toda a imprensa convencional havia noticiado o artigo, embora, curiosamente, parte da cobertura, como a da BBC, tivesse incluído algumas das críticas imediatas e penetrantes formuladas por cientistas. Alguns dias depois, a European Food Safety Authority emitiu uma declaração: "O plano, o relato e a análise do estudo, tal como delineados no artigo, são inadequados", acrescentando que o texto "tem qualidade científica insuficiente para ser considerado válido para avaliação de risco".

A ofensiva de relações públicas, porém, tinha feito seu trabalho. Muitos órgãos de notícias publicaram a matéria de forma acrítica. O semanário francês *Le Nouvel Observateur* estampou uma manchete que gritava: "Sim, os GM são venenos!" O primeiro-ministro francês declarou que seu país defenderia a proibição desses produtos agrícolas geneticamente modificados em toda a Europa (embora tenha tido a decência de acrescentar especificamente a ressalva da necessidade de validar os resultados). Sem esquecer a maneira inusitada como o artigo foi publicado, os resultados não são inválidos até que outros estudos provem isso, o que não quer dizer que eles são corretos; dadas as fortes críticas feitas à própria metodologia, parece justo dizer que, no mínimo, o estudo de Séralini requer a mais rigorosa replicação de resultados, distribuição dos dados originais para análise independente e correção da metodologia, tornando-a mais segura, para estabelecer sua validade de maneira indubitável.[3]

Minutos após a publicação, muitos já investigavam meticulosamente não apenas o artigo, mas a maneira como ele fora publicado. O objetivo desse tipo de exercício de relações públicas é ganhar adesão para uma ideia, e nesse caso eles foram parcialmente bem-sucedidos, diante do rápido esquadrinhamento feito pelos críticos. Alguns sugeriram que esse estudo de

caso marca uma virada no conflito em relação aos GM, pois a condenação foi tão rápida e tão severa que parte da imprensa convencional a aprovou. Mas, tal como ocorre com os boatos, depois que ideias científicas como esta são levadas a público, é muito difícil corrigi-las, mesmo que a metodologia seja deficiente, que se conheçam as intenções ocultas dos perpetradores ou qualquer outra coisa.

Há volumes e volumes de publicações sobre GM, e nestas páginas estou mencionando apenas um punhadinho do passado muito recente. Não se trata de escolher o que há de melhor entre os dados para respaldar uma opinião particular, de um plano criminoso que denuncio, mas de ilustrar como a pesquisa em GM está sujeita a manipulação e obtém grande publicidade porque provoca reações apaixonadas e polarizadas. A opinião pública e a política podem ser distorcidas, e o foram, pela maneira como campanhas desse tipo são conduzidas, e a polarização deliberada dos debates públicos prejudica a análise abalizada, informada e necessária da aplicação da biotecnologia.

Malária

Concentrar-se na possibilidade de dano provocado por alimentos GM ou de bioterror é fixar-se numa ameaça, quer ela esteja assomando, quer seja atualmente implausível. Como indústria que serve para abrir oportunidades, o campo nascente da biologia sintética até agora produziu poucas histórias de genuíno sucesso. Neste livro, expressei entusiasmo pelo seu potencial, mas, neste capítulo e em outras partes, analisei algumas das mais duras realidades da aplicação de ciência revolucionária à sociedade, que estão explícitas no julgamento da biologia sintética. Há inúmeros exemplos de sucesso científico da engenharia genética em seu sentido mais amplo, em especial em termos da compreensão dos elementos básicos da biologia e das causas subjacentes a milhares de doenças. O trabalho que realizei no laboratório no passado ajudou a identificar uma forma de cegueira infantil, e isso não teria sido possível sem a modificação genética de camundongos.

A biologia sintética ainda deve produzir algo com essa escala. No entanto, está pronta para começar, e, como qualquer disciplina que envolve ciência extremamente complexa e em constante mudança, não está sujeita apenas ao exame minucioso realizado por pessoas e políticas, mas também por forças de mercado e da economia. A história da empresa de biologia sintética Amyris e sua tentativa protelada de introduzir o biodiesel no mercado são descritas a partir da página 32. Provavelmente, porém, a maior história de sucesso isolado da biologia sintética, juntamente com o atoleiro dos mercados reais, vem exatamente da mesma equipe, dos mesmos laboratórios e da mesma placa de circuito genético.

Em toda a extensão da história humana, a malária foi uma presença letal constante. Segundo algumas estimativas, o número de pessoas que morreram nas mãos do *Plasmodium*, o parasita da malária transportado por mosquitos, chega às dezenas de bilhões, dependendo do modo como definimos espécie humana. Hoje, ¼ de bilhão de pessoas são infectadas cada ano, e as estimativas mais elevadas são de que mais de 1 milhão morrerá, em sua maioria crianças pequenas. Além do tremendo custo humano, a OMS estima que o custo da malária para o PIB, nos países da África subsaariana, está na ordem de US$ 100 bilhões desde os anos 1960. O desejo de reduzir o ônus da malária é enorme.

Desde o século XVII, o quinino, extraído da quina, como são chamadas as árvores do gênero *Cinchona*, nativas da América do Sul, era o tratamento preferido, embora fosse acompanhado por um conjunto de sintomas colaterais desagradáveis. Após a Segunda Guerra Mundial, um primo químico do quinino chamado cloroquina usurpou seu lugar como o medicamento antimalárico usual. Mas, como todas as formas de vida, o parasita quer continuar a viver, e o faz evoluindo. O tratamento em massa com cloroquina significou que, nos anos 1950, cepas de *Plasmodium* resistentes à mortal cloroquina emergiram e espalharam-se pelo mundo numa tentativa de assegurar sua própria sobrevivência diante da extinção provocada pelo homem.

Hoje, a droga preferida na área da malária é uma pequena molécula chamada artemisinina. Ela é extraída da erva artemísia (*Artemisia annua*),

Em defesa do progresso   91

arbusto canforáceo asiático cultivado no mundo inteiro e usado na medicina popular durante séculos. Como tratamento para malária, a artemisinina é rápida e eficaz. A OMS proíbe especificamente seu uso isolado, por
temor de se cultivarem e selecionarem de maneira não intencional cepas
de *Plasmodium* naturalmente resistentes. Recomenda, em vez disso, que a
artemisinina seja o elemento principal em terapias combinadas.

Obter artemisinina suficiente é oneroso e complicado. Ela deve ser
cultivada rapidamente e de formas muito específicas. De um ponto de
vista econômico, o cultivo da artemísia por si só significa que ela está
competindo com produtos agrícolas destinados à alimentação ou a servir
de matéria-prima.

Medicamentos são criados em laboratórios químicos. Começamos com
ingredientes químicos básicos, que podem ser comprados de empresas químicas ou colhidos no mundo vivo. A produção de medicamentos é como
uma culinária meticulosamente precisa, pois cada ingrediente é adicionado
e misturado para adicionar ou subtrair, de modo sistemático, bocadinhos
de moléculas até que se obtenha a droga desejada. A artemisinina não é
uma molécula grande, mas infelizmente não é fácil – nem barato, o que é
mais importante – sintetizá-la usando química simples. Logo que se começou a trabalhar com circuitos sintéticos para criar diesel biossintetizado, o
pesquisador Jay Keasling, da Universidade Stanford, foi alertado por um
estudante para o fato de que um dos passos na trajetória química deles era
também um elo-chave na cadeia que poderia produzir artemisinina sintética. Enquanto ele tentava construir um circuito genético que iria criar
diesel, sua equipe também tentou desenvolver outro que construiria artemisinina. Eles publicaram o primeiro circuito bem-sucedido para a síntese
de artemisinina em levedura em 2006, tendo abandonado as bactérias em
2003. Esse circuito é composto por doze genes de três diferentes organismos.

Em ambos os casos, elevar-se até o nível de produção industrial era
inerente aos objetivos de Keasling, mais uma vez assinalando a intenção
não só de criar pesquisa científica, como também de aplicá-la diretamente a
situações do mundo real. É estranho ver isso num artigo científico, porém,
desde o início, a redução do custo da produção foi claramente estabelecida

como missão do trabalho: "Alcançar escala industrial será necessário para elevar a produção de ácido artemisínico até o nível suficientemente alto para reduzir terapias de combinação de artemisinina a preços bem inferiores aos atuais." Isso exemplifica como a biologia sintética incorpora a mentalidade da engenharia, voltada para a solução de problemas. E denota a aplicação como a meta: não se trata apenas de produzir um medicamento funcional, mas também de fazê-lo a baixo custo.

A justificação de Keasling para esse aparente altruísmo origina-se das forças de mercado que perturbaram o cultivo de artemisinina nos anos anteriores. No final do século XX, houve grande insuficiência de cultivo de *Artemisia annua*, e por isso o mercado elevou o preço da artemisinina. Em seguida, identificando uma brecha no mercado, milhares de agricultores africanos e asiáticos começaram a cultivar a planta, e os preços caíram. Mas mesmo com o preço mantido artificialmente em US$ 1 a dose nas clínicas públicas, por conveniência, mais da metade dos pacientes comprava versões mais caras nas barracas de mercados, não reconhecendo a intervenção do governo. Fornecimento instável, flutuações nos preços e produções variáveis ocasionaram nova elevação de preços, e esse padrão parecia fadado a continuar.

Keasling aparelhou a Amyris para desenvolver a produção de artemisinina, juntamente com seu irmão diesel (que fracassou, pelo menos temporariamente). A partir daí, a Bill and Melinda Gates Foundation, a organização filantrópica fundada pelo bilionário da Microsoft e sua esposa, contribuiu com US$ 46 milhões para a entidade filantrópica Institute for One World Health, que trabalhava com a Amyris para realizar a produção em escala industrial. A Amyris conduziu esse projeto como atividade sem fins lucrativos e associou-se a organizações como o Global Fund para reduzir o custo da artemisinina e distribuir a maior quantidade da droga (como parte de uma terapia de combinação) pelo menor preço possível. Isso significa forçar a redução do custo a menos de US$ 0,50 por tratamento. A Amyris concedeu ao gigante farmacêutico Sanofi-Aventis uma licença livre de royalties para produzir barris de artemisinina sintética, que devem chegar às prateleiras nos próximos dois anos.

A implementação de um coquetel de medicamentos antimaláricos é a estratégia da OMS para o combate da doença. Dessa maneira, não se desenvolve a resistência contra a artemisinina, a exemplo do que ocorreu com os antecessores, destruindo seu poder terapêutico. No entanto, as empresas negligenciam a estratégia da OMS – como os constituintes da terapia combinada podem ser vendidos individualmente, é lucrativo ignorar sua recomendação. Em 2009, a OMS sentiu-se compelida a emitir um comunicado que instava as empresas a parar de vender artemisinina como terapia isolada. Andrea Bosman, que participa do Projeto Global para a Erradicação da Malária, disse à *Nature*: "É terrível. Quem disse que não há lucro a ser obtido com a malária? Se você visse o número de empresas que operam na África e a diversidade de produtos, ficaria pasmo."

A realidade da ciência aplicada no mercado fornece a principal restrição a essa história. Aconteceu exatamente o que os cientistas da OMS estavam tentando evitar. Os primeiros casos de resistência à artemisinina foram descobertos em Myanmar, em 2004, tal como ocorrera com a cloroquina no século XX. A contenção do parasita evoluído passou a ser prioridade, mas em 2012 pacientes com respostas limitadas ao medicamento foram registrados no Camboja, indicando que a resistência se espalhara (ou possivelmente evoluíra de maneira separada). Com sorte, os princípios da troca de componentes e manipulação dos circuitos que caracterizam a biologia sintética tornarão a estrada para a modificação do tratamento da malária mais fácil e mais engenhosa nos próximos anos.

No imaturo mercado do cultivo da artemísia, os preços flutuavam violentamente em ciclos de altas e baixas. Embora essa instabilidade seja indesejável, parte da argumentação contra o estabelecimento de uma base de produção sintética é que isso resultaria no deslocamento de milhares de agricultores que cultivam *Artemisia annua*, pois seu meio de vida será arruinado por uma produção sintética muito mais barata. Esse é um dos ataques lançados por grupos que militam contra a biologia sintética, e talvez ele tenha alguma legitimidade. Em 2012, num comunicado impresso criticando especificamente o projeto de produção de artemisinina sintética, o ETC afirmou que seria possível atender à demanda de arte-

misinina apenas com o aumento do cultivo de *Artemisia annua*. A produção sintética, portanto, era não apenas desnecessária como iria retirar o controle dos pequenos agricultores e entregá-lo para grandes corporações farmacêuticas ocidentais.

Parte desse argumento corre o risco de cair na armadilha da chamada "falácia luddista", a ideia de que o desemprego tecnológico é decorrência dos avanços tecnológicos, à medida que a mecanização e depois a automação substituem os trabalhadores. Isso é um sofisma, ao menos a longo prazo, porque, se fosse verdade, como assinala o economista Alex Tabarrok, "estaríamos todos desempregados, pois a produtividade vem crescendo há dois séculos". Ao mesmo tempo, uma empresa sem fins lucrativos para produzir um medicamento acessível para tratar milhões de pessoas deveria falar mais alto que essas preocupações. A colaboração entre a Amyris, o One World e o gigante farmacêutico Sanofi-Aventis tem a marca da responsabilidade corporativa. Eles concordaram em trabalhar sem fins lucrativos e em limitar o fornecimento a 50% da totalidade do mercado para artemisinina, o que deixa algum espaço para a agricultura convencional. Resta ver se essa colaboração será o paradigma da ajuda humanitária possibilitada pela biologia sintética, pois, no momento em que escrevo, a artemisinina sintética ainda não está no mercado. Se e quando isso acontecer, este será o primeiro produto comercial genuíno da biologia sintética; se bem-sucedido, será esmiuçado, estudado e acompanhado durante anos.

Deveria ou poderia? A defesa do progresso

A ciência é fundamentalmente um esforço público, em especial por ser financiada em grande parte por recursos públicos, mas também porque os benefícios da pesquisa científica não comercial são para todos. À medida que emergir, a biologia sintética enfrentará todos os problemas que os GM encararam durante a breve história da biotecnologia, e mais, à medida que ela se desenvolver. Uma coisa parece essencial: o debate sobre biologia sintética e modificação genética deve acontecer em público e com o público.

Em defesa do progresso   95

As reivindicações de veto feitas pelos opositores da modificação genética e agora da biologia sintética são irrealistas e destrutivas. Elas se destinam a fomentar o medo a partir de uma posição ideológica e a encolerizar, em vez de envolver. O satirista do século XVIII Jonathan Swift sugeriu que não era possível demover uma pessoa com argumentos racionais de uma posição que ela não havia adotado por força de argumentos racionais. Se a resistência a novas formas de biotecnologia é ideológica, a tentativa de contestar essas ideias com evidências encerra árduos desafios. Há questões legítimas e sérias envolvidas em qualquer das tecnologias descritas nestas páginas, mas elas exigem debates racionais, abertos e informados.

Produtos agrícolas GM estão na natureza e também em nossa comida. Outro desafio significativo sugerido pelos ativistas verdes é que, uma vez nos campos, os produtos GM podem se cruzar com produtos tradicionalmente manipulados, e os genes artificiais podem suplantar seus homólogos mais naturais no mercado aberto da natureza. Essa é uma preocupação mais legítima, pois sabemos que isso pode acontecer. Como ocorreu com o trigo EβF em Rothamsted, a engenharia genética em produtos agrícolas muitas vezes tem o objetivo de reduzir a necessidade de pesticidas, fazendo as plantas produzirem suas próprias defesas. De maneira semelhante, manipular um produto agrícola para torná-lo resistente a um herbicida é potencialmente útil, pois significa que os agricultores podem pulverizar seus campos com esse produto, sabendo que apenas as plantas indesejadas vão morrer. Até agora, porém, experimentos de campo produziram resultados ambíguos. Alguns produtos agrícolas GM parecem de fato ter como efeito reduzir a biodiversidade local, com menos plantas silvestres e menos insetos para polinizá-los. Mas isso não é universal. Em um experimento realizado, o milho GM pareceu aumentar a biodiversidade, ao passo que a beterraba e a colza tiveram efeito contrário. Esse tipo de resultado não é incomum: a biologia é desordenada. Mas isso deveria nos levar a realizar *mais* experimentos, não a encerrá-los ou mesmo vandalizá-los.

Um número cada vez maior de cientistas e políticos está agora aderindo à opinião de que, para fazer face ao crescimento gigantesco da população, à pobreza e às mudanças de clima que se aproximam, os produtos

agrícolas geneticamente modificados serão muito necessários. John Beddington, o principal consultor científico do governo do Reino Unido, disse à BBC em 2011:

Se houver organismos geneticamente modificados que resolvam os problemas que não conseguimos solucionar de outras maneiras, e se ficar demonstrado que eles são seguros do ponto de vista da saúde humana e ambiental, ... nesse caso, deveríamos usá-los.

O princípio da precaução é cuidadosamente inserido nessa declaração, sugerindo a conveniência de GM, e não um desejo extravagante ou comercial de introduzir essas criações. Uma necessidade simples está subjacente ao comentário de Beddington: em ambientes em mudança, muitos dos quais tornarão a terra pobre, menos arável, precisamos de novas maneiras de conferir maior resistência a produtos agrícolas em solo difícil. Lenta e complicada, a hibridização não é uma opção realista.

No caso da biologia sintética, seu potencial de uso a serviço da humanidade e do planeta a situa num campo similar. Não conhecemos a totalidade dos efeitos provocados por levar seus produtos para fora do laboratório, para a natureza. Uma das principais reivindicações dos antagonistas da biologia sintética é que essas células e formas de vida artificiais não devem ser distribuídas. Vimos, com produtos agrícolas GM, a difusão de seus genes modificados além do hospedeiro original, embora não se saiba se isso teve resultado prejudicial. Poderia qualquer dos produtos da biologia sintética causar estragos? O circuito assassino do câncer descrito no Capítulo 3 integra-se ao genoma de um vírus e entrega sua mensagem letal após infectar uma célula cancerosa. Ele está destinado a visar apenas um tipo específico de célula maligna, e efetua um cálculo para determinar precisamente sua natureza cancerosa. Se ele fosse capaz de se adaptar e se incorporar ao ecossistema natural, haveria o risco de que penetrasse em outras células e as destruísse? É inimaginável que pudesse fazê-lo, em razão da natureza muito precisa do projeto do circuito, mas, teoricamente, não é impossível, apenas muitíssimo

Em defesa do progresso   97

improvável. Sabemos que os genes permutam entre microrganismos e vírus, e essa possibilidade não pode ser excluída.

Poderia Synthia viver fora do laboratório? O *Mycoplasma micoides* é um patógeno natural, embora pouco importante e não letal para as cabras. Ele poderia viver fora do laboratório, embora a equipe de Venter tenha inscrito especificamente em seu genoma um naco de código que o tornou incapaz de infecção, negando-lhe assim seu hábitat favorito. Mas, dada a notável tenacidade das bactérias, talvez lhe fosse possível adquirir funções ao ficarem expostas a outras bactérias, à medida que elas trocassem seus genes.

Poderiam as células de levedura produtoras de artemisinina ou o biocombustível da Amyris escapar de seus barris e devastar ecossistemas? É improvável, pois elas também são otimizadas para cumprir seu objetivo específico, e não para sobreviver. Elas não estão na natureza ou em campos de teste, embora seus produtos não vivos estejam.

Esses desdobramentos não são todos incontestáveis; contudo, após cuidadosa ponderação, os riscos parecem quase triviais. Assim como as questões ainda por resolver na agricultura geneticamente modificada, eles sugerem a necessidade de mais pesquisa, não menos.

Conhecimento é isento de valor

Em 2007, um editorial da revista *Nature* fez este comentário: "Muitas tecnologias foram, em um momento ou outro, consideradas uma afronta a Deus, porém, talvez nenhuma atraia essa acusação de maneira tão direta quanto a biologia sintética. Pela primeira vez Deus tem concorrência." Isso foi escrito em amplo apoio à biologia sintética, mas envolve um equívoco teológico. Desde que Eva deu uma mordida numa maçã, Deus, caso se acredite nessas coisas, teve concorrência. Ao longo de toda a nossa existência, nós contestamos, manipulamos e forjamos a natureza segundo nossos objetivos. Nossa influência moldou e definiu este mundo vivo, governado até este momento por regras darwinianas. Com a biologia sintética, temos a oportunidade não de suplantar essas regras, mas de criar novas vidas para

objetivos específicos. Não se trata de um apelo para derrotar a natureza, nem de espezinhá-la mais do que já o fizemos. Em menos de uma fração de uma batida cardíaca da existência deste planeta, fizemos mais que o suficiente para pôr em risco a continuidade de nossa existência aqui. O planeta vivo continuará girando segundo a lei fixa da gravidade, com ou sem nós, seus rebentos mais criativos e destrutivos. Mas com decisões científicas inteligentes, informadas, temos capacidade de consertar nossos erros passados.

Em 2005, no trigésimo aniversário do encontro de Asilomar, Paul Berg comentou: "Antes de mais nada, ganhamos a confiança do público, pois foram os próprios cientistas, os mais envolvidos no trabalho e com todos os incentivos para continuar livres e perseguir seu sonho, que chamaram atenção para os riscos inerentes aos experimentos que estavam realizando." Um décimo do público que compareceu ao evento era formado por jornalistas, desimpedidos para observar as frequentemente amargas altercações entre os cientistas. Foram os cientistas que suscitaram as preocupações; ao debatê-las em público, eles asseguraram que os resultados fossem cuidadosos, progressivos e incontroversos.

Talvez as regras atuais não sejam suficientes no futuro, mas, nesse caso, não deveriam ser reconsideradas de maneira preventiva, impedindo o progresso. Se uma "vigilância prudente" for incorporada à estrutura do financiamento da pesquisa, ao envolvimento público e à maneira como os estudos são realizados e aplicados, o princípio da precaução estará em primeiro lugar na maneira como a biologia sintética avança. Ainda resta ver se isso funciona, mas deter o progresso é negar o benefício potencial que novas tecnologias podem proporcionar. Além disso, maior regulamentação, progresso restrito e monitoração intensa retiram a pesquisa real das mãos de cientistas publicamente financiados, porque todas essas coisas são caras. Esses níveis de burocracia são manejados confortavelmente por empresas com interesses comerciais, que não estão obrigadas a manter diálogos abertos com um público que poderia financiá-las.

A biologia sintética está se movendo num ritmo tal que muitos cientistas se atordoam com seu progresso. Ganhar o apoio do público e de

Em defesa do progresso 99

políticos é tarefa difícil, mas essencial, pois é a sociedade quem decide o que devemos e não devemos fazer. "Deliberação democrática" foi a expressão utilizada no relatório de bioeconomia de 2010, do presidente Obama. Para esse fim, no Reino Unido, grandes agências de financiamento público encomendaram em 2010 extensas pesquisas sobre o que o público sabe e pensa em relação à biologia sintética. Questões fundamentais emergiram:

Qual é o objetivo?

Por que vocês querem fazer isso?

O que vocês vão ganhar com isso?

O que mais isso vai fazer?

Como vocês sabem que estão certos?

Essas são as questões certas, que todo cientista deveria fazer em relação a qualquer projeto; portanto, nesse sentido, o diálogo está funcionando.

No entanto, ao refletir sobre o triunfo do encontro de Asilomar, Paul Berg também advertiu que uma tentativa de repetir sucessos passados seria um gesto fútil:

> Em contraposição, as questões que nos desafiam hoje são qualitativamente diferentes. Elas estão muitas vezes envoltas em interesses econômicos, e, cada vez mais, em conflitos éticos e religiosos quase inconciliáveis, e em valores sociais profundamente arraigados. Uma conferência do tipo de Asilomar que tentasse enfrentar essas ideias contenciosas está, eu acredito, fadada à acrimônia e à estagnação política, e nenhuma das duas nos faz avançar na causa de encontrar uma solução.

Não compartilho esse pessimismo. Acredito que a pesquisa científica deveria ocorrer sob o foco do escrutínio público, e que os cientistas deveriam se envolver com públicos de todos os níveis de competência. Dessa maneira, com os dados expostos e conversas públicas informadas sobre o benefício e o dano potencial que as novas tecnologias produzem, promovemos uma sociedade em que abordagens racionais a problemas globais e locais tornam-se coisas comuns.

Há uma revolução em processo, e ela está em nossas mãos. A biologia sintética promete benefícios para a residência de toda a humanidade na Terra e em mundos ainda não explorados, benefícios grandes demais para ser ignorados, reprimidos ou censurados. Há um otimismo juvenil, uma cultura da remixagem de criatividade ilimitada que acredita que essas novas tecnologias ajudarão a corrigir os problemas que enfrentamos, e, pelo menos em alguns lugares, uma disposição sem precedentes a expandir esse programa.

Enfrentaremos desafios novos e imprevistos, alguns dos quais nós mesmos criamos ou pelo menos alimentamos. Mas deveríamos nos esforçar para inventar tecnologias que não estejam em conflito com a natureza, não a subvertam ou explorem, mas trabalhem lado a lado com nosso sofisticado mundo vivo, com sua história evolvida ao longo de 4 bilhões de anos. O progresso da humanidade nasceu de nossas tentativas de explorar e compreender uma paisagem em constante mudança, e viver dentro dela sem esbanjar os recursos que nos proporciona. Nossa exploração do funcionamento de seres vivos durante dois ou três séculos nos deu o poder de fazer coisas que nunca poderiam ter acontecido antes. Estamos construindo formas de vida para produzir combustíveis, medicamentos e tratamentos, ferramentas com que explorar nosso Universo e novas criações vivas ilimitadas, que podem ajudar nosso mundo e nosso domínio sobre ele. Nossa responsabilidade é não restringir esse conhecimento, mas usá-lo para aperfeiçoar a nós mesmos e ao nosso planeta vivo. Por vezes isso é formulado como a questão de ser ou não conveniente que façamos as coisas de que somos capazes. A resposta transcende as opções: é nossa obrigação fazê-lo.

Posfácio

Novas linguagens

A língua evolui. Samuel Johnson observou em seu famoso dicionário que todas as línguas "têm uma tendência natural à degeneração", embora, ao longo de toda a história, o declínio terminal tenha sido, de certo modo, miraculosamente evitado. Essa ansiedade em relação ao modo como as línguas mudam – juntamente com uma sugestão de que outrora, em algum ponto no passado, elas existiram em forma perfeita e inviolada – foi expressada em cada geração, através da história, por brigões rabugentos, mas na realidade reflete apenas o fato de que as palavras e seus significados mudam constantemente com o tempo. Palavras bacanas são acrescentadas, desfiguradas, furtadas e inventadas. Muito ocasionalmente, línguas adquirem novas letras também.[1]

Como o código genético é a única linguagem da vida de que temos conhecimento, não há possibilidade de importar letras ou palavras de outras formas de vida; não há nenhuma analogia direta para o tipo de empréstimo e troca que vemos nas línguas. No entanto, genes e DNA – as palavras em nossa analogia, em contraposição às letras do código genético – podem ser trocados entre espécies, em particular espécies unicelulares de bactérias e arqueias. Mas eles podem também ser transportados de maneira inofensiva para criaturas mais complexas quando vírus integram seu genoma num hospedeiro. Estima-se que nada menos de 8% de nosso DNA esteve outrora no genoma de um vírus.

Assim, como temos dificuldade de apontar com precisão o momento em que surge uma espécie, não houve nenhum ponto em que possamos

dizer que o inglês nasceu, ou qualquer uma da miríade de línguas ou dialetos que são e foram falados na história humana. No entanto, *Kelkaj lingvoj ne evoluas; kelkaj simple elpensigas*, como diriam os que falam esperanto: algumas línguas não evoluíram, elas foram simplesmente inventadas. O esperanto, uma nobre tentativa de induzir a paz no mundo mediante a criação de uma língua universal, sobrevive um século depois de sua criação com alguns milhares de falantes. Na verdade, cerca de novecentas línguas foram inventadas a partir do zero, inclusive o Klingon, tal como falado pelos zangados guerreiros fictícios da franquia *Star Trek* e algumas centenas de devotos seguidores.

Nosso domínio da língua do DNA e de sua mecânica nos levou a um ponto em que não precisamos nos contentar mais com o alfabeto, o léxico e a linguagem de 4 bilhões de anos da vida. Na era da biologia sintética, iniciamos o processo de inventar novos elementos.

Se você algum dia teve herpes labial, provavelmente já usou letras de DNA artificiais. As letras universais, nucleobases, são, claro, meras substâncias químicas. A para adenina é uma coleção de quinze átomos: cinco átomos de carbono, cinco de nitrogênio e cinco de hidrogênio. Eles estão arranjados num hexágono preso a um pentágono com algumas bolinhas projetando-se. Não há nada intrinsecamente especial nesse arranjo nem no das outras bases que compõem o código genético. Isso não significa que seja fácil para nós introduzir alguma coisa nessa configuração vital, como o trabalho de John Sutherland demonstrou em "A origem da vida" (p.99), mas essas limitações são nossas, não da natureza. Em algum ponto do passado remoto essas substâncias químicas adquiriram significado e começaram a se arranjar num sistema do qual era possível extrair informação armazenável e transmissível. O sistema surge da forma das moléculas – o modo como elas se ligam umas com as outras e formam uma cadeia. E agora podemos fazer nossas próprias substâncias químicas, suficientemente semelhantes às que ocorrem na natureza para se integrarem em DNA. E já as estamos utilizando no combate a infecções por vírus.

Tipicamente, um vírus tomará uma célula de assalto carregando seu próprio código genético, mas nada da mecânica para traduzi-lo. Uma das

Posfácio 103

razões por que os vírus não são classificados como vivos é o fato de só poderem se reproduzir usando o kit de outrem. Assim, os vírus sequestram uma célula viva, inserem nela seu próprio código e esperam que ela não perceba. Essa esteganografia do vírus usa a mesma linguagem, de modo que as células muitas vezes não reconhecem o plano induzido e o leem inadvertidamente. O resultado é que a célula hospedeira produz mais vírus, que escapam para infectar mais células, muitas vezes destruindo o hospedeiro no processo. Tratamentos antivirais incluem letras falsas, parecidas o bastante com suas homólogas naturais para serem incorporadas junto delas, mas evidentes o bastante para perturbar qualquer mensagem significativa. Se você identifica um grande erro tipográfico no meio de uma fra&se, seu cérebro é sofisticado o suficiente para saltá-lo sem dificuldade de compreensão. A célula não é tão magnânima com letras "estrangeiras". Elas são projetadas de tal modo que a mecânica de tradução da célula vê as novas bases como artificiais, e não passa direto sobre elas. É assim que funcionam muitos antivirais e as drogas usadas na quimioterapia do câncer. Essas bases "estrangeiras" feitas pelo homem são usadas como tratamentos usuais para infecções de HIV/aids e herpes: quando você passa um bocadinho de creme nos lábios com o dedo para aliviar um herpes, provavelmente está aplicando aciclovir. O bálsamo contém uma molécula suficientemente similar à base G para entrar no código de replicação do vírus, mas diferente dela o bastante para impedir que a frase continue. A utilidade dessa sacolinha de letras "estrangeiras" vem do próprio fato de serem "estrangeiras". Elas não agem como um código legível. Em vez disso, sua insensibilidade à maquinaria celular lhes dá o poder de frustrar rudemente o único desejo do vírus – copiar-se. A reprodução é sustada, o que faz disso uma ferramenta muito útil para combater esses invasores.

As coisas mais interessantes que podemos fazer com DNA inventado dependem, claro, de criarmos um código que *possa* ser copiado. Se um código não pode ser copiado, ele não pode ser transmitido, e se não pode ser traduzido, não terá uma função (além da eliminação, descrita acima). Foram realizadas muitas tentativas de fazer letras que possam se introduzir num DNA e não só continuar ali, mas ser copiadas. O biólogo sintético

Steve Benner liderou esse esforço e, em 2011, acrescentou duas bases estranhas ao alfabeto da genética.

Tendo duas espinhas que se torcem numa espiral, a dupla-hélice do DNA tem dois sulcos no lado externo – um tobogã com escorregadores gêmeos. Um é mais largo que o outro, razão por que são chamados de sulcos maior e menor. Elétrons zumbem em torno dos átomos no sulco menor, exatamente como fazem em todas as moléculas. Aqui eles formam um padrão eletrônico que age como um identificador químico e desempenham papel essencial na replicação do DNA. A proteína que copia o código genético, DNA polimerase, evoluiu para reconhecer essa marca eletrônica particular, e é atraída para começar seu trabalho de cópia. A fim de enganar a célula, induzindo-a a incorporar bases artificiais ao DNA, a tática de Steve Benner consistiu em projetar novas bases, chamadas Z e P, que imitam a marca eletrônica quando integradas à dupla-hélice, e DNA polimerase penetra no sulco. Assim, agora temos um DNA cujo código é composto por um alfabeto que consiste em A, T, C, G, Z e P. DNA polimerase exerce alegremente sua função, lendo o código e copiando-o. Como sempre, o processo de cópia não é perfeito, e há uma taxa de erro equivalente ao acúmulo das mutações no DNA que impelem a evolução. Benner acrescentou letras novas em folha ao código genético.

Essas novas letras ainda não significam nada. O projeto e a construção são uma prova de início: é possível acrescentar letras extras ao DNA, e elas não perturbarão o comportamento normal das células. As novas técnicas de engenharia biológica tendem a se basear na mecânica existente da célula para traduzir e executar os novos projetos de biólogos sintéticos. As letras do alfabeto também não têm, claro, nenhum significado inerente isoladamente. Só quando se enfileiram em palavras e frases consensualmente acordadas elas deixam de ser mero ruído e se transformam em prosa capaz de expressar amor e tornar o complexo compreensível. Se fôssemos simplesmente acrescentar novas letras ao alfabeto inglês, digamos Љ e Џ (do cirílico), não haveria maneira de pronunciá-las, e elas não teriam nenhum significado até que se criasse um consenso. Mas essa não é a única maneira de inventar línguas.

Código estrangeiro

Esse foco nas letras da escada em espiral do DNA é apenas um aspecto das tentativas da biologia sintética de reconstruir o alfabeto da vida. O DNA é uma molécula complexa, um polímero, e isso significa que ele é montado a partir de unidades repetidas. O código está oculto nos degraus da escada, mas outro grande avanço em genética alternativa, artificial, veio da troca ou invenção não de novos degraus, mas de novas hastes verticais, ou montantes, para a escada. Estas são feitas de um tipo de açúcar chamado desoxirribose – o D em DNA (e em RNA ele é simplesmente ribose), que se repete e se associa para formar as espinhas de cada filamento. Desde 2000 os biólogos vêm criando espinhas alternativas a partir de uma série de outros açúcares para produzir várias novas moléculas genéticas: ANA (com arabinose), TNA (com treose) e quatro outras como FANA e CeNA. Essas espécies estrangeiras são coletivamente conhecidas como ácidos xenonucleicos (ou XNAs). As letras de código continuam as mesmas, mas as escoras da escada são estranhas. Em abril de 2012, mais uma vez no Laboratory of Molecular Biology de Cambridge, uma equipe liderada por Philip Holliger e Vitor Pinheiro construiu um sistema que pela primeira vez permitiu que esses genes de língua estrangeira não apenas se replicassem, mas evoluíssem.

A genialidade desse experimento não está no modo como o código foi montado, mas no fato de que ele é copiado. DNA polimerase, a proteína cuja função é copiar um único filamento de DNA para duplicá-lo, faz isso lendo um filamento e apanhando e enfileirando as peças para fazer seu espelho, A para T, C para G, e assim por diante. DNA polimerase não se associará a nenhuma outra coisa senão DNA, compreensivelmente, pois evoluiu durante bilhões de anos para fazer unicamente isso, e não há nada na natureza sobre o que possa agir, exceto DNA. Proteínas como DNA polimerase são longas e complicadas, e sua função é determinada pela forma tridimensional (determinada pela ordem de seus aminoácidos, que por sua vez é determinada por seu código genético). Por causa dessa intricada conformação em 3D, elas resistem ao projeto inteligente:

é imensamente difícil redesenhar algo tão complexo. A evolução é cega, mas inteligente; ela projeta por meio de experimentação aleatória e seleção de mutantes bem-sucedidos. Pinheiro guiou um processo de seleção natural criando um pool de proteínas polimerase que foram muito ligeiramente mudadas em áreas decisivas. Selecionando mutantes que podiam apanhar peças de XNA em vez de DNA, ele forçou o desenvolvimento de uma polimerase que lê DNA, mas constrói um filamento especular usando XNA, como se a molécula estrangeira fosse nativa. Dessa maneira, a molécula genética nova em folha, inventada pelo homem, pode transportar a mesma mensagem codificada em DNA natural. A equipe efetivamente enganou o maquinário de criptografia celular, induzindo-a a ler sua língua natural, mas a copiá-la numa outra, artificial. Construiu uma ferramenta que traduzirá uma língua natural para uma outra inventada, inglês para Klingon.

Mas isso é só metade da história. A equipe de pesquisa pode também traduzir de volta de novo. Pinheiro e seu grupo mutaram e selecionaram uma proteína que faria o oposto, traduzir XNA de volta para DNA. Esse é um truque mais complicado, e nenhuma proteína natural dará conta do serviço. Após oito rodadas de mutação aleatória forçada, eles haviam criado algo que o fazia. Isso torna XNA um sistema que exibe duas marcas características da vida: armazenamento de informação e hereditariedade. Fidelidade é importante quando se copia, sobretudo em genética, mas fidelidade perfeita não é evolução, é estase. O processo criado pela equipe é fiel com uma porcentagem na marca de 95%, o que significa que a informação armazenada pode evoluir.

Se nos importarmos com essas convenções relativas a nomes, isso assinala o surgimento de um novo ramo da biologia – a "genética sintética". Não há dúvida de que esse primeiro estudo ainda se baseia no DNA como modelo, mas a equipe já está tentando deixá-lo de fora. Eles copiaram FANA para FANA e CeNa para CeNA, embora isso ainda não funcione tão bem quanto DNA.

As implicações são importantes. Pinheiro e seus colegas mostraram que a evolução genética não está limitada ao código natural tal como o conhece-

Posfácio

mos. É bem possível que haja usos para essa miscelânea de XNA no futuro, pois eles podem se comportar como partes genéticas naturais, ainda que não o sejam, e talvez não sejam tratados como tais por nossos sistemas imunológicos, escolados no reconhecimento de genética natural, baseada em DNA ou RNA durante vários bilhões de anos. Os XNAs são mais robustos que DNA e RNA, ambos propensos a fraturas e cortes por proteínas chamadas nucleases, cujo papel é fazer exatamente isso. Sendo imunes a fatiamentos, os XNAs têm extraordinário potencial terapêutico. Jack Szostak, geneticista e cientista da origem da vida, desenvolveu uma classe de moléculas chamadas "aptâmeros", que são filamentos de DNA ou RNA projetados para se dobrar de maneira a se prender a um alvo muito específico. Como uma terapia potencial, essa ação tem a capacidade de paralisar um gene ou inativar uma proteína mutante. Atualmente, há apenas um aptâmero no mercado, como tratamento para uma doença ocular degenerativa. Mas, como ele é vulnerável a ser fatiado por nucleases que patrulham em busca de pedacinhos trapaceiros de DNA, o medicamento deve ser tomado repetidamente. Especulativamente, no presente, existiria um equivalente ao aptâmero de XNA invisível à nuclease, uma arma furtiva no armamento da medicina.

Output alterado

Esses dois projetos reinventam o código da genética. É preciso considerar também, claro, o output desse código. A vida é feita por ou de proteínas, e agora, com o advento de sofisticada biologia molecular, as proteínas também estão sujeitas a revisão.

As proteínas são construídas a partir da junção, umas atrás das outras, de moléculas chamadas aminoácidos. Numa ponta, um aminoácido terá um arranjo de átomos chamado grupo amina (que é composto de um átomo de nitrogênio e dois de hidrogênio); na outra, um grupo que forma ácido carbólico (que é um carbono, dois oxigênios e um hidrogênio). O código genético no DNA codifica vinte aminoácidos, que são reunidos no processo de fabricação de proteínas e montados pela célula.[2]

"Aminoácido" é um nome genérico para um conjunto de moléculas, todas muito parecidas. Elas variam apenas no que está preso à seção mediana da molécula, entre a amina e o ácido carbólico. O aminoácido mais simples é a glicina, com um só átomo de hidrogênio como sua única cadeia lateral. No outro extremo da escala está o triptofano, com um grande duplo anel de carbonos, hidrogênios e um nitrogênio brotando do lado. Todos os tipos de variação entre uma coisa e outra compõem o léxico da vida. Essas cadeias laterais determinam o comportamento da proteína em que os aminoácidos são montados. É importante lembrar que não há limite real para o número de aminoácidos que poderiam existir, em teoria, além dos vinte que a vida realmente usa.

Para se ter uma ideia de como esse sistema foi rompido por cientistas nos últimos anos, primeiro precisamos compreender como a maquinaria da célula funciona. A construção de proteínas é incrivelmente parecida com uma linha de produção mecânica. O gene que está sendo traduzido é primeiro transcrito de DNA para uma cópia solta em RNA, talvez com um milhar de bases de comprimento, não amarrada ao resto do DNA da célula hospedeira. Essa mensagem em RNA deriva para um dos muitos ribossomos, o centro em que a proteína será construída. No meio celular em torno do ribossomo flutuam os aminoácidos que serão encadeados uns aos outros segundo a ordem estabelecida no RNA mensageiro, o mRNA, cada um especificado por um códon de três bases – o tripleto específico de letras que codifica um aminoácido. Vários jogadores moleculares-chave deslocam essas moléculas de um lado para outro, à maneira de uma linha de produção, e o processo funciona como se descreve a seguir.

O gene a ser traduzido (na forma de mRNA) é introduzido no meio do ribossomo como se introduz uma fita de papel num teletipo. As bases de RNA são lidas códon por códon e os aminoácidos correspondentes são acrescentados, um de cada vez. A proteína é ejetada como uma fita de teletipo ao ser expelida do aparelho. Esse output é a proteína básica, a ser dobrada e transportada para seu local de uso. Mas os agentes nesse processo são efetivamente carregadores industriais. O próprio ribossomo é de importância fundamental: sua forma e construção, em grande parte a partir do próprio RNA, é a forja rumo à qual todos os ingredientes rolam nessa es-

Posfácio

teira transportadora biológica. Além disso, porém, há um complexo de três moléculas que conduz muito especificamente os aminoácidos ao ribossomo. Essa combinação, embora básica para toda vida, não é fácil de explicar. Uma parte é o próprio aminoácido, que é coletado pela segunda parte, um pedaço dobrado de RNA que especificamente o coleta e o transfere ao ribossomo. Por essa razão, esses RNAs são genericamente chamados de "RNAs transportadores", ou tRNA, e funcionam transportando o "anticódon", isto é, bases complementares para o próprio códon – um T para apanhar um A, um C para apanhar um G, e assim por diante (embora haja apenas vinte aminoácidos, há dezenas, se não centenas, de tRNAs). O carregador final é uma proteína com o nome complicado aminoacil tRNA sintetase, que chamarei doravante de sintetase. Essa proteína prende o aminoácido a seu tRNA correspondente; juntas, as partes componentes da proteína são entregues para montagem. O input de código é introduzido numa extremidade, os ingredientes são entregues a partir de outra, na forma de um pacote, e a proteína avança, um aminoácido de cada vez.

Esse processo ocorre em todas as formas de vida, e sua universalidade é uma das principais evidências de que a vida teve uma origem única. Os componentes são claramente antigos – por mais afastadas que duas espécies sejam, elas compartilham o funcionamento básico dessa montadora. Mudar isso exigiu um exemplo de força bruta evolucionária, um projeto inteligente proposto por Peter Schultz no Scripps, na Califórnia, e por Jason Chin e sua equipe, no LMB em Cambridge.

Há uma grande redundância embutida no código existente: as quatro bases podem ser combinadas de 64 maneiras diferentes, e 61 delas são usadas para codificar os vinte aminoácidos da vida.[3] Isso deixa três combinações possíveis restantes, e, nas formas de vida, todas elas carregam a mensagem PARE, isto é, a instrução para encerrar a produção de proteínas. Essas pontuações são essenciais para indicar o fim de um gene. De fato, a significação do códon de parada é demonstrada num punhado de doenças genéticas: a doença de Sandhoff, letal na infância, é causada por um gene que carrega um gene de parada prematuro, como uma frase encurtada de maneira incompreensível por um ponto-final trapaceiro.

Um deles, o tripleto UAG, é chamado "parada âmbar".[4] Jason Chin utilizou essa sequência como um códon para construir aminoácidos que de outro modo seriam irreconhecíveis para células vivas. Como não há nenhum emparelhamento de tRNA sintetase que vá se ligar a uma parada âmbar, a ideia de Chin é desenvolver um. Sua equipe começa com esse emparelhamento a partir de uma espécie remotamente relacionada à célula experimental. Isso assegura que o par não vai começar a interagir com o funcionamento normal da célula: a mecânica da produção de proteína é universal, mas isso não significa que o kit seja exatamente o mesmo. Mas, para conseguir que a sintetase "estrangeira" reconheça singularmente algo que nenhuma das outras ferramentas da natureza pode reconhecer – a parada âmbar –, eles usam a premissa básica da evolução. Se, por alguma razão, você desejasse um peixe que só comesse algo artificial, como jujubas, começaria com uma lagoa densamente povoada e usaria uma jujuba como isca. Caso houvesse nessa lagoa um peixe *sui generis*, com um gosto natural por jujubas, você o apanharia com essa isca. Em seguida você poderia povoar uma nova lagoa com reproduções a partir desse peixe e gerar uma população píscea apreciadora de jujubas. Repetindo esse processo iterativamente, acabaria tendo peixes que se alimentariam exclusivamente de jujubas.

O exercício com os peixes é semelhante ao processo de desenvolver um par de tRNA sintetase capaz de reconhecer aminoácidos artificiais. A partir de um pool de versões de sintetase com partes aleatoriamente mutadas na região que ela se engata com o aminoácido, podemos selecionar algumas que se ligam com seu novo aminoácido artificial e repetir o processo. Finalmente, tal como no caso dos peixes que comem jujubas, você terá criado uma tRNA sintetase que só lerá uma parada e um aminoácido artificial.

Isso é uma parte da coisa. O tRNA é cultivado dessa maneira a fim de agir como o anticódon para a parada âmbar. Acrescentar uma UAG à sequência de um gene para que ele seja capaz de ser apanhado pelo tRNA é um processo delicado, mas usa essencialmente ferramentas de DNA não diferentes daquelas empregadas para qualquer manipulação de genes – a

Posfácio

criação de Freckles, a cabra-aranha, por exemplo. Podemos sintetizar toda uma sequência de genes, reescrita a partir do zero, complementada com uma parada âmbar num ponto crucial. Ou podemos usar uma técnica de cópia, chamada PCR mutagênico, que copiará de maneira imperfeita e induzirá o novo tripleto a erro. Como normalmente UAG só existe num gene para indicar seu fim, todos os elementos devem ser alterados para esse sistema funcionar: o código, a síntese, o tRNA, todos de modo a reconhecer um aminoácido artificial.

Isso constitui uma delicada engenharia biológica para os processos vivos mais fundamentais – o "dogma central", como Francis Crick o descreveu. Mas não se trata de mera experimentação por amor à experimentação. Jason Chin e outros a estão usando para descobrir como proteínas interagem umas com as outras. As células vivas são uma rede de interações de proteínas: algumas se ligam a DNA, outras a moléculas de metabolismo, e frequentemente elas se conectam com outras proteínas para desempenhar suas funções vitais. O aminoácido artificial incorporado aos experimentos de Chin transporta uma cadeia lateral que faz duas coisas. Primeiro, quando instruída a fazê-lo, ele se unirá à proteína com que está interagindo, o que significa que podemos pescar as duas e identificar o parceiro desconhecido, a proteína manipulada que está agindo como isca. Segundo, o aminoácido artificial é ativado por luz. Para fazer com que ele se prenda ao alvo, basta projetar luz ultravioleta sobre a célula, e a ligação é soldada.

Chin não é a única pessoa capaz de realizar esse ato, mas sua equipe é a primeira a conseguir isso em múltiplas espécies, inclusive animais. Até 2012, essas ações artificiais estavam restritas a células em cultura, em placas onde o ambiente é controlado e limpo. Chin incorporou esse processo a drosófilas, um dos animais comumente usados na biologia experimental, e mostrou que nenhum aspecto da biologia nos está vedado quando se trata de reengenharia: alfabeto, código, proteínas – agora todo o sistema da vida está maduro para ser reescrito.

Esses reescritores revelam que, embora nosso sistema, o único de que temos conhecimento, seja poderoso o bastante para formar a base de toda a vida na Terra, ele pode ser diferente. A evolução por seleção natural

foi descoberta e descrita muito antes que compreendêssemos sua mecânica. O código que executa esse processo de tentativa e erro é único, mas perfeitamente capaz de ser ajustado, reescrito e até reinventado. É difícil conceber um sistema de evolução biológica (que não dependa de alguma forma de um criador sobrenatural) diferente da seleção natural, mas temos apenas um sistema de informação codificada, reproduzível, que funcionou. XNA, as bases Z e P e aminoácidos que são artificiais para a célula, tudo isso mostra que pode haver outros. Esse é o primeiro engatinhar rumo à criação de novas formas de vida que usam um código genético darwiniano não inventado pela natureza, mas inteiramente por nós.

DNA digital

Com esses exemplos, podemos ver como a invasão da natureza pela biologia sintética nos deu o poder de alterar radicalmente o código genético do DNA, inventar novas versões de material genético e até expandir o léxico da genética de tal maneira que ele possa incluir proteínas artificiais.

A linguagem do DNA não está restrita à criação da vida. Nossos genomas são dispositivos de armazenamento de dados, imperfeitos por projeto natural para estimular a adaptação a ambientes mutáveis. Ao mesmo tempo, porém, o DNA é extraordinariamente estável. Ele transmitiu informação da mesma maneira durante bilhões de anos. E a informação contida no DNA permanece intacta durante muito tempo depois da morte da célula ou do organismo que o carrega. Hoje, no novo mundo científico, histórias sobre DNA antigo emergem com frequência cada vez maior. O genoma do mamute lanoso foi publicado – extraído e decodificado a partir de pelos de 60 mil anos de idade, comprados no eBay pelos geneticistas que o sequenciaram. Nossos prováveis primos evolutivos, os neandertalenses, ingressaram no clube do genoma em 2010, quando seu DNA completo foi lido a partir de ossos de 44 mil anos de idade. Mas o recorde atual pertence ao DNA extraído de amostras de sedimentos subterrâneos congelados na Groenlândia, identificados como da família das plantas perenes saxifragáceas e com uma

Posfácio   113

faixa etária situada entre colossais 450 mil e 800 mil anos. É verdade que
estar enterrado sob dois quilômetros de gelo é estar no que a natureza pode
proporcionar de mais parecido com um freezer de laboratório, mas o fato
de podermos encontrar tecido morto há muito tempo e ainda decodificar a
mensagem escrita nele mostra que dispositivo estável de armazenamento
de dados pode ser o DNA.

Essa é uma das razões por que, nos anos 1990, os cientistas começaram
a pensar no DNA como um meio de armazenar não apenas a informação
biológica de que uma célula precisa para funcionar, mas dados digitais.
Embora não tenha sido a primeira a tirar proveito dos talentos do DNA
para armazenar dados, a bactéria sintética de Craig Venter, também conhecida como Synthia, é o mais famoso dispositivo digital vivo de que dispomos até hoje. Como foi mencionado na Introdução, dentro do genoma
sintetizado por computador e máquina do patógeno de cabra *Mycoplasma
mycoides*, Venter escondeu no DNA mensagens que seriam enigmáticas até
para a maquinaria da célula. Programadores de computador muitas vezes
escondem tesouros ou mensagens secretas – ovos da Páscoa – em seus
programas como um registro de autoria, ou simplesmente como enigmas
divertidos para os usuários decifrarem.

Esses ovos da Páscoa ocultos no DNA tinham quatro partes. A primeira era uma tabela de código. Como as mensagens cifradas eram todas
concebidas em inglês, foi preciso incluir uma cifra, de modo que as quatro
letras do código genético pudessem exprimir as 26 letras do alfabeto inglês
mais a pontuação. Por vezes os vinte aminoácidos são designados por
uma única letra, de A a W. Assim, uma forma concebível de ocultar uma
mensagem em língua inglesa no DNA seria simplesmente usar o código
genético existente nos tripletos que especificam aminoácidos, três bases
para cada letra romana. Em vez disso, porém, Venter construiu uma nova
cifra para o alfabeto inglês, por isso ela precisava ser decodificada. Dias
depois da publicação, o código foi decifrado.

A segunda e a terceira mensagens escondidas compreendiam algumas
dezenas de nomes dos criadores da célula e um endereço da internet. O
último ovo da Páscoa era um conjunto de três citações pertinentes. A primeira era "viver, errar, cair, triunfar, recriar a vida a partir da vida", extraída

do romance *Retrato do artista quando jovem*, de James Joyce.[5] A segunda citação vinha de J. Robert Oppenheimer, o chamado pai da bomba atômica: "Veja as coisas não como são, mas como poderiam ser." E a terceira foi uma citação ligeiramente errada, por acidente, daquela maravilhosa frase de Richard Feynman reproduzida na Introdução: "O que não posso construir, eu não compreendo."[6]

Esses blocos de sequência de DNA foram projetados à mão e montados num computador. Eles tiveram de ser flanqueados por etiquetas de DNA que indicavam que não deveriam ser traduzidos pela célula, porque o código em que estão escritos é inteiramente novo e teria sido absurdo. Essa sequência não está escrita nos códons em tripleto do código genético; não pode fazer uma proteína, e não o fará. Em vez disso, Venter havia projetado um dispositivo de armazenamento que tinha um código criptografado inventado e novo, e apenas usou o alfabeto do DNA como código, sem referência à sua história.

Em 2012, George Church, da Universidade Harvard, levou a comoditização do DNA para uma nova era com a primeira publicação de um livro inteiro criptografado digitalmente em DNA (intitulado *Regenesis*, ele trata, muito a propósito, de biologia sintética). Com 53 mil palavras, onze imagens e um script de código de software, ele teria ¾ do tamanho do livro que você está segurando, ou cerca de cinco megabits de informação. É usado um código muito simples, binário: um A ou C representa um 1, e um T ou G representa um 0. As palavras são convertidas numa forma digital e depois a sequência equivalente de DNA é sintetizada num computador em comprimentos de 96 bases, cada um com etiquetas de informação sobre a localização dos segmentos, e assim por diante – o que os programadores chamam de metadados. O livro é composto por 55 mil desses fragmentos, aproximadamente um por palavra. Na tradução do livro todo em DNA, há apenas dez erros em 5 milhões de bits de dados. A coisa toda está armazenada no que é chamado de chip de DNA, o que, como meio de armazenar um livro, não é diferente de uma página e tinta, só que muito menor. Esses chips são pequenas lâminas de vidro, mais ou menos do tamanho de uma caixa de fósforos, revestidas com substâncias químicas às quais o DNA vai

Posfácio

aderir. Os fragmentos de dados de DNA são literalmente borrifados por um pequeno esguicho lançado por uma impressora de jato de tinta. Ao contrário da informação armazenada na bactéria sintética de Craig Venter, a produzida pelo método de Church nunca se aproxima de uma forma de vida. O DNA é escrito num computador, sintetizado por uma máquina, impresso com uma impressora e decodificado por uma máquina e software usando as mesmas técnicas correntes empregadas pelos cientistas ao recobrar DNA de tecido morto há milênios.

Como muitas das técnicas inventadas neste capítulo, esta é uma prova de princípio. Como meio de armazenamento de informação, a elasticidade do DNA é irrefutável. George Church e outros partiram do simples fato de que o DNA pode carregar um código e o reescreveram para armazenar dados não biológicos. A estabilidade do DNA e os custos declinantes da tecnologia empregada dão a essa técnica um potencial para arquivar dados numa densidade assombrosa: segundo os autores, 5,5 petabits por milímetro cúbico (isto é, 1 quatrilhão de unidades de informação). Isso faz dela uma forma mais concentrada de armazenamento de dados que um disco Blu-Ray, um pen drive ou mesmo o disco rígido de seu computador. O que se conseguiu fazer até agora é útil apenas para arquivamento, pois a tecnologia para escrever e ter acesso à memória armazenada em DNA demanda muitos dias, em comparação com o sistema de circuitos elétricos num computador, que guardará uma quantidade equivalente de dados em segundos. Mas não é inconcebível que um dia os computadores venham a armazenar suas memórias não em chips de silício, mas em chips de DNA.

Essa criativa filosofia da engenharia é decisiva para a biologia sintética: como reprojetar e usar tecnologia biológica para fins específicos? Todos os esforços descritos são tecnologias muito novas, ainda em fase experimental. Mas todas elas demonstram que os limites da natureza estão sendo superados por nossa própria invenção. Sempre adaptamos a natureza em nosso benefício. Na era da biologia molecular, nós o fizemos remixando-a num nível molecular. Agora, pela primeira vez, estamos construindo sistemas vivos criados de uma maneira que reescreve a própria linguagem fornecida pela evolução.

Notas

Introdução (p.11-9)

1. Alguns cientistas consideram que os vírus, ou pelo menos alguns tipos de vírus, são vivos. Eles são problemáticos, pois têm muitas características das células vivas mais passíveis de definição, porém são desprovidos da maquinaria celular para se reproduzir. Para isso, precisam parasitar células vivas. A questão "O que é vida?" é explorada no Capítulo 4 da outra parte de *Criação*, mas, em benefício da simplicidade, optei por aderir ao consenso geral, embora não inconteste, de que os vírus não são vivos.

2. Synthia continha três citações ocultas, sobre as quais o satirista britânico Charles Brooker comentou: "Os geneticistas emendaram uma citação de James Joyce na sequência do DNA. O inocente genoma agora tem a frase 'viver, errar, cair, triunfar, recriar a vida a partir da vida' inscrita nele como letras num bastão de açúcar-cande. Em outras palavras, é a bactéria mais pretensiosa do mundo." Essa citação foi extraída do romance *Retrato do artista quando jovem*, mas Venter e sua equipe não se deram ao trabalho de pedir permissão ao espólio de James Joyce, notório por proteger agressivamente seus direitos autorais. Os executores do espólio enviaram imediatamente a Venter uma carta intimando-o a "cessar e desistir" dessa atividade. Na verdade, os direitos autorais haviam expirado e nenhuma outra ação foi empreendida.

1. Criado, não gerado (p.21-35)

1. Zebrasnos são fruto de cruzamento entre zebra e asno. De maneira similar, ligres resultam do cruzamento de leão com tigre, e bardotos, do cruzamento de cavalo macho com asno fêmea, em contraposição às mulas, que resultam do cruzamento oposto. A esterilidade nesses híbridos incomuns está em conformidade com um princípio chamado regra de Haldane (em alusão a J.B.S. Haldane, que propôs a expressão "sopa primordial"), segundo o qual, quando um cruzamento entre duas espécies é bem-sucedido, um sexo estará ausente na prole, e em mamíferos este será aquele com dois diferentes cromossomos sexuais, isto é, XY (machos) em vez de XX (fêmeas). Em aves e borboletas, isso é invertido.

2. Essa célula, conhecida como "Último Ancestral Comum Universal" (Luca, na sigla de Last Universal Common Ancestral), é debatida em detalhes na primeira parte, "A origem da vida".

3. A palavra *jumentous*, que significa "fedendo a urina de cavalo", volta a aparecer neste livro nos Agradecimentos.

Notas   117

4. Exige-se grande habilidade artesanal para se conseguir que o DNA adicional funcione. A sintaxe e o fraseado do gene inserido têm de fazer sentido para a maquinaria de tradução da célula. O arranjo das letras de DNA – A, T, C e G – é preciso e crucial para a proteína que um gene codifica. Essas letras, ou mais propriamente bases, são arranjadas de três em três, cada tripleto codificando um aminoácido, uma espécie de valsa biológica. Se nossa inserção entrar na batida errada, a dança não faz sentido. Mas, quando introduzimos o gene de água-viva de modo que ele comece na batida certa, em todo lugar em que nosso gene experimental estiver ativo a célula terá um brilho verde. Esse rótulo é pequeno o bastante para não afetar a função da proteína, exatamente como se alguém usasse um chapéu de cores vivas ao valsar.

5. Esse processo se chama "clonagem", mas nada tem a ver com o sentido comum dessa palavra, isto é, a reprodução de um organismo idêntico, como na ficção científica ou em animais como a ovelha Dolly. Minha própria contribuição atomicamente minúscula ao campo da genética se deu numa equipe que trabalhou com um camundongo nascido naturalmente cego, com olhos reduzidos, uma retina deformada e nenhum nervo ótico. Por meio de várias técnicas, nossa equipe, liderada por Jane Sowden, no Institute of Child Health em Londres, extirpou e emendou vários genes e elementos genéticos para caracterizar o que o gene defeituoso estava fazendo e quando. Usando os fundamentos da clonagem, extraímos o gene do genoma do camundongo e o utilizamos para determinar o momento e o lugar precisos em que ele deveria ter estado ativo. Nós o rotulamos e procuramos os outros genes que ele estava controlando ou pelos quais estava sendo controlado. Com isso, ajudamos a descobrir que o gene equivalente em seres humanos também causa uma forma rara de cegueira em crianças.

6. O próprio petróleo é uma espécie de biocombustível: o óleo cru é feito das carcaças de trilhões de organismos que se decompuseram e depois foram esmagados por centenas de milhões de anos.

2. Lógica na vida (p.36-55)

1. A Voyager I, o objeto feito pelo homem mais distante da Terra, está, no momento em que escrevo, a 18 bilhões de quilômetros de nós. Ela envia mensagens regulares via Twitter como @nasavoyager.

2. A vênus papa-moscas é qualitativamente diferente da eletrônica porque a lógica dos genes subjacente ao processo está lá não para efetuar a captura, mas para montar a armadilha, isto é, abrir os maxilares e armar o gatilho. Eles expressam as proteínas que agem como os componentes no caminho lógico. Em eletrônica, a lógica é ditada pelo fluxo de eletricidade através do circuito.

3. E, de fato, de célula para célula. Uma das coisas desconcertantes nos cânceres é que seus DNAs mudam rapidamente, respondendo de maneiras extremamente variáveis a ataques terapêuticos dessa precisão.

4. Perversamente, a morte celular é essencial para o crescimento e uma parte muito importante do desenvolvimento no útero. Por exemplo, quando fetos, nossas mãos

começam como nadadeiras e os dedos crescem dentro delas. Os dedos se separam quando as células na membrana promovem a própria morte.

3. Remixagem e revolução (p.56-70)

1. Os Beatles fizeram isso já em 1967, tomando emprestadas gravações de calíope (um tipo de órgão a vapor) e fazendo *loops* delas em "Being for the benefit of Mr. Kite", em *Sergeant Pepper's Lonely Hearts Club Band* (e mais ainda em faixas experimentais como "Revolution 9", no *Álbum branco*).
2. Para a competição de 2012 isso foi substituído por um enorme e elegante bloco de Lego de madeira.
3. Em 1995, no verão de meu segundo ano no curso de graduação, passei três meses medindo as estatísticas vitais de 3 mil das chamadas moscas de olhos pedunculados para avaliar se havia maior assimetria nos pedúnculos de seus olhos que em suas asas. Não havia. O mundo da biologia permaneceu inabalado por esse estudo, mas a fascinação do laboratório foi forte o bastante para me fazer voltar.
4. Nos anos 1980, uma equipe de mecânicos lunares pôde brincar com enorme quantidade de regolito, o material pulverulento que compõe a superfície da Lua. Enorme quantidade, nesse caso, eram quarenta gramas, o equivalente a quatro colheres de sopa de açúcar. Essa preciosa amostra, trazida para a Terra pelos astronautas da Apollo 16, foi cimentada em minúsculos tijolos, cubos de uma polegada de lado (2,54 centímetros) e umas duas outras formas, e submetida a testes de resistência. Os pesquisadores concluíram que o "solo lunar pode ser usado como excelente agregado para concreto". Um dos ingredientes essenciais do concreto, no entanto, é água, e embora a Lua não seja inteiramente dessecada, não há muita água por lá. Em 2009 a sonda LCROSS foi deliberadamente arremessada contra a cratera Cabeus, buraco envolto em permanente escuridão no lado sul da Lua. A Nasa observou cuidadosamente a nuvem de dois quilômetros levantada após o impacto e viu que da sua singular marca ultravioleta água e gelo foram expelidos. Mas eles estão enterrados e não disponíveis em quantidades que permitissem a construção de uma base lunar.
5. O vencedor do Grande Prêmio de 2012 foi a equipe iGEM da Universidade de Groningen, nos Países Baixos, que construiu um circuito em bactérias que detecta substâncias químicas produzidas quando a carne começa a se deteriorar. Em seguida a bactéria produz um pigmento visível a olho nu, permitindo aos consumidores ver que a carne está estragada.

4. Em defesa do progresso (p.71-100)

1. Esse movimento particular breve, mas importante, foi esmagado com força implacável. Em 1812 foram introduzidas leis que proibiam especificamente o vanda-

Notas 119

lismo sobre máquinas e faziam dele um crime capital. Dezessete luddistas foram enforcados um ano depois, e muitos foram enviados para o que era então a colônia penal da Austrália.

2. Duas amostras de varíola são mantidas em câmara frigorífica para fins científicos; há um debate em curso sobre a conveniência de conservá-las ou destruí-las, principalmente por causa do risco de bioterror que elas representam.

3. Para ser publicado numa revista científica, o artigo proposto precisa passar pela "revisão dos pares", mediante a qual outros cientistas especialistas avaliam sua validade e recomendam sua publicação ou não. Mas isso não é uma garantia de verdade científica, apenas um reconhecimento de que o experimento merece ingressar na literatura científica. Nesse caso, questionaram se o artigo de Séralini deveria ter sido sequer publicado. Historicamente, o feedback crítico vinha por meio do incômodo método de publicação de correspondência, ou da replicação de experimentos em revistas acadêmicas. Agora, porém, a internet permite uma nova forma de revisão dos pares pós-publicação, em que artigos são esmiuçados em blogs e discutidos abertamente. Isso não é formal e está sujeito à selvageria de uma fronteira sem guardiões, mas é rápido, e o escrutínio foi preciso e severo.

Posfácio (p.101-15)

1. Quase sempre, esses pequenos roubos têm por objetivo lidar com empréstimos feitos de línguas estrangeiras. O francês não tem praticamente nenhum uso para a letra *w*, exceto em palavras emprestadas, como *weekend*. O galês adquiriu o *j* para lidar com palavras e nomes ingleses e normandos. As línguas e seus alfabetos contraem-se e expandem-se como seres vivos.

2. Na verdade, nossos corpos fazem onze desses aminoácidos, e precisamos ingerir outros nove. Há dois outros aminoácidos que as formas de vida usam de maneira pouco frequente, um dos quais é exclusivo de bactérias e arqueias. Em geral, tendemos a nos referir apenas aos vinte canônicos.

3. Por exemplo, seis diferentes combinações codificam leucina: UUA, UUG, CUA, CUG, CUC e CUT; ver "A origem da vida", Capítulo 5, para as razões da evolução dessa redundância.

4. A parada âmbar não é assim chamada em alusão à luz indicadora de "atenção" nos sinais de trânsito, mas sim porque o nome de seu descobridor era Bernstein, que significa "âmbar" em alemão.

5. Como foi mencionado na nota 2 da Introdução, seu uso foi contestado como violação de direito autoral pelo espólio de James Joyce.

6. Que, caso você esteja curioso, tem a seguinte aparência no DNA: TTAACTAGC TAATTTCATTGCTGATCACTGTAGATATAGTGCATTCTATAAGTCGCTC CCACAGGCTAGTGCTGCGCACGTTTTTCAGTGATATTATCCTAGTGCTA CATAACATCATAGTGCGTGATAAACCTGATACAATAGGTGATATCATAGC AACTGAACTGACGTTGCATAGCTCAACTGTGATCAGTGATATAGATTCT